Basiswissen Psychologie

Herausgegeben von
J. Kriz, Osnabrück, Deutschland

Die erfolgreiche Lehrbuchreihe im Programmbereich Psychologie Das Basiswissen ist konzipiert für Studierende und Lehrende der Psychologie und angrenzender Disziplinen, die Wesentliches in kompakter, übersichtlicher Form erfassen wollen.

Eine ideale Vorbereitung für Vorlesungen, Seminare und Prüfungen: Die Bücher bieten Studierenden in aller Kürze einen fundierten Überblick über die wichtigsten Ansätze und Fakten. Sie wecken so Lust am Weiterdenken und Weiterlesen.

Neue Freiräume in der Lehre: Das Basiswissen bietet eine flexible Arbeitsgrundlage. Damit wird Raum geschaffen für individuelle Vertiefungen, Diskussion aktueller Forschung und Praxistransfer.

Dirk Wentura • Markus Pospeschill

Multivariate Datenanalyse

Eine kompakte Einführung

Springer

Dirk Wentura
Universität des Saarlandes
Saarbrücken, Deutschland

Markus Pospeschill
Universität des Saarlandes
Saarbrücken, Deutschland

Basiswissen Psychologie
ISBN 978-3-531-17118-0 ISBN 978-3-531-93435-8 (eBook)
DOI 10.1007/978-3-531-93435-8

Die Deutsche Nationalbibliothek verzeichnet diese Publikation in der Deutschen Nationalbibliografie; detaillierte bibliografische Daten sind im Internet über http://dnb.d-nb.de abrufbar.

Springer

Springer Fachmedien Wiesbaden ist Teil der Fachverlagsgruppe Springer Science+Business Media
(www.springer.com)

Inhalt

Vorwort

Bücher über statistische Verfahren und insbesondere multivariate Verfahren sind in der Regel deutlich umfangreicher als dieses schmale Bändchen. Wieso trauen wir uns dann, ein so knappes Buch auf den Markt zu bringen? Dieses Buch sollte nicht als Ersatz für umfangreichere Werke angesehen werden. Es soll vielmehr die Rolle eines Mittlers zwischen den noch nicht besonders elaborierten Wissensstrukturen vieler Studierender über den Bereich statistischer Methoden und den besagten umfangreicheren Methodenbüchern einnehmen. Eine „Heranführung" – das wäre wohl ein angemessener Untertitel. Es geht uns nicht darum, dass der Anwender multivariater Verfahren in diesem Buch Antworten zu jedweder Detailfrage erhält; es soll vielmehr den notwendigen Hintergrund schaffen, damit sie oder er in der Lage ist, die richtigen Detailfragen zu stellen und die Verfahren richtig anzuwenden.

Dieses Buch ist durch drei Merkmale gekennzeichnet: Erstens, das Buch ist in erster Linie für Psychologie-Studierende gedacht. Das heißt nicht, dass es nicht auch von Studierenden anderer Fächer nutzbringend eingesetzt werden kann. Die Auswahl der Verfahren und die Beispiele stammen aber immer aus der Psychologie.

Zweitens orientieren wir uns an den Prozeduren und Ausgaben des Statistikprogrammpakets IBM SPSS Statistics. Natürlich kann – bei der vorgegebenen Kürze – dieses Buch nicht auch noch ein Einführungsbuch in SPSS sein. Wir haben folgende Lösung gewählt: Im Text werden die Ausgaben der entsprechenden SPSS-Prozeduren zur Erläuterung abgedruckt. Zu jeder Analyse findet sich im *Online-Plus*-Material[1] (vgl. dazu auch den Anhang) der entsprechende Datensatz, die Steuerungssyntax sowie eine Datei, in der anhand von *screenshots* die Steuerung per Menü erläutert wird. So kann jede Analyse selbst nachvollzogen werden. Inzwischen hat dieses gängigste kommerzielle Programm große Konkurrenz durch das *open source*-Programmpaket R bekommen; wir haben daher im

---

1 http://www.springer.com/springer+vs/psychologie/book/978-3-531-17118-0

Online-Plus-Material auch die Steuerungsbefehle für R dokumentiert, mit denen man vergleichbare Ausgaben erhält.

Drittens haben wir durchgängig eine klare Schnittstelle zu mathematischen Herleitungen eingehalten. An den Stellen, an denen ein schul-mathematisch gebildeter Leser nachvollziehen kann, welches Ziel durch einen bestimmten Algorithmus realisiert wird, muss dieser Algorithmus nicht erklärt werden.

Herzlich bedanken möchten wir uns bei Frau Lisa Bender aus dem Lektoratsteam Springer Psychologie für die kompetente Unterstützung sowie Prof. Dr. Jürgen Kriz für die Einladung zu diesem Buch und für seine hilfreichen Anregungen.

Saarbrücken, September 2014
Dirk Wentura
Markus Pospeschill

Einführung 1

Dieses Einführungskapitel soll (a) einen Überblick über die behandelten Verfahren geben und (b) kurz skizzieren, welches Vorwissen dieses Buch voraussetzt.

1.1 Die Themen

Im Zentrum der weitaus meisten empirischen Studien in der Psychologie stehen Fragen nach dem Zusammenhang von *Variablen*. Einfache Beispiele sind: (a) Lässt sich *Depression* im Alter durch die *Belastung durch chronische körperliche Erkrankungen und Behinderungen* vorhersagen? (b) Ist die *Partnerschaftszufriedenheit* in einer *Therapiegruppe* nach Abschluss der Therapie höher als in der *Kontrollgruppe*? (c) Kann man Wörter, die auf einem Bildschirm eingeblendet werden, dann *schneller aussprechen*, wenn ein assoziiertes Wort kurz zuvor präsentiert wurde (*Priming*), als wenn dies nicht der Fall ist (*kein Priming*)? Im Beispiel (a) ist offensichtlich von einem *Zusammenhang* zweier Variablen die Rede. Die Beispiele (b) und (c) sind zunächst als *Unterschieds*hypothesen formuliert; aber auch sie lassen sich als Zusammenhang zweier Variablen verstehen, wenn man die experimentelle Variation (d.h. Therapie vs. Kontrolle; Priming ja vs. nein) als Variable auffasst.

Dieses Buch lebt von der Idee, dass sich auch die komplexeren statistischen Verfahren aus wenigen einfachen Grundverfahren ableiten lassen. Insofern wird eher das Gemeinsame als das Trennende betont. Gleichwohl bieten sich als grobes Raster zur Gliederung die *Ziele* des Anwenders an: Wir führen daher im ersten Teil (Kapitel 2 bis 5) in Verfahren zu *zusammenhangs- und vorhersageorientierten Fragestellungen* ein; hier geht es um die *Regressionsrechnung* in verschiedenen Spielarten.

Zum Einstieg und als Basis für das Folgende soll auf die *bivariate lineare Regression* eingegangen werden, obschon dieses Verfahren zur Basisausbildung in quantitativer Methodik und damit zum Vorwissen zählt. Da dieses Verfahren aber sehr wichtig ist und dann nahtlos zur multiplen Regression erweitert wird, soll ausführlich darauf eingegangen werden. Es geht bei der linearen Regression um die Frage, *ob* es einen bedeutsamen Zusammenhang zwischen zwei Variablen gibt und *wie* hoch er ausgeprägt ist; zum Beispiel: In welchem Maße ist Intelligenz ein Prädiktor für Schulerfolg?

Manchmal werden die Fragen komplexer; nehmen wir folgende Beispiele: Ist das *Lebensalter* ein Prädiktor für *Vergangenheitsorientierung* über den Prädiktor *Depression* hinaus? Diese Frage zielt auf das Problem spezifischer Vorhersagebeiträge. Könnte es nicht sein, dass *Lebensalter* und *Vergangenheitsorientierung* nur deswegen korrelieren, weil beide mit *Depression* zusammenhängen (also ältere Menschen depressiver sind)? Der Zusammenhang wäre, je nachdem wie diese Frage zu beantworten ist, anders zu bewerten. Die *multiple Regression* ist die Erweiterung der bivariaten linearen Regression, da die Kriteriumsvariable nicht nur auf eine, sondern gleich auf mehrere Prädiktorvariablen zurückgeführt wird. Die Gründe für die Verwendung dieser Methode sind (a) der Wunsch nach bestmöglicher Vorhersage des Kriteriums und (b) die Suche nach den spezifischen Anteilen einer Prädiktorvariablen. Eingesetzt wird diese Methode aber auch, wenn für nicht-lineare bivariate Zusammenhänge (z.B. quadratische) getestet werden soll. Ein eigentlich eigenständiges Verfahren – die *logistische Regressionsanalyse* – wird hier pragmatisch als Sonderfall der multiplen Regression eingeführt: Wie muss man vorgehen, wenn man statt einer als kontinuierlich gedachten abhängigen Variable eine dichotome abhängige Variable hat (z.B. wurde Obama oder Romney gewählt?).

Die wichtigen Konzepte der *Mediator-* und *Moderatoranalyse* werden in Kapitel 5 eingeführt. *Mediatoranalysen* testen, ob der Zusammenhang zweier Variablen durch eine dritte vermittelt ist: Wenn das Alter (im höheren Erwachsenenalter) ein Prädiktor für Intelligenzabbau ist, stellt sich die Frage, welche vermittelnden Prozesse hierfür verantwortlich sein könnten. Haben wir einen messbaren „Kandidaten" (z.B. einen Index für bestimmte alterskorrelierte Hirnveränderungen), so kann der Prädiktor Alter durch diesen aussagekräftigeren Prädiktor ersetzt werden (vollständige Mediation). Im Gegensatz dazu testen *Moderatoranalysen*, ob der Zusammenhang zweier Variablen von der Ausprägung einer dritten Variable abhängt. Belastung durch chronische Krankheiten und Behinderungen mag im Alter ein Prädiktor für die (Abwesenheit von) Lebenszufriedenheit sein. Möglicherweise gibt es aber Persönlichkeitseigenschaften, die verhindern, dass die gesundheitlichen Beeinträchtigungen die Lebenszufriedenheit mindern: Je höher diese Eigenschaften ausgeprägt sind, umso schwächer ist der Zusammenhang von gesundheitlicher Belastung und Lebenszufriedenheit.

Im zweiten Teil (Kapitel 6 bis 8) werden *Mittelwerts- und unterschiedsorientierte Fragestellungen* behandelt. In direktem Anschluss an die vorangegangenen

Kapitel wird die in den Grundkursen zu quantitativen Methoden eingeführte *Varianzanalyse* regressionsstatistisch behandelt. Ein Anliegen des Buches ist es, auf die Gemeinsamkeit der beiden „Welten" bzw. die Allgemeingültigkeit des regressionsanalytischen Vorgehens hinzuweisen. Danach werden *Multivariate Analysen* (im engeren Sinne) behandelt. Von multivariaten Verfahren im engeren Sinne spricht man, wenn mehrere abhängige Variablen simultan analysiert werden. Es kann hier um experimentelle Studien gehen, bei denen unterstellt wird, dass sich Unterschiede zwischen den Faktoren auf der einen oder der anderen abhängigen Variable zeigen können. Um hier ein leicht nachvollziehbares Beispiel zu nennen: Beim sogenannten „Lügendetektor" wird unterstellt, dass sich das mit dem Lügen einhergehende *arousal* auf verschiedenen peripher-physiologischen Variablen (Hautleitfähigkeit, Atemfrequenz, Blutdruck etc.) zeigt – insofern wäre dies eine multivariate Situation.

Etwas versteckt in einem Unterkapitel des Kapitels 7 wird auch die *Kanonische Korrelationsanalyse* besprochen. Dieses Verfahren wird zwar selten eigenständig angewandt; es ist aber die Verallgemeinerung von Multipler Regression und Multivariaten Analysen und daher zum Grundverständnis dieser Verfahren äußerst wertvoll. Sehr bedeutsam ist auch die Nutzung der *Multivariaten Analyse* (im engeren Sinne) für die Analyse experimenteller Pläne mit messwiederholten Faktoren. Wir werden in Kapitel 8 die traditionelle Varianzanalyse für Messwiederholungspläne und die multivariate Behandlung gegenüberstellen.

Im dritten Teil (Kapitel 9 bis 12) geht es um *Klassifizierungsorientierte Fragestellungen*. Die *Diskriminanzanalyse* dient der Vorhersage von Gruppenzugehörigkeiten durch mehrere Prädiktorvariablen. Wie sich zeigen wird, ist die Diskriminanzanalyse lediglich eine Anwendung der Kanonischen Korrelationsanalyse (s.o.). Die (exploratorische) *Faktorenanalyse*, insbesondere die *Hauptkomponentenanalyse*, wird in Kapitel 10 vorgestellt. Ist das Zusammenhangsmuster für acht Fragen zu *internaler Kontrollüberzeugung* so homogen, dass die acht Fragen zu einem *Gesamtindex* zusammengefasst werden können? Ist das Zusammenhangsmuster für 100 *Persönlichkeitsitems* so, dass es sinnvoll ist, diese Items auf wenige *Faktoren* abzubilden? Bei diesen Fragen geht es offenbar nicht darum, zwischen abhängigen und unabhängigen Variablen, zwischen Prädiktoren und Kriterium zu unterscheiden, sondern darum, Komplexität zu reduzieren.

Mit der *Clusteranalyse* und der *Multidimensionalen Skalierung* verlassen wir dann den bis dahin geltenden Rahmen der sogenannten parametrischen Verfahren – kurz: der Verfahren, die auf Verteilungsannahmen aufbauen. *Clusteranalytische Verfahren* dienen in der Regel der explorativen Fragestellung, wie sich Untersuchungseinheiten (also in der Regel Versuchsteilnehmer) aufgrund von Ähnlichkeiten zu Gruppen (Clustern) zusammenstellen lassen. Sie kann in diesem Sinne eine

Voranalyse zur Diskriminanzanalyse darstellen. Die *Multidimensionale Skalierung (MDS)* dient dazu, die Ähnlichkeiten von Untersuchungseinheiten (zumeist Objekten) in möglichst wenigen Dimensionen zu veranschaulichen. Das klassische Veranschaulichungsbeispiel: Nimmt man die Entfernungskilometer von einigen deutschen Städten als Maß der (Un-) „Ähnlichkeit" bezüglich der geografischen Lage, wird die MDS die zweidimensionale Landkarte, auf denen die Städte platziert sind, als Ergebnis liefern.

Im vierten und letzten Teil geht es um die *Modellierung komplexer Zusammenhänge*. Insbesondere sollen die *Strukturgleichungsmodelle* eingeführt werden, die dazu dienen, komplexe, theoretisch postulierte Zusammenhänge zwischen Variablen einem Test zu unterziehen. Hier werden Elemente der Regressionsanalyse, insbesondere der Mediationsanalyse, mit messtheoretischen Überlegungen verknüpft. Zum Schluss soll an eine immer wichtiger werdende Verfahrensklasse herangeführt werden: Die sogenannten *Hierarchischen Linearen Modelle* sind zwar eigentlich „nur" regressionsanalytische Modelle. Dadurch aber, dass verschiedene Analyseebenen kombiniert werden, wird eine höhere Komplexität erreicht. Das Standard-Anwendungsbeispiel sind bildungswissenschaftliche Studien: Die Untersuchungseinheit auf der untersten Ebene sind die Schüler mit ihren Eigenschaften und ihren Leistungen; Schüler sind aber Teil einer Klasse (mit entsprechenden Merkmalen, z.B. den Lehrereigenschaften); Klassen sind Teil einer Schule (mit entsprechenden Merkmalen, z.B. der Quote von Schülern mit Migrationshintergrund).

1.2 Was man wissen sollte

Ein Buch über Multivariate Statistik kann nicht bei „Adam & Eva" anfangen, schon gar nicht, wenn es vom Umfang so knapp bemessen ist wie dieses. Der Leser sollte also mit den Grundlagen der Statistik vertraut sein, wie sie zum Beispiel typischerweise in den ersten beiden Semestern eines Bachelorstudiengangs Psychologie an Universitäten vermittelt wird. Im Folgenden geben wir einen kurzen „Auffrischungskurs" für einige wichtige, im Weiteren vorausgesetzte Begriffe. Diese Informationen sind vermutlich zu komprimiert, um mit ihnen die entsprechenden Begriffe *erstmals* zu lernen. Der Leser möge also seine innere Reaktion (entweder „Ah ja, ich erinnere mich ..." oder „Wie bitte???") als Indikator dafür zu nehmen, ob sie oder er sich zunächst an anderer Stelle (s. unsere Literaturangaben am Ende des Kapitels) in diese Grundlagen einarbeitet.

Mittelwert, Varianz, Standardabweichung. Der Mittelwert (das arithmetische Mittel) muss hier nicht näher erklärt werden. Er hat unter anderem zwei Eigenschaften, die im Folgenden eine Rolle spielen: (1) Die Summe der Abweichungen der Einzelwerte von ihrem Mittelwert beträgt null. (2) Der Mittelwert ist derjenige Wert x, für den die Summe der quadrierten Differenzen zwischen x und den Einzelwerten ein Minimum ergibt. Das heißt, bei den Werten 2, 6, 3, 5 ist 4 der Mittelwert. Die Summe der einfachen Abweichungen ist null (= -2+2-1+1); die Summe der quadrierten Abweichungen ist 10 (= 4+4+1+1). Mit keinem anderen denkbaren Wert als 4 wird man eine kleinere *Quadratsumme* (wie die Summe der quadrierten Abweichungen kurz benannt wird) erzielen. Teilt man die Quadratsumme durch der Anzahl der Werte, erhält man die *Varianz*, der Parameter für das Ausmaß der Variabilität der Werte (siehe dazu aber auch den Abschnitt *Stichprobe, Population und Freiheitsgrade*). Da die Varianz aufgrund der Quadrierung auch eine quadrierte Einheit trägt – wären die Werte oben Entscheidungszeiten bei einer Urteilsaufgabe in Sekunden, trüge die Varianz die Einheit Sekunden-zum-Quadrat –, arbeitet man auch gern mit der *Standardabweichung (SD; standard deviation)*; sie ist die Wurzel der Varianz. Sind Werte gemäß einer *Gaußschen Normalverteilung* verteilt, reichen Mittelwert und Varianz/Standardabweichung vollständig zur Beschreibung aus. So genügt uns zu wissen, dass Werte eines bestimmten Intelligenztests sich, wie bei solchen Tests üblich, mit der Standardabweichung 15 um den Mittelwert 100 (normal-) verteilen, um jemanden mit dem Testwert 131 zu den 2 % Intelligentesten zu zählen. (Der Wert 130 liegt 2 Standardabweichungen über dem Mittelwert; er trennt in der Normalverteilung etwa 97.7% der Fläche mit kleineren Werten zu 2.3% der Fläche mit diesem und höheren Werten.)

Lineare Transformation und z-Standardisierung. Die gerade angesprochenen Intelligenzwerte mit Mittelwert = 100 und Standardabweichung = 15 erhält man durch Lineartransformation der Rohmesswerte (z.B. die Anzahl der gelösten Testaufgaben). Das heißt, man zieht von jedem Rohwert den Mittelwert der Rohwerte ab und teilt das Ergebnis durch die Standardabweichung der Rohwerte. Beließe man es bei diesem Rechenschritt, würden sich die erhaltenen Werte um den Mittelwert null mit der Standardabweichung eins verteilen. Wir sprechen dann von einer *z-standardisierten Variable*. Nimmt man jeden *z*-Wert mit 15 mal und addiert dann 100, erhält man die typische Intelligenztestverteilung. Die gebräuchlichen statistischen Verfahren sind invariant gegenüber linearen Transformationen; das heißt, die statistischen Tests ergeben dasselbe Ergebnis für verschiedene lineare Transformationen der Originalwerte; *z-Standardisierungen* werden im Laufe des Buches häufiger benötigt.

Stichprobe, Population und Freiheitsgrade. Wir möchten auf der Basis von Stichprobendaten Kennwerte der Population (also der Grundgesamtheit, aus der die Stichprobe gezogen wurde) schätzen. Es lässt sich zeigen, dass der Mittelwert einer Stichprobe *M* ein sogenannter *erwartungstreuer Schätzer* des Populationsmittelwertes

μ ist: Zieht man sehr häufig Stichproben aus derselben Grundgesamtheit, verteilen sich die Stichprobenmittelwerte um ihren *Erwartungswert*. *Erwartungstreue Schätzung* heißt nun, dass der Erwartungswert mit dem Mittelwert der Grundgesamtheit identisch ist. Bei der Varianz ist das etwas anders. Oben hatten wir die Stichprobenvarianz als mittlere Quadratsumme eingeführt. Dies ist keine *erwartungstreue Schätzung* der Varianz der Grundgesamtheit. Es lässt sich aber zeigen, dass wir eine solche Schätzung erhalten, wenn wir die Quadratsumme durch n-1 statt durch n teilen (mit n gleich der Stichprobengröße). Wir sagen auch: Die Varianz hat n-1 *Freiheitsgrade*. Das Konzept der Freiheitsgrade ist ein sehr wichtiges in der Stochastik (dem Teilgebiet der Mathematik, dass sich mit Wahrscheinlichkeitsrechnung und Statistik befasst). Um zu bestimmen, in welcher Beziehung Stichprobenkennwerte zu Populationskennwerten stehen, muss man sich überlegen, wie viele Werte, die in die Berechnung eines Stichprobenkennwertes eingehen, zufällig variieren können. In den Mittelwert gehen n zufällig gezogene Werte ein. Selbst wenn ich n-1 Werte schon kenne, weiß ich nicht, wie der n-te Wert ist; der Mittelwert hat somit n Freiheitsgrade. Bei der Varianz ist das anders: Im Kern der Berechnung stehen Abweichungen der Einzelwerte vom Mittelwert. Da – wie oben ausgeführt – die Summe der Abweichungen vom Mittelwert immer null beträgt, können nur n-1 Werte frei variieren: Kenne ich n-1 Einzelwerte und den Mittelwert, ist der *n-te* Wert festgelegt. Die Varianz hat somit n-1 Freiheitsgrade. Dies führt im Übrigen dazu, dass häufig nicht der Unterschied zwischen der sogenannten *unkorrigierten Varianz* (= Quadratsumme durch n geteilt) und dem *erwartungstreuen Schätzer* (= Quadratsumme durch n-1 geteilt) gemacht wird und direkt letzteres als die einzige Definition der Varianz angegeben wird (z.B. Bortz & Schuster, 2010). Die Populationsschätzung der Standardabweichung ist – wie gehabt – die Wurzel der Varianz.

Inferenz-Statistik. Die *beschreibende (deskriptive) Statistik* beschäftigt sich mit den Kennwerten (z.B. Mittelwert, Varianz) einer Stichprobe; die *schließende* Statistik (Inferenzstatistik) hilft dabei, aufgrund von Stichprobenergebnissen Aussagen über das Zutreffen von Hypothesen zu machen. Zur Auffrischung dieses Gedankens soll an einen der einfachsten Tests der Inferenzstatistik erinnert werden: den *Einstichproben-t-Test*. Nehmen wir an, Sie geben zufällig gewählten Studierenden Ihrer Universität einen Fragebogen, der unter anderem die Frage enthält: „Alles in allem betrachtet, wie zufrieden sind Sie zurzeit mit Ihrem Leben?“ Die 39 Teilnehmer sollen die Frage durch das Ankreuzen eines Wertes zwischen -3 („überhaupt nicht zufrieden“) und +3 („sehr zufrieden“) beantworten. Der Mittelwert M aller Antworten sei 1.36; die Standardabweichung SD betrage 1.46. Wir haben die Hypothese (H_1), dass Studierende (unserer Universität) im Mittel eher zufrieden als unzufrieden sind; wir vermuten also, dass der Mittelwert in der Population der Studierenden (unserer Universität) größer als null ist. Um diese Hypothese auf der Basis unserer Stichprobe zu bewerten, nutzen wir folgende Logik: Wenn wir – entgegen unserer Hypothese – annehmen, die Zufriedenheit der Studierenden wäre im Mittel nicht vom neutralen Null-Punkt verschieden (sog. Nullhypothese H_0), wie wahrscheinlich ist es dann, einen solch hohen (oder noch höheren) Mittelwert wie $M = 1.36$ in einer Stichprobe von 39 Teilnehmern zu erhalten? Wenn die Antwort ist: „kaum wahrscheinlich", so bleiben wir bei unserer Hypothese, dass der Mittelwert der Studierenden größer als null ist. „Kaum wahrscheinlich" wird in der Regel in der Psychologie mit 5 % (seltener: mit 1 %) beziffert. (Das bedeutet natürlich, dass wir ein Restrisiko von 5 % bzw. 1 % eines „Fehlers erster Art" [Alpha-Fehler] eingehen, dass doch die Nullhypothese gilt.) Wie berechnen wir diesen Wahrscheinlichkeitswert? Wir müssen dazu wissen, wie sich die Mittelwerte von Stichproben mit 39 Teilnehmern um den angenommenen Wert null verteilen würden. Konkret benötigen wir also Wissen über die Verteilungsform und die Parameter, die die Verteilung charakterisieren.

Die bekannteste Verteilungsform ist die Gaußsche Normalverteilung, eine symmetrische glockenförmige Kurve, die – wie oben schon gesagt – durch ihren Mittelwert und ihre Standardabweichung vollständig beschrieben wird. Bei der *Standard-Normalverteilung*, d.h. einer Normalverteilung mit Mittelwert null und Standardabweichung eins, wissen wir zum Beispiel, dass Werte größer als $z = 1.645$ nur in 5 % aller Fälle auftreten. Wenn wir für einen Moment annehmen, dass Mittelwerte von Stichproben mit 39 Teilnehmern sich bei Gültigkeit der H_0 um null normalverteilen, benötigten wir nur noch die Standardabweichung. Die können wir aus unseren Stichprobenergebnissen abschätzen: Teilen wir die Populationsschätzung der Standardabweichung (s.o.) durch die Wurzel aus N – im Beispiel also: Wurzel aus 39 –, so erhalten wir den sogenannten *Standardfehler (SE; standard error)*; er ist die Standardabweichung der Mittelwerteverteilung. In unserem Beispiel beträgt er $SE = 1.46/\text{Wurzel}(39) = 0.23$. Wenn ich weiß, dass Werte größer 1.645 Standardabweichungen in nur 5 % der Fälle erreicht werden, können wir also jetzt sagen: Stichprobenmittelwerte von $0.23 \times 1.645 = 0.38$ und größer erhalten wir bei Gültigkeit der H_0 nur in 5 % aller Fälle. Unser tatsächlicher Mittelwert von 1.36 ist viel größer, wir verwerfen also die H_0 und bleiben bei unserer H_1. Wir hätten alternativ auch folgende Rechnung anstellen können: Unser Stichprobenmittelwert von 1.36 ist $1.36/0.23 = 5.91$ Standardfehlereinheiten über dem Nullwert, wie wahrscheinlich ist es, einen solchen oder höheren z-Wert unter Gültigkeit der H_0 zu erhalten? Diese Wahrscheinlichkeit liegt bei 0.0000002 % und damit deutlich unter den gesetzten 5 %.

Wir müssen jetzt nur noch eine weitere Kleinigkeit einführen. In der Tat wurde im letzten Absatz zwar das Prinzip richtig beschrieben, im Detail haben wir aber einen Fehler gemacht. Erst bei vergleichsweise großen Stichproben verteilen sich die Mittelwerte dieser Stichproben annähernd normal; bei kleineren Stichproben handelt es sich um eine der sogenannten *t*-Verteilungen. Diese sieht der Normalverteilung sehr ähnlich, nur an den Rändern nähert sie sich nicht so schnell der X-Achse an (soll heißen: Während ein *z*-Wert von 1.645 fünf Prozent der Verteilung abschneidet, sind die entsprechenden *t*-Werte höher). Wir haben den Ausdruck „*t*-Verteilungen", also den Plural, verwendet. In der Tat hängt es von der Größe der Stichproben, genauer: von den Freiheitsgraden (s.o.) ab, welche *t*-Verteilung zum Tragen kommt. In den *t*-Wert, den wir aus den Stichprobenkennwerten bilden – $t = M/SE$ – geht indirekt die Standardabweichung ein; eine Standardabweichung hat aber n-1 Freiheitsgrade. In unserem Fall ergibt sich ein *t*-Wert von $t = 5.91$, der bei n-1 = 38 Freiheitsgraden mit einer Wahrscheinlichkeit von $p = 0.00004$ % assoziiert ist. Die Schlussfolgerung ändert sich also nicht.

Ein Abschnitt über Inferenzstatistik muss die Begriffe Teststärke (Testpower) und Fehler zweiter Art (Beta-Fehler) enthalten, auch wenn die dazu gehörenden Überlegungen in diesem Buch keine zentrale Rolle spielen. Falls unsere Stichprobe im Hinblick auf den zu erwartenden Effekt zu klein ist, wird das Stichprobenergebnis mit hoher Wahrscheinlichkeit nahelegen, die Nullhypothese beizubehalten, auch wenn der Effekt in der Population existiert. Diese Wahrscheinlichkeit bezeichnen wir als Fehler zweiter Art (Beta-Fehler). Also sollte man bei der Planung einer Studie überlegen, wie groß der Effekt vermutlich sein wird, um die Stichprobengröße zu bestimmen, mit der man genügend Teststärke hat (z.B. mit dem Programm GPower, Faul, Erdfelder, Lang & Buchner, 2007).

Der t-Test. Im vorhergehenden Absatz haben wir an den *Einstichproben-t-Test* erinnert. Es gibt zwei weitere Varianten des *t-Tests*: Messen wir zum Beispiel die Latenzzeit beim Aussprechen von Wörtern (d.h. die Zeit bis zum Beginn des Aussprechens), die auf einem Bildschirm dargeboten werden, und vergleichen dann die mittlere Latenzzeit für Wörter, bei denen ein assoziiertes Wort kurz vorher eingeblendet wurde (*Butter* vor *Brot*), mit der mittleren Latenzzeit für Wörter, denen ein nicht-assoziiertes Wort voranging (*Birne* vor *Brot*), so wenden wir den *t-Test für abhängige Stichproben* (oder: *t-Test für Beobachtungspaare*) an. Er lässt sich direkt in den *Einstichproben-t-Test* überführen, in dem für jeden Versuchsteilnehmer die Differenz zwischen den Latenzen gebildet und der Mittelwert dieser Differenzvariable (wie im Absatz zur Inferenzstatistik beschrieben) gegen null getestet wird. Mit dem *t-Test* für unabhängige Stichproben werden dagegen Mittelwertsunterschiede zwischen *Gruppen* verglichen (z.B. Selbstwert bei Frauen versus Männer). Die Logik ist hier ebenfalls dieselbe: Der Mittelwertsunterschied wird auf den entsprechenden Standardfehler relativiert.

Varianzanalyse. Werden in einer Studie mehr als zwei Gruppen verglichen, wird eine Varianzanalyse berechnet. Nehmen wir zum Beispiel an, depressive Patienten würden per Zufall einer von drei Gruppen zugeteilt: zwei verschiedenen Therapien A oder B oder einer Kontrollgruppe. Nach einer Weile wird ein Depressionsindikator gemessen. Unterscheiden sich die drei Mittelwerte systematisch voneinander? Die Logik der Varianzanalyse ist zweistufig: Zunächst zerlegen wir die *Gesamt-Quadratsumme* in die *Treatmentquadratsumme* und die *Fehlerquadratsumme*. Was heißt das? Nun, wenn wir für jeden Patient den Depressionsindikator-Wert vom Mittelwert der Gesamtstichprobe abziehen, quadrieren und diese quadrierten Abweichungen aufsummieren, erhalten wir die *Gesamt-Quadratsumme*. Wenn wir aber für jeden Patienten den Depressionsindikator-Wert vom eigenen Gruppenmittelwert (also der Therapiegruppe A, B oder der Kontrollgruppe) abziehen, quadrieren und aufsummieren, so erhalten wir die *Fehlerquadratsumme*. Dieser Name ergibt sich dadurch, dass diese Variabilität „innerhalb Gruppen" offensichtlich nicht auf die Bedingungsvariation zurückgeführt werden kann. Nehmen wir zudem für einen Moment an, jeder Patient hätte genau den Mittelwert seiner Gruppe (es gäbe sozusagen keine Fehlervarianz), so können wir diese Werte vom Gesamtmittelwert abziehen, quadrieren und aufsummieren und erhalten die *Treatmentquadratsumme*. *Fehlerquadratsumme* und *Treatmentquadratsumme* ergänzen sich zur *Gesamtquadratsumme*. Der relative Anteil der *Treatmentquadratsumme* an der *Gesamtquadratsumme* wird auch als der *erklärte Varianzanteil* bezeichnet. Die zweite Stufe ist der Inferenztest: Unter der Annahme der Nullhypothese (d.h. die Werte der drei Gruppen entstammen derselben Population) werden sich die Mittelwerte aufgrund der Variabilität der Einzelwerte in der Regel auch leicht unterscheiden. Man kann nun unter der Nullhypothese zwei unabhängige Schätzungen für die Variabilität der Werte angeben: Zum einen können wir die Fehlerquadratsumme durch die entsprechenden Freiheitsgrade teilen – das sind hier N-3 (da in jeder Gruppe nur n-1 Werte frei variieren können, wenn der Mittelwert gegeben ist; allgemein N-p mit p = Anzahl der Bedingungen); das ergibt die sogenannte *mittlere Fehlerquadratsumme*. Zum anderen können wir die *Treatmentquadratsumme* durch die entsprechenden Freiheitsgrade teilen – das sind hier 3 - 1 (allgemein p - 1, da der Gesamtmittelwert gegeben ist); das ergibt die sogenannte *mittlere Treatmentquadratsumme*. Solange die Nullhypothese zutrifft, wird der Quotient aus *mittlerer Treatmentquadratsumme* und *mittlerer Fehlerquadratsumme* fast immer nur unwesentlich von eins abweichen; mit gewisser geringer Wahrscheinlichkeit werden die einzelnen Werte sich aber so verteilen, dass der Quotient aus diesen beiden Varianzschätzungen deutlich größer als eins ist. Diese Verteilung nennt man F-Verteilung. Auch hier handelt es sich wieder um eine Familie von Verteilungen; jede einzelne wird durch die Freiheitsgrade des Zählers (p-1) und des Nenners (N-p) definiert. Der Quotient ist natürlich auch dann deutlich größer als eins, wenn die Bedingungsvariation tatsächlich einen Einfluss hatte. Wie unterscheiden wir die beiden Fälle? Wenn die Wahrscheinlichkeit, unter der Annahme der Nullhypothese einen solchen *F*-Wert oder einen noch größeren zu erhalten, kleiner als $p = .05$ ist, so verwerfen wir die Nullhypothese und bleiben bei unserer ursprünglichen Annahme, dass die Bedingungsvariation einen Effekt hatte.

Kovarianzen und Korrelation. Die Korrelation ist ein symmetrischer Kennwert für den Zusammenhang zwischen zwei Variablen (d.h. wir sprechen in diesem Fall nicht von unabhängiger und abhängiger Variable bzw. Prädiktor und Kriterium). Wir erhalten die (sogenannte Produkt-Moment-) Korrelation durch folgende Formel (mit *X* und *Y* als den beiden Variablen):

$$r = \frac{\sum_{i=1}^{n}\left(x_i - M_x\right)\left(y_i - M_y\right)}{(N-1)\cdot SD_x \cdot SD_y}$$

Die Korrelation basiert also im Kern auf der Korrespondenz der Abweichungen der Einzelwerte vom jeweiligen Mittelwert für zwei Variablen (der Zähler in der Formel). Teilt man diesen Summenterm durch (N-1), erhält man die mittlere korrespondierende Abweichung, auch *Kovarianz* genannt (N-1 wegen der erwartungstreuen Schätzung; s.o.). Teilt man die *Kovarianz* durch das Produkt der beiden Standardabweichungen, erhält man einen Wert, der auf das Intervall [-1,+1] normiert ist. Ein hoher positiver Wert bedeutet, dass zwei Variablen positiv kovariieren: Eine positive (negative) Abweichung vom Mittelwert auf der Variable *X* geht tendenziell mit einer positiven (negativen) Abweichung vom Mittelwert auf der Variable *Y* einher. Ein hoher negativer Wert bedeutet auch, dass man vom Wert auf der einen Variable gute Schätzungen für den korrespondierenden Wert auf der anderen Variable abgeben kann, nur dass jetzt eine positive Abweichung vom Mittelwert auf der einen Variable einer negativen Abweichung auf der anderen Variable korrespondiert. Eine Null-Korrelation bedeutet, dass man bei Kenntnis eines Wertes auf der einen Variable nichts über die Abweichung auf der anderen Variable sagen kann (die beste Schätzung bleibt also der Mittelwert). Die Korrelationsformel reduziert sich zu

$$r = \frac{\sum_{i=1}^{n} z_{x_i} \cdot z_{y_i}}{N-1}$$

für *z*-standardisierte Versionen der Variablen *X* und *Y*, wie man sich leicht klarmachen kann.

Wie oben schon angedeutet, setzen wir das „Was man wissen sollte"-Kapitel mit der *bivariaten Regression* fort. Auch diese gehört typischerweise zur Grundausbildung in Statistik. Da diese Methode aber im Kapitel 3 direkt zur multiplen Regression erweitert wird, soll die bivariate Regression etwas ausführlicher wiederholt werden und ein eigenes Kapitel bilden.

Literatur

Wer sich in die Grundlagen der Statistik (wieder) einarbeiten möchte, sei auf die vielfältige Literatur in diesem Bereich verwiesen. Hier ist eine Auswahl: Bortz und Schuster (2010); Bühner und Ziegler (2009); Eid, Gollwitzer und Schmitt (2013); Pospeschill (2006); Rasch, Friese, Hofmann und Naumann (2014a, 2014b); Schäfer (2010, 2011); Wirtz und Nachtigall (2012, 2013).

Lineare Regression 2

Bei der linearen Regression wird eine Kriteriumsvariable *Y* auf die Prädiktorvariable *X* „zurückgeführt", indem die beste lineare Gleichung

$$\hat{Y} = b_0 + b_1 X$$

gesucht wird. Was heißt hierbei „beste" Gleichung? Es lassen sich sicherlich mehrere Kriterien denken; aus verschiedenen Gründen bietet sich das *Kriterium der kleinsten Quadrate* an, das heißt, die Parameter b_0 und b_1 werden so bestimmt, dass die Summe der quadrierten Abweichungen der vorhergesagten *Y*-Werte von den tatsächlichen *Y*-Werten minimiert wird. Diese Abweichungen nennen wir Residuen. Wir können diese auch explizit in die Gleichung aufnehmen:

$$Y = b_0 + b_1 X + e$$

(Beachten Sie: In der oberen Gleichung steht links „Y-Dach", das heißt, die Variable der vorhergesagten Werte; in der zweiten Gleichung ist Y die Variable der gemessenen Werte.)

Ein Grund für die Wahl dieses Kriteriums liegt darin, dass die Fehlervarianz (also die nicht vorhergesagte Varianz von *Y*) minimiert wird; ein zweiter, dass durch die Quadrierung „zwanglos" das Vorzeichen der Abweichungen eliminiert wird. Der Algorithmus zur Bestimmung der Funktionsparameter braucht uns hier nicht zu interessieren (vgl. z.B. Bortz & Schuster, 2010, Kap. 11), da wir wissen, welches Kriterium er realisiert. Ein Wort noch zur Terminologie: Um die lineare Regression mit nur einem Prädiktor von der multiplen Regression, die wir im nächsten Kapitel behandeln, abzugrenzen, spricht man auch von *bivariater linearer Regression* (bivariat, da der Zusammenhang nur zweier Variablen bestimmt wird).

Schauen wir uns ein Beispiel an: Die Durchschnittsnote von 120 Schülern (Variable *Schule*) sei die abhängige Variable; sie wird auf den Intelligenzwert der Schüler (Variable *IQ*) regrediert. *Abbildung 1* zeigt das Streudiagramm der Daten.

(Die Daten sind fiktiv und in mancherlei Hinsicht unrealistisch.) SPSS berechnet lineare Regressionen mit der Prozedur *regression.*[2]

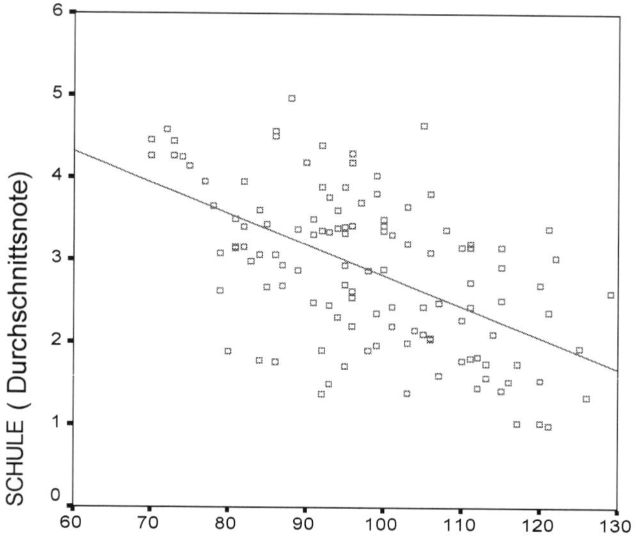

Abb. 1 Streudiagramm Schulnote und Intelligenz (fiktive Daten)

Wir erhalten hier eine Fülle von Informationen, die einzeln besprochen werden sollen (vgl. *Abbildung 2*).

Regressionsgewichte (1). An dieser Stelle sind die Parameter b_0 und b_1 der Regressionsgleichung angegeben. Die beste Schätzung für die Schulnote ergibt sich somit aus:

$$\widehat{Schule} = 6.556 - 0.037 \cdot IQ$$

---

2 Im *Online-Plus*-Material (vgl. Anhang) wird die Verwendung der SPSS-Syntax erläutert.

Welche Note ist die beste Schätzung für einen durchschnittlich intelligenten Schüler? Da 100 der Durchschnittswert eines Standard-Intelligenztests ist, ist die Vorhersage 2.86 (= 6.556 – 0.037 × 100). Welche Note ist die beste Schätzung für einen Schüler, der zwei Norm-Standardabweichungen über dem Mittelwert liegt? Da die Standardabweichung des Intelligenztests 15 beträgt, ist die Vorhersage 1.75 (= 6.556 – 0.037 × 130).

Standardschätzfehler der Regressionsgewichte (2). Sie geben die Genauigkeit an, mit der aus den Stichprobendaten die Ausprägung der Regressionsparameter geschätzt werden kann: Würden wir unsere Erhebung (immer mit 120 Schülern) viele Male wiederholen, so hätte die Verteilung des Regressionsparameters diese Standardabweichung.

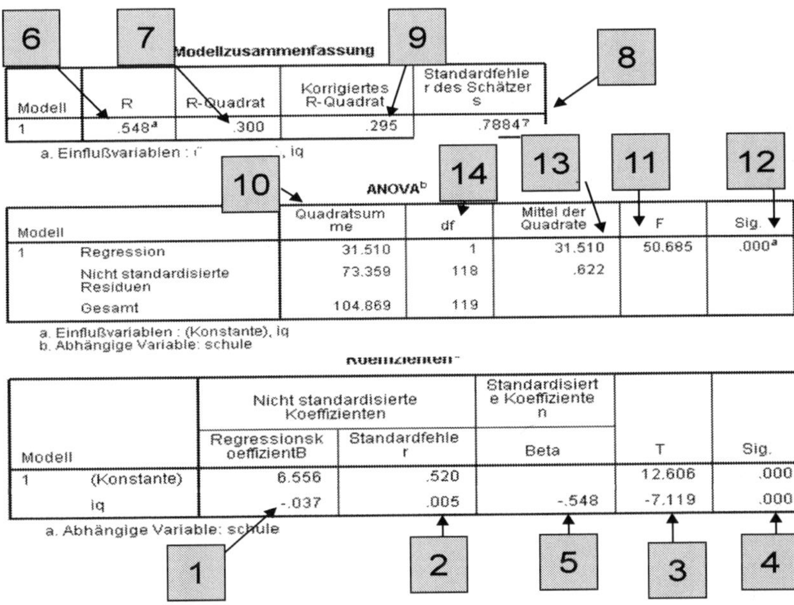

Abb. 2 SPSS-Ausgabe der Prozedur *Regression*

t-Wert des Signifikanztests (3). Der Wert ergibt sich – ganz analog zum Einstichproben-t-Test (vgl. Kapitel 1) – durch:

$$t = \frac{b}{s_b}$$

Es wird also die Hypothese getestet, ob der entsprechende Regressionsparameter bedeutsam von null abweicht.

Wahrscheinlichkeitsniveau des t-Wertes (4). Das Wahrscheinlichkeitsniveau des t-Wertes. Hier ist $p < .001$; es ist also sehr unwahrscheinlich, ein solches oder (vom Betrag) noch größeres Regressionsgewicht zu erhalten, wenn in der Population das Gewicht null beträgt. Der p-Wert wird stets zweiseitig angegeben. Hat man eine einseitige Hypothese, so kann der Wert halbiert werden.

Beta-Gewicht (Standardpartialregressionskoeffizient; 5). Zum Verständnis dieses standardisierten Koeffizienten ist es nützlich zu wissen, dass (1) bei der bivariaten linearen Regression das Beta-Gewicht mit der Produkt-Moment-Korrelation identisch ist und (2) bei z-Standardisierung von Kriterium und Prädiktor das Regressionsgewicht b_1 gleich dem Beta-Gewicht ist (während die Konstante b_0 den Wert null annimmt). Insbesondere bei den multiplen Regressionen, die später erläutert werden, wird in der Regel das Beta-Gewicht berichtet, wenn der Beitrag eines Prädiktors in Richtung und Ausprägung prägnant benannt werden soll. Der Zusammenhang zwischen b_1 und Beta-Gewicht ergibt sich nach folgender einfacher Formel:

$$\beta = b_1 \frac{s_x}{s_y}$$

Beachten Sie aber, dass das Beta-Gewicht zwar in Standardfällen im Bereich von -1 bis +1 liegt (wie die Korrelation), aber formal nicht auf dieses Intervall begrenzt ist. In manchen Fällen der multiplen Regression, die wir später noch kennenlernen werden, kann es Werte außerhalb dieses Bereichs annehmen.

Multiple Korrelation (6). An dieser Stelle finden wir noch einmal unseren Korrelationswert; das muss im einfachen bivariaten Fall auch so sein, wie eine einfache Überlegung deutlich macht: Allgemein ist die multiple Korrelation die Korrelation zwischen dem Kriterium Y und dem durch die Regressionsgleichung geschätzten Kriterium $\hat{Y}$. Auf unser Beispiel übertragen heißt das: Die Korrelation zwischen *Schule* und $\widehat{Schule}$ (= 6.556 – 0.037 × IQ) ist identisch mit der Korrelation zwischen *Schule* und *IQ*. Da $\widehat{Schule}$ lediglich eine Lineartransformation von *IQ* ist, ist das trivial.

Multiples Korrelationsquadrat (R^2; 7). Wie der Name sagt, handelt es sich bei diesem Wert um das Quadrat der multiplen Korrelation. Es lässt sich leicht zeigen, dass dieser Wert ein Index der „erklärten Varianz" des Kriteriums durch den Prädiktor ist. Aus diesem Grund wird er auch *Determinationskoeffizient* genannt. Um den Begriff der „erklärten Varianz" besser zu verstehen, nehmen wir ihn ganz wörtlich. Wir bilden zwei neue Variablen: (1) *S_SCHULE* (durch die Regressionsgleichung) und *R_SCHULE* (die Differenz zwischen *SCHULE* und *S_SCHULE* – die sogenannten Residuen; zur SPSS-Syntax vgl. *Online Plus*; s. Anhang).

S_SCHULE = 6.556 - 0.037 × IQ.
R_SCHULE = SCHULE - S_SCHULE.

Berechnet man jetzt die Varianzen der Variablen *SCHULE*, *S_SCHULE* und *R_SCHULE*, sieht man, was mit „erklärter Varianz" gemeint ist. Um dies zu realisieren, nutzen wir die SPSS-Prozedur *Deskriptive Statistiken*. Wir erhalten die Ausgabe *Abbildung 3*.

Teilen Sie die Varianz von *S_SCHULE* (0.265) durch die Varianz von *SCHULE* (0.881) und Sie erhalten den Wert des multiplen Korrelationsquadrats. Die Varianzen von *S_SCHULE* („erklärte" Varianz), *R_SCHULE* (Fehlervarianz) ergänzen sich zur Varianz von *SCHULE*. Wenn wir also die Varianz von *R_SCHULE* (0.616) durch die Varianz von *SCHULE* (0.881) teilen und das Ergebnis von eins abziehen, erhalten wir ebenfalls das multiple Korrelationsquadrat. Diese Darstellung werden wir gleich unten noch einmal benötigen. Nebenbei können wir noch sehen, dass *S_SCHULE* exakt den gleichen Mittelwert hat wie das Kriterium und die Residualvariable *R_SCHULE* den Mittelwert null. Dies ergibt sich aus der Logik der linearen Regression.

Deskriptive Statistik

	N	Mittelwert	Varianz
SCHULE	120	2.8890	.881
S_SCHULE	120	2.8890	.265
R_SCHULE	120	.0000	.616

Abb. 3 Ausgabe der Prozedur *Deskriptive Statistik*

Standardabweichung der Residuen (Populationsschätzer; 8). Die Varianz (und damit die Standardabweichung) der Residuen ist in *Abbildung 3* auf die übliche

Art (d.h. Quadratsumme geteilt durch n-1) bestimmt worden. Dies ist aber keine erwartungstreue Schätzung der Residuen, wie eine einfache Überlegung zeigt: So wie wir bei der Bestimmung der Varianz einer gemessenen Variable gesagt hatten, nur n-1 Werte der Quadratsumme können frei variieren (da der Mittelwert schon aus den gemessenen Werten bestimmt wurde, vgl. Kap. 1), so müssen wir jetzt feststellen, dass nur n-2 Residualwerte frei variieren können, da Kriteriums- und Prädiktorvariable in die Bestimmung der Residuen eingehen. Der „Standardfehler des Schätzers" – wie es im SPSS-Protokoll heißt – ist somit einfach die Wurzel der durch die richtige Anzahl von Freiheitsgraden (hier: n-2) geteilten Quadratsumme der Residuen (vgl. Punkt 10).

Das adjustierte multiple Korrelationsquadrat (9). Wegen des gerade erwähnten Freiheitsgradproblems ist das multiple R^2 kein erwartungstreuer Schätzer des Populations-R^2. Wie wir oben gesagt hatten, erhalten wir R^2 dadurch, dass wir das Verhältnis von Residuenvarianz zu Kriteriumsvarianz (d.h. die nicht erklärte Varianz) von eins abziehen. Setzen wir statt der Residuenvarianz die Populationsschätzung der Residuenvarianz ein – das heißt, das Quadrat der gerade eingeführten *Standardabweichung der Residuen* (s.o.) –, so erhalten wir das adjustierte R^2. Dieser Wert erhält eine wichtige Funktion vor allem bei der multiplen Regression (vgl. Kap. 3).

Quadratsummen (10). Der Ergebnisausdruck der univariaten Statistiken kann noch zu einer weiteren Erläuterung verwendet werden. Bekanntlich ergibt sich die Varianz (genauer: eine „erwartungstreue Schätzung der Populationsvarianz") durch folgenden Ausdruck:

$$\hat{\sigma}^2 = \frac{\sum_{i=1}^{n}(x_i - \bar{x})^2}{N-1}$$

Wie wir wissen, wird der Ausdruck im Zähler auch als *Quadratsumme* bezeichnet. Wenn die Varianzen von *S_SCHULE* und *R_SCHULE* mit 119 (= N-1) multipliziert werden, erhält man die Quadratsummen (QS) für „Regression" und „Residuen", die auch im Ergebnisausdruck zu finden sind. Wie man sich leicht überlegen kann, gilt dann auch:

$$R^2 = \frac{QS_{regression}}{QS_{regression} + QS_{residual}}$$

F-Wert (11). Während der t-Test, der jedem Regressionsparameter zugeordnet ist, eben diesen auf Abweichung von null testet (s.o.), liefert der F-Test Entscheidungshilfe darüber, ob das Ausmaß der erklärten Varianz als statistisch signifikant angesehen werden soll. Der F-Wert ist der Quotient der mittleren Quadratsummen für „Regression" und „Residuen" (Punkt 13), die ihrerseits durch Relativierung der entsprechenden Quadratsummen auf die Freiheitsgrade (Punkt 14) berechnet werden.

Wahrscheinlichkeitsniveau des F-Wertes (12). Es ist zu beachten, dass auf einen F-Wert die Unterscheidung *einseitig vs. zweiseitig* prinzipiell nicht anwendbar ist, da mit dem F-Test Varianzverhältnisse getestet werden, die keine Richtungsunterschiede mehr enthalten. Im Übrigen ist an dem Beispiel aber zu erkennen, dass der F-Test (auf signifikante Varianzaufklärung) offenbar zu der gleichen Wahrscheinlichkeitsaussage führt wie der t-Test (auf Abweichung des Regressionsparameters von null). In der Tat lassen sich diese beiden Tests ineinander überführen, wenn der F-Wert nur einen Zählerfreiheitsgrad hat (also nur ein Prädiktor getestet wird), wobei gilt:

$$t(df_n) = \sqrt{F(1, df_n)}$$

(mit eins als Zählerfreiheitsgrad des F-Wertes, *dfn* als Nennerfreiheitsgrade). Wegen solcher Äquivalenzen von t-Test und F-Test kann mitunter auch ein F-Test einseitig interpretiert werden (vgl. Maxwell & Delaney, 1990, p. 144).

Mittlere Quadratsummen (13). Die mittleren Quadratsummen ergeben sich durch die Relativierung der Quadratsummen auf die Freiheitsgrade.

Freiheitsgrade (14). Die Zählerfreiheitsgrade entsprechen der Anzahl der Prädiktoren (p) in einer Regression; die Nennerfreiheitsgrade ergeben sich durch:

$$df_n = N - p - 1$$

Dies kann man sehr einfach auf die folgende Art begründen: Es müssen p+1 Gewichte geschätzt werden. Wenn $N = p+1$ wäre, könnten wir für jede der N Versuchspersonen eine Gleichung mit $p+1 = N$ Unbekannten notieren; die Lösung dieses Gleichungssystems hat offensichtlich nichts mehr mit Empirie zu tun; das heißt, es gibt keine Freiheitsgrade mehr. Die Nennerfreiheitsgrade entsprechen im Übrigen den Freiheitsgraden jedes einzelnen t-Tests der Regressionsparameter.

Voraussetzungen

Jede statistische Methode macht Voraussetzungen. Für die lineare Regression gilt, dass die abhängige Variable (a) für jeden Wert der unabhängigen Variablen normalverteilt sein sollte; (b) die Varianz der Verteilung der abhängigen Variablen sollte für alle Werte der unabhängigen Werte konstant sein; (c) die Beziehung zwischen der abhängigen und der unabhängigen Variable sollte linear sein; (d) alle Beobachtungen sollten voneinander unabhängig sein. Da diese Voraussetzungen alle auch bei der multiplen Regression gelten und wir dort etwas ausführlicher darauf eingehen, werden wir das hier nicht näher erläutern.

Partialkorrelation

Ein Begriff, der noch zum „Was-man-wissen-sollte"-Fundus gehören sollte und gut an dieser Stelle rekapituliert werden kann, ist der Begriff der *Partialkorrelation*. Man spricht von einer Partialkorrelation zweier Variablen *X* und *Y*, wenn man die Residuen dieser Variablen bezüglich einer dritten Variable *Z* korreliert. Angenommen, es bestünde eine Korrelation zwischen der durchschnittlichen Schulnote und der durchschnittlich aufgewendeten Zeit für die Hausaufgaben (je mehr Zeit, desto bessere Leistung). Da man weiß, dass Intelligenz ein Prädiktor für die Schulleistung ist, möchte man sichergehen, dass die Korrelation zwischen Schulnote und Hausaufgabenzeit nicht allein auf Intelligenzunterschiede zurückgeführt werden kann. (Es könnte ja sein, dass intelligentere Kinder mehr Zeit mit Hausaufgaben verbringen, weil ihnen diese leichter fallen und damit eventuell mehr Spaß machen.) Die Partialkorrelation zwischen Schulnote und Hausaufgabenzeit (mit Auspartialisierung von Intelligenz) gibt hier Auskunft. Bei der Semipartialkorrelation wird nur aus einer Variable die Drittvariable herauspartialisiert.

Methoden der Parameterschätzung

Zum Abschluss dieses Kapitels möchten wir noch einmal auf die Schätzung der Parameter eingehen. Bei der Regression wird – wie eingeführt – die Methode der kleinsten Quadrate genutzt (in der englischen Literatur als *ordinary least squares* bezeichnet). Wir wollen hier als letzter Komponente des Teils „Was man wissen sollte" darauf hinweisen (oder daran erinnern), dass es andere Regeln der angemessenen Parameterschätzung gibt. Insbesondere werden an manchen Stellen des Buches die sogenannten *Maximum Likelihood*-Schätzer erwähnt; sie funktionieren nach dem Prinzip: Bei welchen Parameterwerten ist die Wahrscheinlichkeit der vorgefundenen Stichprobendaten am höchsten? Angewandt auf das Problem der linearen Regression würde das bedeuten: Bei welchen Werten von b_0 und b_1 als Gewichten des Populationsmodells sind die vorgefundenen Stichprobenwerte maximal wahrscheinlich? Bei der linearen Regression erfüllen die Gewichte, die aufgrund der Methode der kleinsten Quadrate bestimmt werden, auch dieses Kriterium, solange die Residuen normalverteilt sind. In diesem Fall gibt es also keinen Unterschied. Bei anderen Verfahren und Fragestellungen ist das nicht Fall: Mitunter kann man sich zwischen den Schätzmethoden entscheiden (vgl. z.B. Kapitel 10 zur exploratorischen Faktorenanalyse); bei anderen Verfahren ist die *Maximum Likelihood*-Methode die gängige (weil es zum Beispiel keine Kleinste-Quadrate-Lösung für das entsprechende Problem gibt; vgl. z.B. das Kapitel 13 über Strukturgleichungsmodelle).

Neben diesem generellen Wissen, dass es verschiedene Prinzipien (und damit Algorithmen) der Parameterschätzung gibt, sollte man auch noch Folgendes als Hintergrundwissen haben: Im Gegensatz zur Methode der kleinsten Quadrate (die eine analytische Lösung liefert) basieren *Maximum Likelihood*-Schätzungen in der Regel auf iterativen Algorithmen. Das heißt, sie beginnen mit Startwerten, die sukzessive in Richtung besserer Schätzwerte verändert werden. Wird ein bestimmtes Kriterium der Verbesserung von Schritt x zu Schritt x+1 unterschritten, hat der Algorithmus konvergiert. Mitunter tut er das aber nicht (d.h. er „pendelt" zwischen gleich guten bzw. gleich schlechten Lösungen). Um in solchen Fällen einen Abbruch zu erzwingen, ist in den Algorithmus eine Maximalanzahl von Iterationsschritten eingebaut. Man kann dann zumindest prüfen, ob eine Höhersetzung dieser Anzahl doch noch zur Konvergenz führt.

Literatur

Alle Bücher zu den Grundlagen der Statistik, die wir am Ende des Kapitels 1 genannt haben, und alle Bücher, die wir am Ende des nächsten Kapitels nennen werden, enthalten Abschnitte über die einfache bivariate lineare Regression. Eid und Kollegen (2013) widmen ihr ein eigenes Kapitel.

Multiple Regression

3

Die Erweiterung der einfachen bivariaten zur multiplen Regression ist denkbar einfach. Die Kriteriumsvariable wird jetzt auf eine Linearkombination aus mehreren Prädiktorvariablen zurückgeführt.

$$\hat{Y} = b_0 + b_1 X_1 + b_2 X_2 + \ldots + b_n X_n$$

bzw.

$$Y = b_0 + b_1 X_1 + b_2 X_2 + \ldots + b_n X_n + e$$

Der Algorithmus zur Bestimmung der Regressionsgewichte realisiert wieder dasselbe Ziel wie bei der linearen Regression: Minimiere die Summe der Residuumsquadrate! (Methode der kleinsten Quadrate)

$$\sum_{i=1}^{n} \left(y_i - \hat{y}_i \right)^2 \rightarrow \text{min!}$$

Die multiple Regression hat einige bemerkenswerte Eigenschaften, die nacheinander beschrieben werden sollen. Insbesondere lässt sich die Nutzung der multiplen Regression anhand dreier typischer Ziele von Anwendern einführen.

3.1 Ziel 1: Die angemessene Prüfung orthogonaler Prädiktoren

Wir beginnen mit folgendem Beispiel: Nehmen wir an, Sie hätten die Hypothese, dass der Gedächtniszugriff auf negativ besetzte Wörter langsamer ist als für positive Wörter. Sie präsentieren einigen Versuchsteilnehmern 180 deutsche Wörter einzeln auf dem Computerbildschirm, gemischt mit ebenso vielen aussprechbaren Nicht-Wörtern und bitten sie, möglichst schnell, aber auch korrekt durch Tastendruck die Wörter als Wörter und die Nicht-Wörter als Nicht-Wörter zu kategorisieren. Die über die Versuchsteilnehmer gemittelte Reaktionszeit pro Wort (für korrekte Reaktionen) nehmen Sie als Indikator des Gedächtniszugriffs (Variable *RZ*). Andere Versuchsteilnehmer haben die Wörter auf einer Skala von 1 (sehr positiv) bis 7 (sehr negativ) bewertet, so dass auch hier über die Versuchsteilnehmer gemittelt werden kann und Sie einen Index der Bewertung der Wörter haben (Variable *Valenz*). Letztlich bestimmen Sie noch die Länge der Wörter (Anzahl der Buchstaben), da Sie – sicherlich zu recht – annehmen, dass die Reaktionszeit auch etwas mit der Länge der Wörter zu tun hat (Variable *Länge*). Wir haben ausnahmsweise einmal einen Datensatz, der Wörter und nicht Versuchsteilnehmer als Dateneinheit hat; dies ist aber nicht wesentlich für das Folgende.

Zunächst berechnen wir die bivariaten Korrelationen mit der SPSS-Prozedur *Korrelationen* und erhalten die Ausgabe der *Abbildung 4*.

Korrelationen

		Länge	Valenz	RZ
Länge	Korrelation nach Pearson	1	.000	.696
	Signifikanz (2-seitig)		1.000	.000
	N	180	180	180
Valenz	Korrelation nach Pearson	.000	1	.119
	Signifikanz (2-seitig)	1.000		.110
	N	180	180	180

Abb. 4 Ausgabe der Prozedur *Korrelationen*

Wie zunächst zu sehen ist, korrelieren *Länge* und *Valenz* exakt zu null. Darüber hinaus ist – wie erwartet – die Variable *Länge* offenbar ein guter Prädiktor für *RZ*, da die Korrelation statistisch bedeutsam und zudem recht hoch ist. Wie ist aber der Zusammenhang von *RZ* und *Valenz* zu beurteilen? Ist *Valenz* kein bedeutsamer

Prädiktor für *RZ*, da das konventionelle Signifikanzniveau ($\alpha = .05$) verfehlt wurde? Wir verschieben die Antwort und rechnen zunächst die multiple Regression mit *RZ* als Kriterium und *Länge* und *Valenz* als Prädiktoren. Die Ausgabe ist in *Abbildung 5* abgedruckt; es können mehrere Detailergebnisse festgehalten werden. Die beste Schätzgleichung für *RZ* lautet offensichtlich (gerundet):

$$\widehat{RZ} = 369.9 + 39.1 \cdot \textit{Länge} + 6.4 \cdot \textit{Valenz}$$

Das heißt, die Reaktionszeit auf das Wort steigt mit der Länge der Wörter (39 ms pro Buchstaben) und mit der Negativität der Wörter (6.4 ms pro Skaleneinheit).

Die Beta-Gewichte entsprechen auch hier den bivariaten Korrelationen. Dies ist immer dann der Fall, wenn die Prädiktoren perfekt unkorreliert sind. Man beachte allerdings, dass die Tests für den Beitrag der einzelnen Prädiktoren ein anderes Wahrscheinlichkeitsniveau liefern als die für die Korrelationen; Valenz wird hier als bedeutsamer Prädiktor erkannt! Woran liegt das? Die Vorhersagegüte bemisst sich immer am Verhältnis von „erklärter" Varianz zu Fehlervarianz; implizit steckt dies auch in dem Standardfehler des Regressionsgewichtes, von dem wir wissen, dass er entscheidend den *t*-Wert beeinflusst (s.o.).

Modellzusammenfassung

Modell	R	R-Quadrat	Korrigiertes R-Quadrat	Standardfehler des Schätzers
1	.706	.499	.493	37.84759

ANOVA

Modell		Quadrat-summe	df	Mittel der Quadrate	F	Sig.
1	Regression	252108.976	2	126054.488	88.000	.000
	Nicht standardisierte Residuen	253541.955	177	1432.440		
	Gesamt	505650.932	179			

Koeffizienten

Modell		Nicht standardisierte Koeffizienten		Standardisierte Koeffizienten		
		Regressions-koeffizient B	Standard-fehler	Beta	T	Sig
1	(Konstante)	369.902	19.716		18.762	.000
	Länge	39.059	2.987	.696	13.076	.000
	Valenz	6.405	2.856	.119	2.243	.026

Abb. 5 SPSS-Ausgabe der Multiplen Regression

Während aber im bivariaten Fall all das Fehlervarianz ist, was nicht durch den in Frage stehenden Prädiktor „erklärt" wird, reduziert sich die Fehlervarianz in der multiplen Regression auf die Varianz, die durch keinen der Prädiktoren „erklärt" wird. Im Fall der drei Variablen *RZ*, *Länge* und *Valenz* wird der Beitrag von *Valenz* im bivariaten Fall also am Verhältnis von (0.119^2 =) 0.014 zu (1 - 0.014 =) 0.986 bemessen, im multiplen Fall aber am Verhältnis 0.014 zu (1 - 0.014 - 0.484 =) 0.502. (0.484 ist das Quadrat von $r_{RZ,Länge}$.)

Diese Überlegungen werden deutlicher, wenn wir noch zwei weitere Beispielrechnungen mit den Variablen durchführen. Zunächst berechnen wir die bivariate Regression von *RZ* auf *Valenz*. Das Ergebnis entspricht wieder dem der Korrelationsrechnung; wir erhalten lediglich die ausführlichere Ausgabe *Abbildung 6*. Wichtig sind an dieser Stelle die Quadratsummen. Es ist zu sehen, dass die Summe der quadrierten Abweichungen der geschätzten Werte vom *RZ*-Mittelwert (also die „erklärte" Varianz; hier: 7206.5) im Vergleich zur Summe der Residuumsquadrate (also der Fehlerquadratsumme, hier: 498444.4) sehr gering ist, was dann nach Relativierung auf die Freiheitsgrade zu einem entsprechenden *F*-Wert führt.

ANOVA

Modell		Quadratsumme	df	Mittel der Quadrate	F	Sig.
1	Regression	7206.487	1	7206.487	2.574	.110
	Nicht standardisierte Residuen	498444.445	178	2800.250		
	Gesamt	505650.932	179			

Koeffizienten

Modell		Nicht standardisierte Koeffizienten		Standardisierte Koeffizienten		
		Regressionskoeffizient B	Standardfehler	Beta	T	Sig
1	(Konstante)	576.133	16.541		34.831	.000
	Valenz	6.405	3.993	.119	1.604	.110

Abb. 6 SPSS-Ausgabe der Prozedur *Regression*

Die zweite Berechnung, die angestellt werden soll, ist eine *hierarchische multiple Regression*; das heißt wir weisen SPSS an, zunächst eine Regression *RZ* auf *Länge* zu bilden, um dann in einem zweiten Schritt die vollständige Regression *RZ* auf *Länge* und *Valenz* zu bilden. Die Ergebnisse, die wir im zweiten Schritt erhalten, werden selbstverständlich exakt mit denen übereinstimmen, die wir schon oben für den multiplen Fall erhalten haben. Wir können bei dieser Vorgehensweise allerdings noch als weitere Ausgabe das sogenannte R^2-*Change* und dessen inferenz-statistische Beurteilung anfordern. Das R^2-*Change* ist der Zuwachs des multiplen R^2 von Schritt 1 zu Schritt 2. Seine inferenz-statistische Beurteilung sagt uns, ob die zusätzliche Aufnahme der Prädiktoren in Schritt 2 einen zusätzlichen Gewinn an Varianzaufklärung gebracht hat. Wiederum selbstverständlich muss diese Beurteilung bei der zusätzlichen Aufnahme nur eines weiteren Prädiktors mit der Beurteilung von dessen Regressionsgewicht mit dem *t*-Test übereinstimmen. Die Ausgabe ist in *Abbildung 7* wiedergegeben.

Modellzusammenfassung

Modell	R	R-Quadrat	Änderung in R-Quadrat	Änderung in F	df1	df2	Sig. Änd. in F
1	.696	.484	.484	167.183	1	178	.000
2	.706	.499	.014	5.031	1	177	.026

Modell 1: Einflussvariablen : (Konstante), Länge
Modell 2: Einflussvariablen : (Konstante), Länge, Valenz

ANOVA

Modell		Quadratsumme	df	Mittel der Quadrate	F	Sig.
1	Regression	244902.489	1	244902.489	167.183	.000
	Nicht stand. Resid.	260748.442	178	1464.879		
	Gesamt	505650.932	179			
2	Regression	252108.976	2	126054.488	88.000	.000
	Nicht stand. Resid.	253541.955	177	1432.440		
	Gesamt	505650.932	179			

Koeffizienten

Modell		Nicht standardisierte Koeffizienten		Standardisierte Koeffizienten		
		Regressionskoeffizient B	Standardfehler	Beta	T	Sig
1	(Konstante)	395.671	16.203		24.420	.000
	Länge	39.059	3.021	.696	12.930	.000
2	(Konstante)	369.902	19.716		18.762	.000
	Länge	39.059	2.987	.696	13.076	.000
	Valenz	6.405	2.856	.119	2.243	.026

Abb. 7 SPSS-Ausgabe einer hierarchischen multiplen Regression

Zunächst eine kurze Erläuterung des Protokolls: Die erste Neuerung betrifft die Ausgabe von zwei Regressionsprotokollen: Modell 1 bezieht sich auf die Regression *RZ* auf *Länge*, Modell 2 auf die Regression *RZ* auf *Länge, Valenz*. Es ist – wie angefordert – ein R^2*-Change* („Änderung in R-Quadrat") angegeben. Bei Modell 1 ist dieses identisch mit dem R^2 (links daneben). Auch das *F-Change* entspricht dem *F* für die Gesamtgleichung. Diese Informationen müssen natürlich redundant sein, weil dies hier die Anfangsgleichung ist. Für die zweite Gleichung (d.h. Modell 2) ist ebenfalls ein R^2-Change angegeben. Darauf wird jetzt einzugehen sein.

Ein kurzer Vergleich der Gleichung 2 mit der ersten Ausgabe zur multiplen Regression von *RZ* auf *Länge* und *Valenz* (*Abbildung* 5) zeigt, dass hier tatsächlich dasselbe Ergebnis vorliegt. Wie angefordert, wird nun aber außerdem noch das R^2-Change und der dazugehörige *F*-Test mitgeteilt (*Abbildung 7*, erster Kasten, zweite Zahlenzeile). Ein Vergleich des Wahrscheinlichkeitsniveaus des *F*-Wertes mit dem des *t*-Wertes für das Regressionsgewicht von *Valenz* (bzw. ein Vergleich von t^2 mit *F*) zeigt uns wieder die Äquivalenz der Tests (s.o.). Wie errechnet sich dieser *F-Change*-Wert (von 5.03)? Der Zuwachs der Regressions-Quadratsumme von Schritt 1 zu Schritt 2 (hier: 252109.0 – 244902.5 = 7206.5) wird auf einen Freiheitsgrad relativiert und zur mittleren Residual-Quadratsumme (hier: 1432) ins Verhältnis gesetzt.

Man kann aufgrund des Vergleichs von der bivariaten Regression *RZ* auf *Valenz* zur multiplen Regression *RZ* auf *Länge, Valenz* dreierlei festhalten: (1) Der Zuwachs an „erklärter" Varianz durch Valenz entspricht genau der „erklärten" Varianz durch Valenz allein. Es ist hier aber noch einmal ausdrücklich festzuhalten, dass dies nur im Fall orthogonaler Prädiktoren gilt! (2) Die Residuums-Quadratsumme ist aber im multiplen Fall deutlich geringer, da Länge gleichzeitig einen großen Teil der Varianz von *RZ* bindet. (3) Die Verkleinerung der Residuums-Quadratsumme durch einen zweiten Prädiktor wird allerdings dadurch „erkauft", dass ein Freiheitsgrad abgegeben wird. Die mittlere Residuums-Quadratsumme (die ja für den *F-Change*-Test entscheidend ist) wird also nicht in jedem Fall sinken, wenn ein weiterer Prädiktor hinzugenommen wird.

3.2 Ziel 2: Bessere Vorhersage des Kriteriums

Der Übergang von der einfachen zur multiplen Regression wurde bislang nur in seiner Auswirkung auf der Prädiktorenseite betrachtet. Tatsächlich wird aber die multiple Regression häufig deshalb eingesetzt, um eine Kriteriumsvariable besser vorherzusagen, als es durch eine einzelne Variable möglich ist. Der Vergleich der verschiedenen Ausgabeprotokolle in diesem Unterkapitel zeigt, dass dies auch hier der Fall ist. In der multiplen Regression *RZ* auf *Länge* und *Valenz* ist das $R^2 = .499$, während die beiden bivariaten Korrelationsquadrate nur .484 und .014 betragen. Tatsächlich gilt im Fall orthogonaler Prädiktoren P_1 und P_2 allgemein (also auch hier, bis auf eine Rundungsungenauigkeit):

$$R^2_{Y;P_1,P_2} = r^2_{Y;P_1} + r^2_{Y;P_2}$$

Man kann sich dies mit Hilfe von Mengendiagrammen veranschaulichen. Es ist legitim, sich die Varianz einer Variable als Fläche und somit die Kovarianz zweier Variablen (also die gemeinsame Varianz der beiden Variablen oder den Teil der Varianz, die die Prädiktorvariable „erklärt") als Schnittfläche vorzustellen. In unserem Fall sieht das etwa aus wie in *Abbildung 8*.

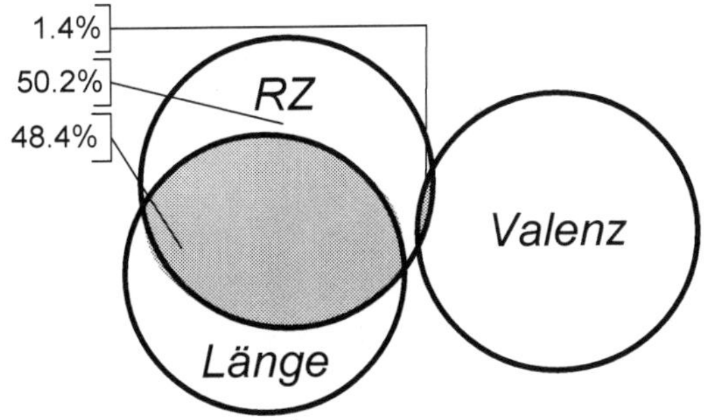

Abb. 8 Mengenveranschaulichung der multiplen Regression im Fall orthogonaler Prädiktoren

Länge und *Valenz* haben in *Abbildung 8* keine Überlappung, da die beiden Variablen so konstruiert wurden, dass sie orthogonal sind. Die jeweiligen Überlappungen dieser Prädiktorvariablen mit *RZ* geben die entsprechende Varianzaufklärung an.

Auch im Fall nicht-orthogonaler (also korrelierter) Prädiktoren, den wir unten genauer besprechen werden, ist das R^2 stets größer als das maximale Korrelationsquadrat zwischen Kriterium und jedem einzelnen Prädiktor. Wir können den Zuwachs an R^2 über die Addition von Semipartialkorrelationen bestimmen. Das R^2, das wir erhalten, wenn wir eine Variable Y nicht nur auf einen Prädiktor X_1 sondern zusätzlich auf X_2 regredieren, ist die Summe aus dem Quadrat der Korrelation zwischen Y und X_1 und dem Quadrat der Korrelation von Y mit dem Residuum von X_2, nachdem X_2 auf X_1 regrediert wurde (also das Quadrat der Semipartialkorrelation von Y und X_2, X_2 partialisiert bezüglich X_1; vgl. Kapitel 2). Käme ein dritter Prädiktor X_3 hinzu, würde das R^2 um die quadrierte Semipartialkorrelation von Y und X_3 (X_3 partialisiert bezüglich X_1 und X_2) steigen. Und natürlich setzt sich diese Regelmäßigkeit sinngemäß bei weiteren Prädiktoren fort. Es ist hierbei völlig irrelevant, welcher Prädiktor der erste, zweite oder dritte Prädiktor ist; die Additionsregel gilt immer.

Es drängt sich die Frage auf, ob sich nicht durch beliebiges Hinzunehmen von weiteren Prädiktoren die Varianzaufklärung beliebig steigern lässt (denn wie wir gerade gesehen haben, kann das R^2 durch die Hinzunahme von Prädiktoren nur steigen, aber nie sinken). Prinzipiell könnten wir eine numerisch stattliche Varianzaufklärung einfach dadurch erreichen, dass wir beliebige Prädiktoren in die Regression mit aufnehmen. Deshalb gilt:

1. Es ist stets zu einem R^2 der F-Wert (und dessen Wahrscheinlichkeitsniveau) mit anzugeben. Durch jeden zusätzlichen Prädiktor steigen die Zählerfreiheitsgrade und sinken die Nennerfreiheitsgrade. Das sind beides Faktoren, die „gegen die Signifikanz" des R^2 arbeiten; insofern muss jeder zusätzliche Prädiktor einen bedeutsamen Teil zusätzlicher Varianz aufklären, um diesen Verlust wettzumachen.
2. SPSS gibt zusätzlich zum R^2 noch das adjustierte R^2 aus. Wir hatten bei der bivariaten linearen Regression schon erläutert, dass das R^2 kein erwartungstreuer Schätzer des entsprechenden Populationswertes ist. Wie dort gesagt, erhalten wir R^2 dadurch, dass wir das Verhältnis von Residuenvarianz zu Kriteriumsvarianz (d.h. die relative nicht erklärte Varianz) von eins abziehen. Setzen wir statt der Residuenvarianz die Populationsschätzung der Residuenvarianz ein – das heißt, das Quadrat der *Standardabweichung (Populationsschätzung) der Residuen* (s.o.) –, so erhalten wir das adjustierte R^2.

$$R^2_{adj} = 1 - \frac{\hat{\sigma}_e^2}{\hat{\sigma}_Y^2}$$

Die *Standardabweichung (Populationsschätzung) der Residuen* finden Sie unter dem Begriff „Standardfehlers des Schätzers" in der Ausgabe zur Regression (vgl. *Abbildung 5*, rechts oben). Sie errechnet sich als

$$\hat{\sigma}_e = \sqrt{\frac{\sum_{i=1}^{n} e_i^2}{n-k-1}}$$

Steigt die Anzahl der Prädiktoren *k*, so unterscheiden sich die Residuenvarianz (bei der die Quadratsumme nur durch *N*-1 geteilt wird) und die Populationsschätzung der Residuenvarianz immer deutlicher. Möchte man ein Regressionsergebnis mit vielen Prädiktoren berichten, sollte also zusätzlich das adjustierte R^2 angegeben werden.

3.3 Ziel 3: Die angemessene Prüfung korrelierter Prädiktoren

Das dritte Ziel beim Einsatz multipler Regressionsverfahren besteht darin, den jeweils *einzigartigen* Beitrag jeden Prädiktors festzustellen, wenn Prädiktoren miteinander korreliert sind. Wir verändern unser Beispiel so, dass wir annehmen, *Valenz* und *Länge* seien miteinander korreliert: negativere Wörter seien im Mittel länger. Wir nennen diese Variable *Valenz2*. Es werden zunächst wieder die Korrelationen berechnet, so dass wir die Ausgabe der *Abbildung 9* erhalten.

Korrelationen

		Länge	RZ
Valenz2	Korrelation nach Pearson	.251	.119
	Signifikanz (2-seitig)	.001	.110

Abb. 9 Korrelationen Valenz2 mit Länge, RZ

Die Korrelation zwischen *RZ* und dem neuen Prädiktor *Valenz2* ist vom Wert her identisch mit der Korrelation von *RZ* und *Valenz*. Verändert hat sich allerdings die Korrelation zwischen den beiden Prädiktoren. Während *Länge* und *Valenz* orthogonal waren, sind *Länge* und *Valenz2* positiv miteinander korreliert. Wie wirkt sich dies auf die multiple Regression aus? Wir rechnen wieder eine Regression in zwei Schritten, um das *F*-Change zu erhalten (*Abbildung 10*).

In diesem Fall sinkt der Wahrscheinlichkeitswert für *Valenz2* unter das Niveau für die Korrelation. Was bedeutet dies? Im Gegensatz zu *Valenz* leistet *Valenz2* über *Länge hinaus* keinen Beitrag zur Vorhersage von *RZ*. Noch anders formuliert: Wenn wir die *Länge* der Wörter kennen, ist *Valenz2* verzichtbar in der Vorhersage der Reaktionszeit. Die zusätzliche Varianzaufklärung von *Valenz2* (siehe „Änderung in R-Quadrat" in der Ausgabe) beträgt nur 0.3 Prozent und ist nicht bedeutsam. Das kann man sich wieder anhand eines Schnittflächendiagramms veranschaulichen (vgl. *Abbildung 11*).

Modellzusammenfassung

Modell	R	R-Quadrat	Änderungsstatistiken: Änderung in R-Quadrat	Änderung in F	df1	df2	Sig. Änd. in F
1	.696	.484	.484	167.183	1	178	.000
2	.698	.488	.003	1.135	1	177	.288

Koeffizienten

Modell		Nicht standardisierte Koeffizienten		Standardisierte Koeffizienten		
		Regressions-koeffizient B	Standard-fehler	Beta	T	Sig
1	(Konstante)	395.671	16.203		24.420	.000
	Länge	39.059	3.021	.696	12.930	.000
2	(Konstante)	404.042	18.003		22.443	.000
	Länge	39.894	3.120	.711	12.787	.000
	Valenz	-3.177	2.982	-.059	-1.065	.288

Abb. 10 Ergebnisse der Prozedur *Regression*

Suppressoreffekte

In *Abbildung 11* ist zu sehen, dass die Überlappung von *RZ* und *Valenz2* vollständig in der Überlappung von *RZ* und *Länge* aufgeht. Dieses Diagramm macht aber auch deutlich, dass der eigenständige Beitrag von *Länge* ebenfalls etwas kleiner ist, als die bivariate Betrachtung nahelegte (*Valenz2* reduziert die Schnittfläche zwischen *Länge* und *RZ*). Insofern verwundert, dass das Beta-Gewicht von *Länge* in der Regression *RZ* auf *Länge*, *Valenz2* nicht kleiner ist als die bivariate Korrelation.

Woran liegt das? Nun, wie ebenfalls aus *Abbildung 11* hervorgeht, haben *Länge* und *Valenz2* noch einen gemeinsamen Varianzanteil, der nichts mit *RZ* zu tun hat. *Valenz2* nimmt gewissermaßen aus *Länge* Varianz heraus, die für die Vorhersage von *RZ* irrelevant ist, und verbessert damit diese ein wenig. Daher ist auch das Beta-Gewicht von *Valenz2* leicht negativ, obwohl die Korrelation positiv war. Derartige Effekte nennt man *Suppressoreffekte*. Sie sollen in einem weiteren Beispiel noch deutlicher herausgearbeitet werden.

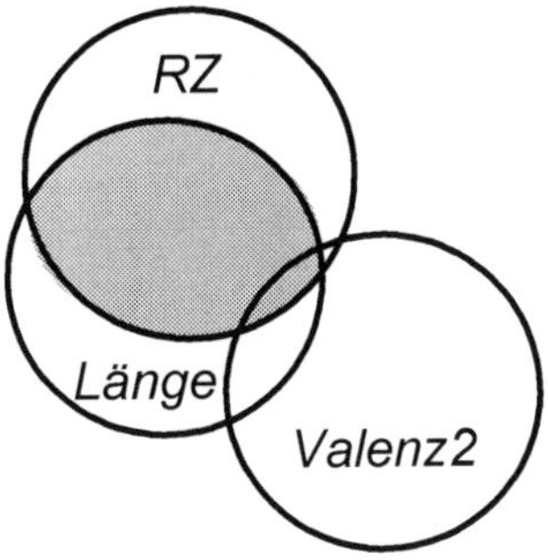

Abb. 11 Mengenveranschaulichung der multiplen Regression für einen Fall korrelierter Prädiktoren

Für diesen Fall ist unser inhaltliches Beispiel nicht mehr gut geeignet. Gleichwohl: Um mit den schon bekannten Variablen zu arbeiten, konstruieren wir es uns so zurecht: Nehmen wir einmal (unplausiblerweise) an, dass negative Valenz insbesondere über die Vorsilbe „Un-" (z.B. Unglück, Unlust) ausgedrückt wird, dass diese Vorsilbe zwar die Wörter verlängert, aber diese Vorsilbe so verarbeitet wird, dass sie kaum zur Verlängerung der Reaktionszeit beiträgt (soll heißen: auf Unglück wird genauso schnell reagiert wie auf Glück). Nehmen wir weiterhin an, dass – wie im vorherigen Beispiel – Valenz nicht die Reaktionszeit erhöht. Die Variable *Valenz3* wurde so konstruiert, dass sie diese Annahmen widerspiegelt. Die Korrelationen für *Valenz3* mit den Variablen *RZ* und *Länge* finden sich in *Abbildung 12.*

Korrelationen

		Länge	RZ
Valenz3	Korrelation nach Pearson	.425	.000
	Signifikanz (2-seitig)	.001	1.000

Abb. 12 Korrelationen von *Valenz3* mit *Länge, RZ*

Hier finden wir also den Fall vor, dass das Kriterium *RZ* deutlich mit dem Prädiktor *Länge* korreliert ist, aber keinerlei Zusammenhang zu einer Drittvariable *Valenz3* zeigt, obwohl diese ebenfalls deutlich mit *Länge* kovariiert. In seiner numerischen Ausprägung ist dieser Fall sicherlich nicht so häufig anzutreffen; in seiner formalen Struktur spielt er aber in empirischen Untersuchungen durchaus eine Rolle, wie wir noch sehen werden. Die multiple Regression *RZ* auf *Länge* und *Valenz3* hat die Ausgabe der *Abbildung 13.*

Koeffizienten

Modell		Nicht standardisierte Koeffizienten		Standardisierte Koeffizienten		
		Regressions-koeffizient B	Standard-fehler	Beta	T	Sig
1	(Konstante)	395.671	16.203		24.420	.000
	Länge	39.059	3.021	.696	12.930	.000
2	(Konstante)	428.124	15.238		28.096	.000
	Länge	47.665	2.980	.849	15.994	.000
	Valenz	-19.361	2.849	-.361	-6.796	.000

Abb. 13 Ergebnisse der Prozedur *Regression* (Suppressoreffekt)

Es ist zweierlei festzuhalten: (1) Der Beitrag von *Länge* zur Vorhersage von *RZ* wird im Übergang von der bivariaten zur multiplen Regression bedeutsamer, und (2) *Valenz3* leistet einen signifikanten eigenständigen Beitrag in der multiplen Regression, obschon sie bivariat zu null mit dem Kriterium korreliert. *Valenz3* ist in diesem Fall eine sogenannte *Suppressorvariable*, die – mit Bortz (1999; S. 444) – wie folgt definiert ist:

Eine Suppressorvariable ist eine Variable, die den Vorhersagebeitrag einer (oder mehrerer) anderen Variablen erhöht, indem sie irrelevante Varianzen in der (den) anderen Prädiktorvariablen unterdrückt.

Das Wirken einer Suppressorvariable lässt sich gut mit *Abbildung 14* veranschaulichen. Sowohl *Länge* als auch *RZ* haben neben ihrem gemeinsamen Varianzanteil auch eigenständige Komponenten, die die bivariate Korrelation unter den maximal möglichen Wert von eins drücken. Insbesondere ist in *Abbildung 14* angedeutet, dass der Prädiktor *Länge* durch Varianzanteile „verunreinigt" ist, die nicht zur Vorhersage von *RZ* benötigt werden. Gelingt es nun, durch eine dritte Variable (in diesem Fall *Valenz3*) einen Anteil der irrelevanten Prädiktorvarianz zu binden, dann wird die Vorhersage des Kriteriums verbessert. (Im Beispiel sind dies die Wortverlängerungen durch „Un-").

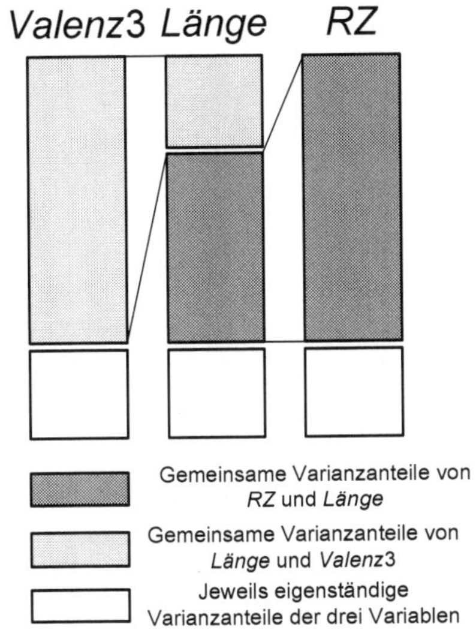

Abb. 14 Veranschaulichung eines (traditionellen) Suppressoreffektes (modifiziert nach Bortz, 1999, S. 444)

Bortz (1999) gibt ein recht eingängiges Beispiel für einen möglichen Suppressoreffekt: Angenommen, es soll untersucht werden, inwieweit die Examensnote ein Prädiktor für späteren beruflichen Erfolg ist. Nehmen wir an, die Varianz der Examensnote (*ENOTE*) sei auf zwei Komponenten zurückzuführen, zum einen auf die fachliche Kompetenz (je höher, desto besser die Note), zum anderen auf Prüfungsangst (je höher, desto schlechter die Note). Nehmen wir weiterhin an, dass der Indikator für späteren beruflichen Erfolg (*BERFOLG*) so gemessen wird, dass er fachliche Kompetenz erfasst, aber nicht durch Prüfungsangst „verunreinigt" ist (also nicht mit der Prüfungsangst [*PA*], die zum Zeitpunkt des Examens gemessen wurde, korreliert). Regredieren wir nun *BERFOLG* auf *ENOTE* und *PA*, so wird *ENOTE* ein negatives Regressionsgewicht haben (je besser – also niedriger – die Note, desto höher der Erfolg). Gleichzeitig wird *PA* aber mit einem positiven Regressionsgewicht assoziiert sein, das dem naiven Nutzer der Regression zu signalisieren scheint, dass Prüfungsangst ein positiver (!) Prädiktor für beruflichen Erfolg ist. Tatsächlich wird durch *PA* nur Varianz von *ENOTE* gebunden, die nicht zur Vorhersage von *BERFOLG* beiträgt.

Wechselseitige Redundanz und reziproke Suppression

Die Fälle von Suppression, die wir gerade besprochen haben, bezogen sich auf Variablen, deren Korrelation mit dem Kriterium null beträgt. Dies ist der Grenzfall von Korrelationsmustern, die auf den ersten Blick paradox wirken. In *Abbildung 15b* sind solche Muster abgebildet.

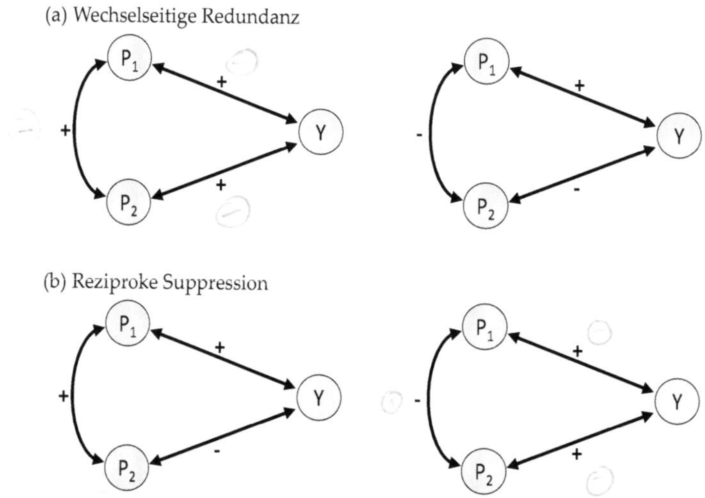

Abb. 15 Korrelationsmuster, die in der Regression zu (a) wechselseitiger Redundanz oder (b) reziproker Suppression führen (hier nicht dargestellt sind die beiden Fälle, die mit den Fällen oben links bzw. unten rechts äquivalent sind, bei denen die Prädiktor-Kriterium-Korrelationen beide negativ statt positiv sind)

Hier korrelieren zwei Variablen P_1 und P_2 positiv miteinander; die Korrelationsvorzeichen mit einem Kriterium divergieren jedoch (*Abbildung 15b, links*). Oder sie korrelieren negativ, haben aber beide eine Kriteriumskorrelation mit demselben Vorzeichen (*Abbildung 15b, rechts*). In diesen Fällen wird gelten, dass die beiden Prädiktoren in einer multiplen Regression einen viel deutlicheren Beitrag leisten werden, als ihre bivariaten Zusammenhänge es zunächst vermuten lassen: Im Fall eines Suppressors ist die sogenannte *Nützlichkeit* größer als die quadrierte Korrelation mit dem Kriterium. Die *Nützlichkeit* einer Variable ist definiert als der Betrag, um den sich die quadrierte multiple Korrelation erhöht, wenn diese Variable zusätzlich in die Regression aufgenommen wird (d.h. die zusätzliche Varianzaufklärung). Wir nennen die Fälle der *Abbildung 15b reziproke Suppression*: Die Varianz, die die Variablen gemeinsam haben, ist offenbar irrelevant für die Prädiktion.

Gibt es solche Fälle in realen psychologischen Studien? Durchaus. So berichtet Süß (2001) über eine Studie, bei der Schulnoten durch Intelligenzfacetten vorhergesagt werden. Bei dem eingesetzten Intelligenztest werden numerische, figurale und verbale Intelligenz unterschieden. Sie alle korrelieren positiv miteinander, was in der Regel als Evidenz für den g-Faktor der Intelligenz gewertet wird (auf den wir uns beziehen, wenn wir von *dem* IQ-Wert einer Person sprechen). Diese drei Prädiktoren werden zur Vorhersage der Durchschnittsnote in sprachlichen Fächern eingesetzt. Hier korreliert nur die sprachliche Intelligenz wie erwartet negativ – eine niedrige Note bedeutet bessere Leistung! – mit der Durchschnittsnote; die numerische Intelligenz korreliert sogar signifikant positiv! In der multiplen Regression sind diese konträren Vorhersagebeiträge noch viel deutlicher. Offenbar gilt zunächst einmal, dass nicht der g-Faktor der Intelligenz die Leistung in den sprachlichen Fächern vorhersagte, sondern die spezifischen, an verbale Materialien gebundenen Intelligenzunterschiede. Warum ist aber die numerische Intelligenz ein positiver Prädiktor? Man kann spekulieren, ob sich dahinter motivationale Verschiebungen verbergen: Möglicherweise haben sich die Schüler, die bei sich Stärken insbesondere im numerisch-mathematischen Bereich erleben, auf den entsprechenden Fächerbereich fokussiert und den sprachlichen Bereich vernachlässigt.

In *Abbildung 15a* sind als Kontrast die Fälle wechselseitiger Redundanz aufgeführt. Wenn beide Prädiktoren (mehr-oder-weniger) Indikatoren desselben Konstruktes sind – zum Beispiel zwei Ängstlichkeitsmaße im Fall der *Abbildung 15a, links* oder ein Depressivitätsindikator und ein Lebenszufriedenheitsindikator im Fall der *Abbildung 15a, rechts* –, kann es im Extremfall passieren, dass beide Prädiktoren insignifikant sind, obwohl die Varianzaufklärung (d.h. der *F*-Test der Regression; s.o.) signifikant ist. Der eine Prädiktor ist jeweils verzichtbar, wenn der andere mit im Spiel ist.

In der von Süß (2001) berichteten Studie werden die drei „Intelligenzen" (numerisch, figural-bildhaft, verbal) auch zur Vorhersage der Durchschnittsnote in naturwissenschaftlichen Fächern (inkl. Mathematik) eingesetzt. Hier ist einzig die numerische Intelligenz ein signifikanter Prädiktor in der multiplen Regression, obschon alle drei Intelligenzmaße negativ mit der Note korrelieren. Offenbar wird die Leistung in diesen Fächern zum Teil durch den g-Faktor, zum Teil durch das Spezifische der numerischen Intelligenz vorhergesagt. Bezüglich des g-Faktor-Anteils sind die drei Prädiktoren aber wechselseitig redundant.

3.4 Voraussetzungen der multiplen Regression

Welche Voraussetzungen macht die multiple Regression? Zunächst muss die Skalierung der beteiligten Variablen sinnvoll sein: Für die Kriteriumsvariable gehen wir davon aus, dass ein Intervallskalenniveau (Äquidistanz, das heißt, dass gleiche Abstände auf verschiedenen Abschnitten der Skala Gleiches bedeuten) angenommen werden kann. Die Prädiktoren sollten entweder intervallskaliert oder – falls sie Nominalskalenniveau haben – geeignet kodiert sein; dies wird in Kapitel 6 näher erläutert. Zudem gilt noch die Annahme, dass die Prädiktoren fehlerfrei gemessen sein sollten. Diese Annahme verwundert vermutlich den ein oder anderen Leser, da auch in diesem Buch schon gegen diese Annahme verstoßen wurde: Im Kapitel 2 hatten wir als Beispiel die Schulleistung auf die Intelligenz regrediert. Obschon Intelligenztestverfahren zu den reliabelsten diagnostischen Verfahren der Psychologie gehören, bedeutet natürlich jeder Reliabilitätswert, der kleiner als eins ist, dass die Variable zu einem nicht unerheblichen Teil messfehlerbelastet ist. Dies führt zu einer Unterschätzung der Steigung der Regressionsgeraden. In der Tat wird diese Annahme der Regressionsrechnung in der Regel ignoriert. Das macht insofern nichts, als wir bei der Planung von Untersuchungen davon ausgehen, dass der auf der Ebene der latenten (d.h. nicht direkt messbaren) Variablen vermutete Zusammenhang aufgrund der nicht perfekten Reliabilität nur reduziert zwischen den gemessenen Variablen gefunden wird.

Für die Inferenzstatistik (vgl. z.B. Bortz & Schuster, 2010, S. 348) sollten die folgenden Modellannahmen hinreichend erfüllt sein:

- *Linearität.* Annahme, dass das lineare Modell in der Population gilt;
- *Homoskedastizität.* Die Varianz der Kriteriumswerte ist für jede Kombination von Prädiktorwerten gleich;
- *Normalverteilung.* Die Verteilung der Kriteriumswerte entspricht für jede Kombination von Prädiktorwerten einer Normalverteilung.

Diese Voraussetzungen werden in der Regel so interpretiert, dass man an die Residuen folgende Anforderungen stellt:

- Normalverteilung an jedem Punkt der Verteilung der vorhergesagten Werte;
- Linearität der Residuen über der Verteilung der vorhergesagten Werte;
- Homoskedastizität: Die Standardabweichungen der Residuen sollten nicht über die Verteilung der vorhergesagten Werte variieren;
- Unabhängigkeit (in der Regel unproblematisch).

Diese Voraussetzungen lassen sich überprüfen, indem man sich das Streudiagramm der Residuen als Funktion der vorhergesagten Werte anzeigen lässt. In *Abbildung 16* sind mehrere mögliche Varianten gezeigt.

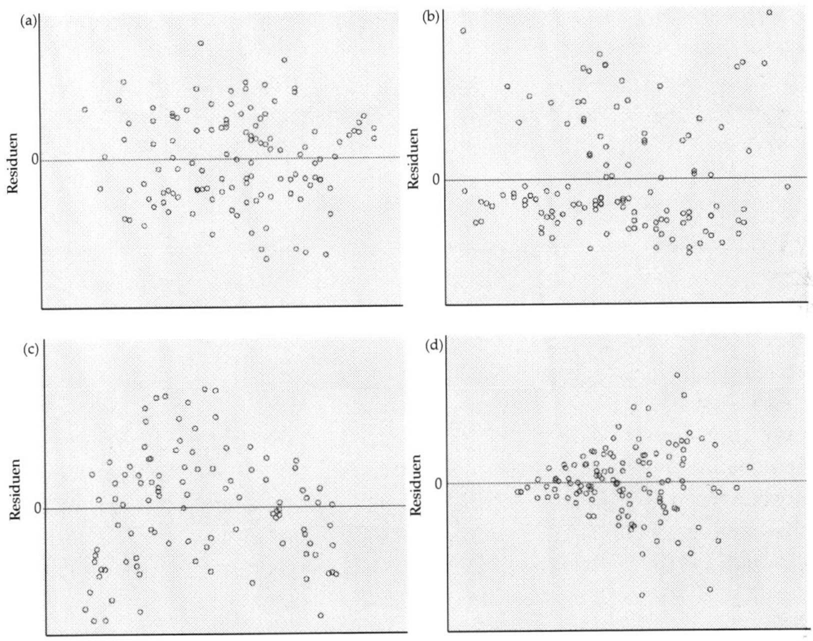

Abb. 16 Streudiagramm Residuen auf vorhergesagte Y-Werte bei (a) erfüllten Voraussetzungen, (b) Nicht-Normalität, (c) Nicht-Linearität und (d) Heteroskedastizität

In *Abbildung 16a* ist der Fall erfüllter Voraussetzungen dargestellt: Die Residuen verteilen sich an jeder Stelle der Verteilung normal und mit gleicher Streuung. In *Abbildung 16b* ist der Fall von nicht normalverteilten Residuen gezeigt. Eine Möglichkeit, mit diesem Fall umzugehen, ist die Transformation der Ausgangsvariablen. Tabachnick und Fidell (2013; p. 86ff) informieren über Möglichkeiten. In *Abbildung 16c* ist der Fall nicht-linearer Zusammenhänge dargestellt. In diesem Fall sollte man für nicht-lineare Zusammenhänge testen. Wie man das macht, darauf werden wir im nächsten Kapitel eingehen. Letztlich ist in *Abbildung 16d* der

Fall der Heteroskedastizität gezeigt: Die Streuung der Residuen nimmt über die Verteilung der vorhergesagten Werte zu. Dieser Fall kann zum Beispiel eintreten, (a) wenn eine Variable asymmetrisch („schief") verteilt ist, die andere nicht, und (b) wenn der Zusammenhang von *Y* und *X* durch eine dritte Variable „moderiert" wird (d.h. der Zusammenhang je nach Ausprägung einer dritten Variable anders ausfällt; vgl. Tabachnick & Fidell, 2013, p. 127). Im Fall (a) können eventuell wieder Transformationen helfen (s.o.); den Fall (b) besprechen wir in Kapitel 5. Man kann allerdings generell sagen, dass Regressionsanalysen vergleichsweise „robust" sind; das heißt, wenn diese Voraussetzungen verletzt sind, schwächt das zwar die Analyse, macht sie aber nicht unbedingt invalide (vgl. Tabachnick & Fidell, 2013, p. 127).

Das Problem von Extremwerten

Regressionsberechnungen reagieren relativ empfindlich auf Extremwerte. Man sollte die Variablen nach univariaten Extrem- und Ausreißerwerten im Boxplot überprüfen. Gegebenenfalls sollte man den entsprechenden Datensatz aus der Analyse herausnehmen oder eine Wertersetzung vornehmen (was beides natürlich immer in einem Bericht erwähnt werden muss; Tabachnick & Fidell, 2013, p. 73). Ebenso sollte man die Möglichkeit von extremen Residuen bedenken. Darüber hinaus kann es natürlich bivariate oder multivariate Ausreißerwerte geben, also Datensätze, die deutlich aus der bivariaten oder multivariaten Verteilung herausfallen. Bei bivariaten Betrachtungen gilt, dass Sie sich immer das Streudiagramm anschauen sollten, um zu sehen, ob ein Zusammenhangsmaß durch solche Werte verzerrt ist. Im multivariaten Fall gibt es Techniken zur Bestimmung von multivariaten Ausreißern (z.B. die sogenannte Mahalanobis-Distanz). Tabachnick und Fidell (2013, p. 74f) gehen in ihren ersten Kapiteln ausführlich auf diese Problematik ein.

Das Problem der Multikollinearität

Ist ein Prädiktor durch einen oder mehrere der anderen Prädiktoren fast vollständig vorhersagbar, spricht man von Kollinearität bzw. Multikollinearität. Kollinearität erkennt man an der bivariaten Korrelation zweiter Prädiktoren. Multikollinearität erkennt man dann, wenn für jeden Prädiktor eine multiple Regression auf die verbleibenden Prädiktoren gerechnet wird. Ein sehr hohes R^2 signalisiert Multikollinearität. Der Wert $1 - R^2$ wird auch als „Toleranz" bezeichnet. (Multi-)Kollinearität beeinträchtigt den Einsatz der multiplen Regression auf zweifache Weise (Bortz & Schuster, 2010, S. 354ff): (Multi-)Kollinearität kann zum einen zu instabilen (d.h. schlecht replizierbaren) Schätzungen der *b*-Gewichte führen. Zum anderen erschwert (Multi-)Kollinearität die Interpretation der *b*-Gewichte.

Das Problem der (Multi-)Kollinearität ist graduell und nicht kategorial zu fassen. Dementsprechend gibt es keine Übereinkunft, ab wann man von problematischen Fällen ausgehen sollte (vgl. aber Tabachnick & Fidell, 2013, p. 90f). Zwar gelten Toleranzwerte < 0.01 schon als sicheres Indiz für (Multi-) Kollinearität; Statistikprogramme wie SPSS akzeptieren aber als Voreinstellung sehr hohe (Multi-) Kollinearitäten (z.B. eine Toleranz von 0.0001). Das Interpretationsproblem besteht zum Teil darin, dass möglicherweise nicht mehr fassbar ist, was der eigenständige Varianzanteil einer Variablen noch bedeuten soll, wenn diese zum Beispiel 95 Prozent Überlappung mit einer zweiten Variable hat. Das kann man allerdings nicht generell sagen: Zum Beispiel ist bei experimentellen Untersuchungen mit Reaktionszeiten als abhängiger Variable der weitaus größte Varianzanteil personenabhängig (sozusagen die Basisgeschwindigkeit, die die Person mitbringt). Die einzelnen Bedingungen des Experiments bestimmen demgegenüber nur einen geringen Teil der Variation, stehen aber theoretisch im Fokus der Untersuchung.

Was macht man im Fall hoher (Multi-)Kollinearität? Man kann zwei Fälle unterscheiden: Ist im Wesentlichen der gemeinsame Varianzanteil der in Frage stehenden Prädiktoren von Interesse (etwa im Fall zweier als Parallelmessung konzipierter Items), sollte man entweder nur einen der Prädiktoren auswählen oder ein Aggregat aus den Prädiktoren bilden. Wird aber insbesondere nach den spezifischen Anteilen gefragt, sollten die Prädiktoren durchaus gemeinsam eingehen. Ob ein ernsthaftes Problem der (Multi-)Kollinearität besteht, kann zum Beispiel durch Replikationen getestet werden.

Literatur

Ausführliche Kapitel zur multiplen Regression finden sich in allen Lehrbüchern zur Multivariaten Datenanalyse (z.B. Tabachnick & Fidell, 2013), aber auch in den umfassenden Lehrbüchern zur Statistik (z.B. Bortz & Schuster, 2010; Eid et al., 2013; Field, 2013). Weiterführende Literatur: Bingham und Fry (2010); Cohen, Cohen, West und Aiken (2003); Fahrmeir, Kneib und Lang (2009); Fox (2008); Montgomery, Peck und Vining (2012); Moosbrugger (2011).

4 Erweiterungen der Multiplen Regression

In diesem Kapitel soll es um einige wichtige Sonderfälle der Anwendung der multiplen Regression gehen. Es wird erläutert, wie man die multiple Regression nutzen kann, um nichtlineare Zusammenhänge zu testen, und wie man sie nutzen kann, um Veränderung vorherzusagen. Im letzten Teil wird ein neues Verfahren eingeführt, die *logistische Regression*, das man analog zur multiplen Regression nutzen kann, wenn das Kriterium nominalskaliert ist (wenn also zum Beispiel die Wahl von Probanden – Obama vs. Romney –, eine Gruppenzugehörigkeit – Vegetarier oder kein Vegetarier – oder ein Ereignis – Rückfall nach einer Suchttherapie, ja/nein – vorhergesagt werden soll).

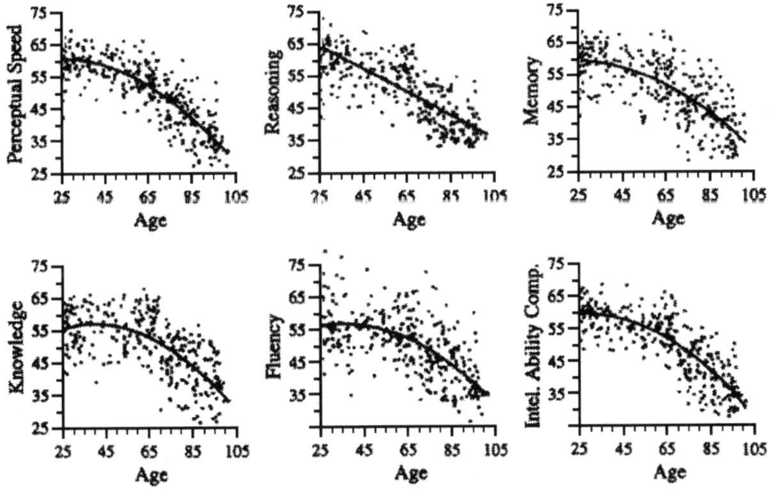

Abb. 17 Ergebnisse der Berliner Altersstudie (Abb. aus Baltes & Lindenberger, 1997)

4.1 Quadratische Zusammenhänge & Co.

In der Berliner Altersstudie (Baltes & Lindenberger, 1997) fanden sich Zusammenhänge zwischen Maßen kognitiver Leistungsfähigkeit und dem Alter wie sie in *Abbildung 17* gezeigt werden. Es ist offensichtlich, dass die Leistungsmaße mit dem Alter „über-linear" abfallen. Wie testet man derartige Zusammenhänge? Die Antwort ist denkbar einfach: Man rechnet eine Multiple Regression, bei der das Kriterium (hier: die kognitive Leistungsfähigkeit) auf den Prädiktor (hier: das Alter) und den quadrierten Prädiktor regrediert wird.

$$\hat{Y} = b_0 + b_1X + b_2X^2$$

Abbildung 18 zeigt fiktive Daten, die den Altersdaten nachempfunden sind. In der linken Abbildung ist eine lineare Regressionsgerade angepasst worden. Wir können erkennen, dass die Residuen im niedrigen und hohen Altersbereich im Mittel negativ sind (d.h. sie liegen unterhalb der Regressionsgerade), während die Residuen im mittleren Altersbereich positiv sind.

Wir erkennhier also genau die Abweichung von den Voraussetzungen, die wir in Kapitel 3 besprochen hatten. In der rechten Abbildung sind dieselben Daten zu sehen; nun ist aber der Ausschnitt einer Parabel in den Punkteschwarm gelegt worden. In diesem Fall ist es offensichtlich, dass die rechte Kurve die Daten besser repräsentiert. Generell kann man fragen: Bringt die Aufnahme des quadrierten Prädiktors in die multiple Regression einen signifikanten Zuwachs an erklärter Varianz?

Im dazugehörigen Datensatz heißt die Prädiktorvariable *X* und das Kriterium *Y*. Wir bilden also eine neue Variable *XQ* (= X · X) und rechnen eine Regression *Y* auf *X* und *XQ*. *Abbildung 19* zeigt die Ausgabe. Wir sehen, dass der Prädiktor *XQ* mit einem signifikant von null abweichenden Regressionsgewicht assoziiert ist. Dies reicht aus, um zu sagen: Ja, es ist sinnvoll, einen quadratischen Zusammenhang zwischen Y und X anzunehmen. Es stellen sich mehrere Anschlussfragen: Wie interpretiere ich die Vorzeichen der Regressionsgewichte? Wie interpretiere ich das – in diesem Fall signifikante – Regressionsgewicht für *X*?

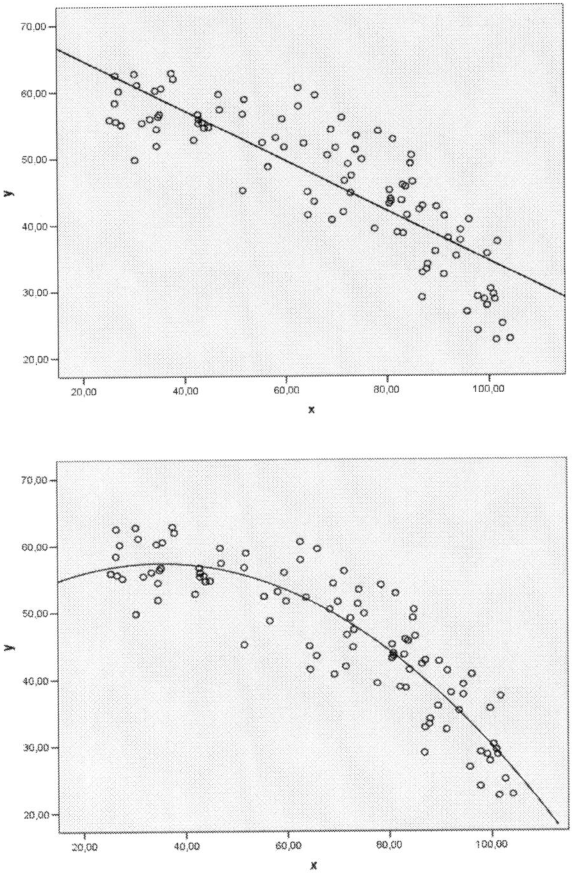

Abb. 18 Zweimal dieselben Daten, einmal mit einer Regressionsgerade, einmal mit einer quadratischen Anpassungskurve (fiktive Daten)

Die drei Gewichte – b_0 (d.h. die Konstante), b_1 (das Gewicht für X), b_2 (das Gewicht für XQ) – beschreiben immer eine vollständige Parabel. Relevant für die Interpretation ist natürlich immer nur der Ausschnitt der Parabel, der im Bereich der tatsächlich gemessenen X-Werte liegt. Das Standardwerkzeug, um sich die Bedeutung des quadratischen Zusammenhangs klarzumachen, ist die Ausgabe eines Diagramms in SPSS, bei dem die quadratische Anpassungslinie als Zusatzoption ausgewählt wird (*Abbildung 18* unten).

Koeffizienten

Modell	Nicht standardisierte Koeffizienten		Standardisierte Koeffizienten		
	Regressions-koeffizient B	Standard-fehler	Beta	T	Sig
1 (Konstante)	49.407	3.878		12.740	.000
x	.451	.132	1.011	3.430	.001
xq	-.006	.001	-1.879	-6.376	.000

Abb. 19 Ergebnis der quadratischen Regression

Das Regressionsgewicht für X muss in der Regel nicht interpretiert werden. Insbesondere sollte man nicht den Fehler machen, dieses Gewicht als den „linearen Anteil" der Gleichung zu interpretieren. Wenn wir diesen bestimmen wollen, rechnen wir eine hierarchische Regression, bei der im ersten Schritt X und im zweiten Schritt X und XQ eingehen. Wenn wir das im konkreten Fall tun, sehen wir im ersten Schritt, dass schon eine lineare Gleichung eine vergleichsweise gute Anpassung erbringt (vergleiche *Abbildung 18* oben), und dem zweiten Schritt, dass die in Zunahme von XQ eine leichte Krümmung der Anpassungslinie bedingt, die den Daten besser entspricht.

Das Regressionsgewicht für X (in der multiplen Regression zusammen mit XQ) ist aber unverzichtbar, da eine vollständige quadratische Gleichung immer aus den drei Termen Konstante, Gewicht für X und Gewicht für XQ besteht. Würde man X in die multiple Regression nicht mit aufnehmen, würde man eine in der Regel viel zu starke Hypothese testen, wie sich leicht zeigen lässt. Die Gleichung

$$\hat{Y} = b_0 + 0 \cdot X + b_2 X^2$$

beschreibt eine Parabel, deren Scheitelpunkt auf der Y-Achse liegt. Wir würden also die Hypothese testen, dass der Scheitelpunkt der Parabel bei $X=0$ liegt.

Die Logik, die wir hier für quadratische Zusammenhänge erläutert haben, lässt sich auch für andere Arten nicht-linearer Zusammenhänge nutzen. Neben polynomialen Zusammenhängen höherer als quadratischer Ordnung lassen sich hier insbesondere auch Zusammenhänge nennen, die durch Logarithmieren linear testbar werden. Zum Beispiel wird der Zusammenhang zwischen Reizempfindung und objektiver Reizstärke in der Wahrnehmungspsychologie durch das Stevens'sche Potenzgesetz beschrieben (vgl. z.B. Goldstein, 2008):

$$W = k \cdot S^n$$

mit *W* als subjektiver Empfindung, *S* als objektiver Reizstärke und *k* und *n* als modalitätsspezifischen Konstanten. Zum Beispiel gilt für das subjektive Helligkeitsempfinden eine Konstante von $n = .33$: Wenn sich die objektive Lichtstärke verzehnfacht, hat sich das subjektive Empfinden nur ein wenig mehr als verdoppelt. Logarithmiert man auf beiden Seiten, erhält man die Hypothese eines linearen Zusammenhangs:

$$\log(W) = k' + n \cdot \log(S)$$

In einer Studie, in der *S* und *W* gemessen werden, bilden wir zwei neue Variablen *logS* und *logW* und nutzen die lineare Regression zur Testung dieser Hypothese.

4.2 Analyse von Veränderung

In Längsschnittstudien kommt der multiplen Regression ebenfalls eine wichtige Rolle zu. Wir erheben ein Merkmal *Y* zu zwei Zeitpunkten T_1 und T_2 und möchten wissen, ob wir die Veränderung in *Y* von T_1 zu T_2 durch eine andere Variable *X*, die ebenfalls zu T_1 gemessen wurde, vorhersagen können. Wir rechnen hier eine Multiple Regression mit Y_2 (d.h. *Y* gemessen zu T_2) als Kriterium und Y_1 sowie *X* als Prädiktoren. Die gedankliche Logik ist folgende: Wenn wir Y_2 auf Y_1 regredieren, so wird die Vorhersage nicht perfekt sein, das heißt, das Beta-Gewicht wird nicht eins sein. Die Residuenvarianz ist möglicherweise nur Fehlervarianz. Es kann sich aber auch um systematische Veränderungen handeln, die dazu beigetragen haben, dass die Korrelation nicht perfekt ist. Wenn nun die Variable *X* über Y_1 hinaus einen Beitrag zur Vorhersage von Y_2 leistet, so kann man sagen: *X* sagt in gewissem Maße die Veränderung von *Y* voraus. Das soll an einem Beispiel aus der Literatur erläutert werden.

Seigneuric und Ehrlich (2005) untersuchten das Leseverständnis in der Grundschule in einem längsschnittlichen Design. Neben dem Leseverständnis maßen sie die Arbeitsgedächtniskapazität der Kinder. Das Leseverständnis in der zweiten Klasse korrelierte mit dem Leseverständnis in der dritten Klasse zu $r = .78$. Das ist eine sehr hohe Korrelation, die zunächst einmal anzeigt, dass die Unterschiede zwischen den Kindern recht stabil sind. Die Arbeitsgedächtniskapazität, die in der zweiten Klasse gemessen wurde, korrelierte mit dem Leseverständnis (dritte Klasse) zu $r = .29$. Allerdings korrelierte die Kapazität mit dem Leseverständnis, dass zur selben Zeit gemessen wurde (also in der zweiten Klasse), zu $r = .33$. Es bleibt also offen, in welcher Weise Leseverständnis und Arbeitsgedächtniskapazität voneinander abhängen: Ist die Arbeitsgedächtniskapazität kausal in der weiteren Entwicklung des Leseverständnisses? Oder bedingt die Varianz im Leseverständnis Varianz in der Arbeitsgedächtniskapazität? Oder sind beide Variablen nur Ausdruck von Intelligenzunterschieden? Eine multiple Regression leistete einen Beitrag zur Klärung: Die Autoren regredierten das Leseverständnis, das in der dritten Klasse gemessen wurde, auf das Leseverständnis, das in der zweiten Klasse gemessen wurde, und die Arbeitsgedächtniskapazität, die in der zweiten Klasse gemessen wurde. In der Tat leistete die Arbeitsgedächtniskapazität einen eigenständigen Varianzaufklärungsbeitrag. Wir können das so interpretieren, dass die Arbeitsgedächtniskapazität zur Entwicklung des Leseverständnisses beiträgt.

Differenzwerte als abhängige Variable enthalten ein Risiko

Wenn zwei Variablen genau in derselben Art und Weise zu zwei Zeitpunkten gemessen werden, scheint es nahezuliegen, vom späteren Messwert den früheren Messwert für jede Person abzuziehen, um dann zu schauen, ob sich diese Differenzvariable durch eine zum frühen Zeitpunkt gemessene weitere Variable vorhersagen lässt. Dieses Vorgehen enthält ein Risiko, wie sich leicht zeigen lässt.

Wie wir wissen, sind Residuen perfekt unkorreliert mit der Prädiktor-Variable. Residuen sind das Ergebnis der folgenden Rechnung:

$$\mathrm{Res}_{Y_2} = Y_2 - (b_0 + b_1 \cdot Y_1)$$

Wir vergleichen das mit der Bildung der Differenzvariable:

$$Diff_{Y_2 - Y_1} = Y_2 - Y_1 = Y_2 - (0 + 1 \cdot Y_1)$$

Solange Y_1 und Y_2 nicht perfekt korreliert sind, wird b_1 nicht den Wert eins annehmen und b_0 nicht den Wert null. Wenn die Residuumsvariable also perfekt unkorreliert ist mit Y_1, dann kann die Differenzvariable nicht unkorreliert sein mit Y_1; tatsächlich wird sie negativ korrelieren.

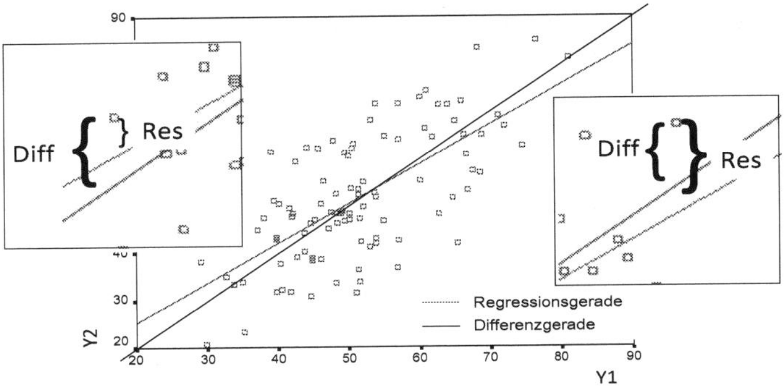

Abb. 20 Regressionsgerade und Differenzgerade in der Veränderungsmessung (mit Ausschnittvergrößerungen)

Abbildung 20 zeigt das Streudiagramm zweier gleich skalierter Variablen, die Regressionsgerade und die Gerade, die der Differenzbildung entspricht. Wie man sehen kann, liegt die Differenzgerade im linken Bereich unterhalb der Regressionsgerade – Differenzwerte sind also in diesem Bereich im Mittel größer als die entsprechenden Residuen –, im rechten Bereich aber oberhalb der Regressionsgerade – Differenzwerte sind also in diesem Bereich im Mittel niedriger als die entsprechenden Residuen. Oder anders gesagt: Je kleiner Y_1, desto größer die Differenz; Y_1 und die Differenzvariable korrelieren negativ! Wenn nun eine Drittvariable X, die ebenfalls zum ersten Zeitpunkt gemessen wurde, die Differenz in einem gewissen Maße vorhersagt, hat das unter Umständen lediglich den Grund, dass diese Drittvariable mit Y_1 korreliert und daher – wegen der artifiziellen Korrelation von Y_1 und Differenzvariable – auch mit der Differenzvariable.

4.3 Analyse dichotomer Kriteriumsvariablen (Binär Logistische Regression)

Die multiple Regression ist geeignet, die Varianz einer intervallskalierten abhängigen Variablen vorherzusagen. In durchaus nicht wenigen Fällen haben wir jedoch eine dichotome abhängige Variable: Wir möchten vorhersagen, welche von zwei alternativen Wahlmöglichkeiten Probanden auswählen; wir möchten mit Prädiktor-Variablen vorhersagen, zu welcher von zwei diagnostischen Gruppen Probanden gehören (zum Beispiel Kinder mit Lese-/ Rechtschreibschwäche versus Kinder ohne diese Schwäche). Statistikprogramme wie SPSS werden ohne Fehlermeldung eine multiple Regression rechnen, auch wenn die abhängige Variable mit null und eins kodiert ist. Das Ergebnis muss auch nicht sinnfrei sein (wie wir vor allem im Kapitel 9 sehen werden); aber dennoch wenden wir nicht das geeignete Verfahren an. Zum einen sind die Verteilungsannahmen, die der multiplen Regression zu Grunde liegen, nicht gegeben (vgl. Kapitel 3); zum anderen sind die vorhergesagten Werte nicht gut zu interpretieren, da sie nicht auf den Wertebereich null bis eins festgelegt sind.

Wünschenswert wäre ein Verfahren, dessen vorhergesagte Werte sich als bedingte Wahrscheinlichkeiten interpretieren lassen, in der Art: „Wenn der Prädiktor vom Mittelwert auf einen Wert eine Standardabweichung über dem Mittelwert steigt, so steigt die Wahrscheinlichkeit, dass ein Proband zur Gruppe eins gehört, von 0.4 auf 0.6.“ Im Wesentlichen leistet dies die *logistische Regression*. In umfangreicheren Lehrbüchern zur multivariaten Statistik (z.B. Tabachnick & Fidell, 2013) wird der logistischen Regression in der Regel (und zu Recht) ein ganzes Kapitel gewidmet, da es ein eigenes Verfahren mit eigenen statistischen Algorithmen ist. Wir werden es hier aus Platzgründen kürzer fassen. Der Schwerpunkt der Darstellung liegt auf der Parallelität zur multiplen Regression: Welche Kennwerte liefert die logistische Regression und zu welchen Kennwerten der multiplen Regression kann ich sie in Beziehung setzen?

Wie schon gesagt, wäre es wünschenswert, den Wertebereich der vorhergesagten Werte asymptotisch auf null als untere Grenze und eins als obere Grenze begrenzt zu haben: Bestimmte Ausprägungen der Prädiktoren legen dann nahe, dass die Wahrscheinlichkeit zur Gruppe eins zu gehören, gegen null geht (und damit die Wahrscheinlichkeit zur anderen Gruppe zu gehören gegen eins tendiert); andere Ausprägungen der Prädiktoren legen nahe, dass die Wahrscheinlichkeit, zur Gruppe eins zu gehören, gegen eins tendiert (und damit die Wahrscheinlichkeit, zur alternativen Gruppe zu gehören, gegen null geht). Die Lösung, die gefunden wurde, ist die Integration einer Linearkombination von Prädiktoren, wie wir sie aus der multiplen Regression kennen, in eine Grundgleichung, die diese Begrenzungen leistet.

Die bedingte Wahrscheinlichkeit, auf der abhängigen Variable *Y* den Wert ‚1‘ statt ‚0‘ zu haben (z.B. Obama gewählt statt Romney, Mercedes gekauft statt BMW), unter der Bedingung einer bestimmten Prädiktorenkombination x_1, x_2 bis x_n, kann so wie in der folgenden Formel reformuliert werden:

$$P(Y = 1 | x_1, x_2 \ldots x_n) = \frac{1}{1 + e^{-(b_0 + b_1 \cdot x_1 + b_2 \cdot x_2 + \ldots + b_n \cdot x_n)}}$$

Wie leicht zu sehen ist, besteht diese Gleichung aus zwei ineinander geschachtelten Ausdrücken: zum einen dem Ausdruck $1/(1+e^{-z})$, zum anderen einer Linearkombination der Prädiktoren. Der Ausdruck $1/(1+e^{-z})$ hat genau die gewünschte Eigenschaft, wie *Abbildung 21* zeigt.

gen Gleichung ist die sogenannte Logit-Gleichung:

$$\ln\left(\frac{P(Y=1|x_1,x_2...x_n)}{P(Y=0|x_1,x_2...x_n)}\right)=b_0+b_1\cdot x_1+b_2\cdot x_2+...+b_n\cdot x_n$$

Auf der rechten Seite steht wieder unsere übliche Linearkombination; auf der linken Seite das (logarithmierte) Verhältnis zweier bedingter Wahrscheinlichkeiten, der sogenannte *odds ratio*. Wenn wir für einen Moment von der Logarithmierung absehen, so sind die durch die Linearkombination vorhergesagten Werte hier also Wahrscheinlichkeitsverhältnisse: Unter einer bestimmten Ausprägung von Prädiktorwerten (z.B. niedriges Alter; Geschlecht = Frau) war die Wahrscheinlichkeit, Obama bei der US-Wahl 2012 gewählt zu haben, 1.5-mal höher, als Romney gewählt zu haben (z.B. 60% zu 40%).

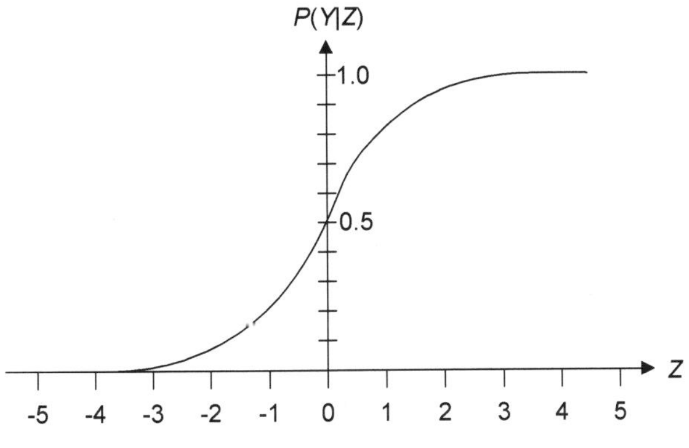

Abb. 21 Die logistische Funktion

Im Folgenden soll die logistische Regression an einem Beispiel gezeigt werden. Frings und Wentura (2003) wollten testen, inwieweit man mit einem indirekten Einstellungsmaß (Wittenbrink & Schwarz, 2007) Verhalten vorhersagen kann. Sie baten eine Stichprobe von Studierenden, für eine Woche ihren Fernsehkonsum (Welche Sendungen wurden wie lange geschaut?) zu dokumentieren. Von Interesse war, ob und wie lange die Teilnehmer die (zum Zeitpunkt der Erhebung neue und hoch umstrittene) Sendung *Big Brother* geschaut hatten. Tatsächlich hatte über die Hälfte der Stichprobe die Sendung gar nicht angeschaut, so dass sich aufdrängte, eine dichotome Variable (0 = *Big Brother* nicht geschaut; 1 = … geschaut; Variable *BB*) zu bilden. Nach der Woche bearbeiteten die Teilnehmer eine Computeraufgabe, bei der das Logo der Sendung *Big Brother* wiederholt kurz (und nicht bewusst sichtbar) vor positiven und negativen Begriffen eingeblendet wurde; diese Begriffe mussten als positiv und negativ klassifiziert werden. Es wurde gemessen, inwieweit dieses Logo (im Vergleich zu einem Kontroll-Logo) die Entscheidung auf positive Begriffe erleichterte und auf negative Begriffe erschwerte. Ein entsprechender Index (Variable *IMPLIZIT*) kann als „implizite" positive Bewertung des Logos (und damit ggfs. auch der Sendung) interpretiert werden. Darüber hinaus wurde die explizite Einstellung zu *Big Brother* mit einem Fragebogen erfasst (Variable *EXPLIZIT*). Beide Indikatoren korrelieren positiv mit der Fernseh-Variable; das heißt, wer indirekt (implizit) oder direkt (explizit) die Sendung positiv bewertete, hatte diese auch mit einer höheren Wahrscheinlichkeit geschaut. Natürlich interessierte auch hier wieder, ob die beiden Prädiktoren jeweils eigenständige Varianzanteile haben.

Für die folgende Analyse wurden die beiden Prädiktoren z-standardisiert (Variablen *ZIMP* und *ZEXP*); wie wir gleich sehen werden, erleichtert das die Interpretation ein wenig.

Variablen in der Gleichung

		Regressions-koeffizient B	Standard-fehler	Wald	df	Sig.	Esp(B)
Schritt 1	zexp	1.096	.529	4.295	1	.038	2.991
	zimp	.475	.452	1.105	1	.293	1.608
	Konstante	-.616	.399	2.385	1	.123	.540

Abb. 22 Ergebnisprotokoll (Auszug) der Logistischen Regression

Abbildung 22 zeigt den Teil der Ausgabe, der sich auf die Prädiktoren bezieht. Analog zur normalen multiplen Regression erhalten wir Regressionsgewichte und Schätzungen für deren Standardfehler. Während der Quotient aus Gewicht und Standardfehler bei der normalen Regression t-verteilt ist, ergibt hier das Quadrat dieses Quotienten die Wald-Statistik, die approximativ χ^2-verteilt ist. Der Wahrscheinlichkeitswert (Spalte „Sig.") ist wie gewohnt zu interpretieren: Hier würde man feststellen, dass der explizite Test einen eigenständigen signifikanten Beitrag leistet, der implizite Test aber nicht. (Er hat in diesem Fall keine „inkrementelle Validität".)

Wie interpretiert man die Regressionsgewichte? Zunächst können wir die Logit-Gleichung heranziehen:

$$\ln\left(\frac{P(Y=1|x_1,x_2...x_n)}{P(Y=0|x_1,x_2...x_n)}\right) = -0.616 + 1.096 \cdot ZEXP + 0.475 \cdot ZIMP$$

Setzen wir die beiden Mittelwerte ein (also: *ZEXP* = *ZIMP* = 0), so ist der logarithmierte *odds ratio* = -0.616; durch Exponenzieren erhält man einen *odds ratio* = 0.540. Da die beiden Wahrscheinlichkeiten, die ins Verhältnis gesetzt werden, sich immer zu eins ergänzen, gilt:[3]

$$P(Y=1) = \frac{oddsratio}{oddsratio + 1}$$

In unserem Fall ist also die Wahrscheinlichkeit, *Big Brother* geschaut zu haben, für Teilnehmer mit mittleren Werten auf den Einstellungsmaßen P(Y=1) = 0.330.

Derselbe Rechenvorgang für Teilnehmer mit einer expliziten Einstellung, die eine Standardabweichung über dem Mittelwert liegt (*ZEXP* = 1), ergibt (*ZIMP* lassen wir weiterhin auf null): Der logarithmierte *odds ratio* = -0.616 + 1.096 = 0.480; durch Exponenzieren erhält man einen *odds ratio* = 1.616 und P(Y=1) = 0.618. Die Wahrscheinlichkeit, *Big Brother* geschaut zu haben, ist also deutlich gestiegen.

Durch unser Rechenbeispiel erfahren wir auch, was der Kennwert in der rechten Spalte der Ausgabe bedeutet (*Exp(B)*): Es handelt sich um das exponenzierte Regressionsgewicht:

$$EXP(B) = 2.991 = e^{1.096}$$

(Achtung: Rundungsfehler; nehmen Sie den Wert 1.0955, wenn Sie das Beispiel mit dem Taschenrechner nachvollziehen.)

Diesen Wert (wiederum: Rundungsfehler) erhalten Sie auch, wenn Sie den Wert für *ZEXP* = 1 (1.616; s.o.) durch denjenigen für *ZEXP* = 0 (0.540; s.o.) dividieren.

---

3 Dies wird evident, wenn Sie in der folgenden Formel für *odds ratio* den Ausdruck P/(1-P) einsetzen (wobei P für P(Y=1) steht).

Das heißt, wenn ich die Variable *ZEXP* um eine Standardabweichung erhöhe, so erhöht sich der *odds ratio* etwa um den Faktor 3 (genau: 2.991).

In gewisser Weise analog zum globalen *F*-Test in der multiplen Regression („Wird signifikant Varianz erklärt?") ist der χ^2-Test in der logistischen Regression (*Abbildung 23*). Hier soll nur die Grundidee erläutert werden. (Tabachnick und Fidell, 2013, geben ein einfaches Zahlenbeispiel.) Wenn ich keine Prädiktoren nutze, ist die Vorhersage für jede Versuchsperson die gleiche: Wenn 14 von 37 Personen *Big Brother* geschaut haben, ist die Schätzung der Basiswahrscheinlichkeit 14/37 = 0.38. Weiß ich also nichts über die Einstellungen einer Person, kann ich nur vorhersagen, dass sie mit $p = 0.38$ die Sendung schaut. Da eine perfekte Vorhersage für alle, die tatsächlich *Big Brother* geschaut haben, $p = 1$ und für alle, die die Sendung nicht geschaut haben, $p = 0$ wäre, mache ich also für 14 Teilnehmer einen Fehler von 1-0.38 und für 23 Teilnehmer einen Fehler von 0.38-0. Diese Fehlerterme lassen sich zu einem Gesamtfehlerindex (genannt „-2 Log-Likelihood") verrechnen.

Variablen in der Gleichung

		Chi-Quadrat	df	Sig.
Schritt 1	Schritt	10.225	2	.006
	Block	10.225	2	.006
	Modell	10.225	2	.006

Abb. 23 Ergebnisprotokoll (Auszug) der Logistischen Regression

Aufgrund unseres Vorhersagemodells werden wir für die 14 Teilnehmer, die *Big Brother* geschaut haben, im Mittel aber Wahrscheinlichkeiten von $p > 0.38$ schätzen und für die anderen $p < 0.38$. Die Fehler vermindern sich also und damit auch der Gesamtfehlerindex. Die Differenz der beiden Fehlerindizes ist χ^2-verteilt. Der Test, wie er in *Abbildung 23* abgebildet ist, sagt also aus, dass sich der Vorhersagefehler durch die Prädiktion (durch zwei Prädiktoren, daher *df*=2) so deutlich vermindert hat, wie es bei Gültigkeit der Nullhypothese nur mit $p = .006$ zu erwarten wäre.

Modellzusammenfassung

Schritt	-2 Log-Likelihood	Cox & Snell R-Quadrat	Nagelkerkes R-Quadrat
1	38.857	.241	.329

Abb. 24 Ergebnisprotokoll (Auszug) der Logistischen Regression

Abbildung 24 zeigt den Fehlerindex für das Prädiktionsmodell („-2 Log-Likelihood"). Die beiden anderen Werte in Abbildung sind als Analoga zum R^2 der multiplen Regression zu betrachten. Der Index von Cox & Snell enthält eine Relativierung auf die Stichprobengröße; dieser Koeffizient kann nicht eins werden. Der Index von Nagelkerke ist eine Relativierung des Cox-Snell-Index auf das jeweils maximal mögliche R^2, so dass der Wert eins erreicht werden kann.

Wir können die logistische Regression auch hierarchisch rechnen. Dabei wird ein wichtiges Merkmal deutlich. Zum Beispiel können wir zunächst eine logistische Regression mit dem Prädiktor *ZIMP*, gefolgt von einer Regression mit den Prädiktoren *ZIMP* und *ZEXP* rechnen. Ein Teil der Ausgabe ist in *Abbildung 25* wiedergegeben.

(a) Block 1 (Regression von BB auf ZIMP)

Omnibus-Tests der Modellkoeffizienten

	Chi-Quadrat	df	Sig
Block	4.744	1	.029
Modell	4.744	1	.029

Modellzusammenfassung

-2 Log-Likelihood	Cox & Snell R-Quadrat	Nagelkerkes R-Quadrat
44.338	.120	.164

(b) Block 2 (Regression BB auf ZIMP und ZEXP)

Omnibus-Tests der Modellkoeffizienten

	Chi-Quadrat	df	Sig
Block	5.481	1	.019
Modell	10.225	2	.006

Modellzusammenfassung

-2 Log-Likelihood	Cox & Snell R-Quadrat	Nagelkerkes R-Quadrat
38.857	.241	.329

Abb. 25 Ergebnis der *Hierarchischen Logistischen Regression* (Auszug)

Man erhält dann für die zweite Regression zwei χ^2-Tests. Zum einen wird natürlich derselbe Test ausgegeben, den wir schon kennen (d.h. Sie finden das χ^2 der *Abbildung 23* in der unteren „Omnibus-Test"-Tabelle von *Abbildung 25* in der Zeile „Modell"); zum anderen wird der χ^2-Test ausgegeben, der der Fehlerverminderung von Schritt 1 zu Schritt 2 entspricht (also dem Test, ob *ZEXP* signifikant einen Vorhersagebeitrag über *ZIMP* hinaus leistet). Man kann dann sehr schön sehen, dass die Differenz der „-2 log Likelihood"-Werte aus Schritt 1 (44.338) und Schritt 2 (38.857) dem χ^2 (5.481) entspricht. Man kann diesen χ^2-Test also analog zum Test des R^2-*Change* in der multiplen Regression interpretieren.

Wir stoßen bei diesem Vorgehen aber auch auf eine Diskrepanz, die wir aus der multiplen Regression nicht kennen. Während dort der *F*-Test für das R^2-Change äquivalent zum *t*-Test für das Regressionsgewicht des hinzugenommenen Prädiktors ist, gibt es – vergleichen Sie den *Wald-Test* für ZEXP in *Abbildung 22* mit dem χ^2-Test für Block im Block 2 der *Abbildung 25* – keine strenge Äquivalenz zwischen dem *Wald*-Test und dem χ^2-*Change*-Test bei der logistischen Regression! Die beiden werden sicherlich in der Regel qualitativ denselben Schluss nahelegen; aber natürlich kann es zu Diskrepanzen kommen. Der *Wald*-Test gilt als (zu) konservativ; Tabachnick und Fidell (2013) empfehlen daher in der Tat, den Beitrag eines Prädiktors durch den χ^2-*Change*-Test zu beurteilen.

Als letzten zu besprechenden Teil des Protokolls schauen wir uns die Klassifizierungstabelle an (*Abbildung 26*). Sie zeigt, wie viele Versuchsteilnehmer aufgrund der Vorhersage richtig und wie viele falsch klassifiziert würden. Die Klassifizierung erfolgt hier einfach aufgrund des Kriteriums, dass die aufgrund der Regressionsgleichung vorhergesagte Wahrscheinlichkeit, die Sendung gesehen zu haben, größer oder kleiner $p = .5$ ist.

Klassifizierungstabelle[a]

			Vorhergesagt		
			bb		Prozentsatz der Richtigen
Beobachtet			.00	1.00	
Schritt 1	bb	.00	20	3	87.0
		1.00	7	7	50.0
	Gesamtprozentsatz				73.0

[a] Der Trennwert lautet .500

Abb. 26 Ergebnisprotokoll (Auszug) der *Logistischen Regression*

Zum Abschluss sei noch darauf hingewiesen, dass es eine *multinomiale logistische Regression* gibt, die für abhängige nominalskalierte Variablen mit mehr als zwei Stufen gilt. Wir werden darauf in Kapitel 9 eingehen.

Literatur

Eingehende Betrachtungen zum Test nicht-linearer Zusammenhänge und zur Analyse von Veränderung finden sich in Cohen et al. (2003). Ausführliche Kapitel zur Logistischen Regression finden sich in allen Lehrbüchern zur Multivariaten Datenanalyse (z.B. Tabachnick & Fidell, 2013), aber auch in den umfassenden Lehrbüchern zur Statistik (z.B. Bortz & Schuster, 2010; Eid et al., 2013; Field, 2013). Weiterführende Literatur zur Logistischen Regression: Hilbe (2011); Hosmer, Lemeshow und Sturdivant (2013); Kleinbaum und Klein (2010); Osborne (2014).

Mediator- und Moderatoranalysen 5

Zwei besonders wichtige Spezialfälle der Anwendung der multiplen Regression sind *Mediator-* und *Moderatoranalysen*. Von *Mediatoranalysen* sprechen wir, wenn wir prüfen wollen, ob die Vorhersage eines Kriteriums durch einen Prädiktor über eine dritte Variable, die *Mediatorvariable*, vermittelt ist: Theoretisch unterstellt man hier also einen Kausalpfad. Von *Moderatoranalysen* sprechen wir, wenn die Vorhersage eines Kriteriums durch einen Prädiktor in ihrem Ausmaß von einer dritten Variable, der *Moderatorvariable*, abhängt: Zum Beispiel könnte man vermuten, dass ein positiver Zusammenhang zwischen Kriterium und Prädiktor nur bei hohen Werten des Moderators vorliegt. Die Unterscheidung von Mediator und Moderator wird durch die Beispiele in den folgenden Unterkapiteln deutlicher.

5.1 Mediatoranalysen

Neville (2012) untersuchte, inwieweit das Erleben ökonomischer Ungleichheit (d.h. großer Einkommensdifferenzen) im eigenen Umfeld die „akademische Integrität" von Studierenden beeinflusst: Ist die Bereitschaft, im Studium zu mogeln, dort größer, wo höhere Ungleichheit erlebt wird? Falls dem so wäre: Wie kann man diesen Zusammenhang psychologisch plausibel machen? Neville postuliert, dass das Erleben von Ungleichheit zu einer Senkung von „Interpersonalem Vertrauen" führt. Dieses Misstrauen führe, so Neville, zu der Annahme, dass andere Studierende auch zu unerlaubten Hilfsmitteln griffen und dass somit das eigene Mogeln wieder Balance herstelle. Nicht wesentlich für die folgenden Betrachtungen, aber doch bemerkenswert ist die Art der Daten, die Neville nutzte: Als Indikator der Bereitschaft zum Mogeln nutzte er Statistiken des Internetsuchprogramms *Google* zu Begriffen, die die Suche nach studentischen Hausarbeiten im Internet implizierten (z.B. „free term paper"; „buy term papers"). Diese Statistiken gibt *Google* für die

Staaten der USA getrennt aus, so dass es möglich war, diese Daten zu objektiven Ungleichheitsindices der Staaten und den mittleren Werten des Interpersonalen Vertrauens aus großen Meinungsumfragen in Beziehung zu setzen.

Die Mediatorhypothese sowie das Ergebnis der entsprechenden Analysen werden durch *Abbildung 27* veranschaulicht. Die Mediatoranalyse erfolgt in drei Schritten (vgl. auch Baron & Kenny, 1986; Hayes, 2013). Zwei der drei Schritte sind Standardanwendungen der Korrelations- bzw. Regressionsrechnung. Zunächst wird festgestellt, dass die vermuteten bivariaten Zusammenhänge vorhanden sind. Dies gilt im vorliegenden Fall: Je höher die Einkommensungleichheit, desto höher war der „Mogel-Indikator" ($r = \beta = .47$; vgl. *Abbildung 27*a); je höher die Einkommensungleichheit, desto niedriger war das Interpersonale Vertrauen ($r = \beta = -.61$; vgl. *Abbildung 27*b); je niedriger das Interpersonale Vertrauen, desto höher war der „Mogel-Indikator" ($r = -.56$; nicht abgebildet). Alle drei Korrelationen (bzw. Regressionsgewichte) waren signifikant.

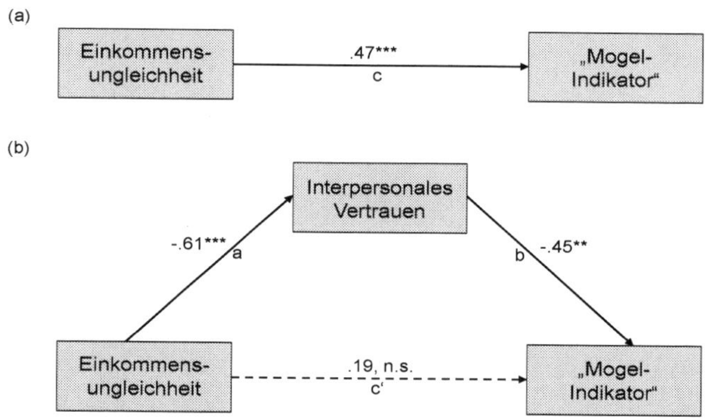

Abb. 27 Mediatoranalyse (vgl. Neville, 2012; ** $p < .01$; *** $p < .001$)

Zweitens wird eine multiple Regression gerechnet, bei der die abhängige Variable (hier: der „Mogelindikator") auf den Prädiktor (hier: Einkommensungleichheit) und den Mediator (hier: Interpersonales Vertrauen) regrediert wird. Der Mediator muss hierbei einen signifikanten Beitrag leisten. Für den Prädiktor gilt: Ist sein Beitrag insignifikant, sprechen wir von einer *vollständigen Mediation*; ist er gegenüber dem bivariaten Zusammenhang lediglich signifikant gemindert, sprechen wir von einer *unvollständigen Mediation.* Der vorliegende Fall ist in diesem Sinne vollständig: Interpersonales Vertrauen prädiziert „Mogeln" über Einkommensungleichheit hinaus, $\beta = -.45$); umgekehrt gilt dies nicht ($\beta = .19$; nicht signifikant; vgl. *Abbildung 27*b).

Der dritte Schritt ist der Test des indirekten Pfades (hier: des Pfades von Einkommensungleichheit über Interpersonales Vertrauen zum „Mogel-Indikator"). Getestet wird hier also, ob das Produkt der Pfade *a* und *b* als von null verschieden angekommen werden kann. Es gibt verschiedene Vorschläge, um diese Frage zu beantworten (vgl. z.B. Hayes & Scharkow, 2013). Traditionell wird der sogenannte *Sobel*-Test gerechnet; hierbei wird unter Nutzung der Gewichte *a*, *b*, ihrer Standardfehler und der Annahme der Normalverteilung von $a{\cdot}b$ der Standardfehler des indirekten Pfades hergeleitet (Aroian, 1947; Sobel, 1982). Dieser Test gilt aber als unnötig konservativ, da $a{\cdot}b$ in der Regel nicht normalverteilt ist. Empfohlen wird daher (vgl. z.B. Fritz, Taylor & MacKinnon, 2012; Hayes & Scharkow, 2013; Preacher & Hayes, 2008) ein *Bootstrapping*-Verfahren. Generell versteht man in der Statistik unter *Bootstrapping* solche Verfahren, die Verteilungscharakteristiken anhand der einen Stichprobe, die zur Verfügung steht, schätzen.[4] Hier bedeutet es, dass man durch den Computer mehrere tausendmal eine Zufallsstichprobe der Größe *n* aus den *n* Datenpunkten der vorhandenen Stichprobe (mit Zurücklegen!) ziehen lässt, jedes Mal das Produkt $a{\cdot}b$ bestimmt und das Intervall zwischen 2.5-tem und 97.5-tem Perzentil als 95%-Vertrauensintervall nimmt. Liegt der Wert null nicht im Vertrauensintervall, wird der indirekte Pfad als signifikant gewertet.

Abschließend muss noch darauf hingewiesen werden, dass folgende Asymmetrie gilt (vgl. Fiedler, Schott & Meiser, 2011): Wenn die Mediationshypothese zutrifft, führt dies – genügende Testpower vorausgesetzt – zu dem erläuterten Ergebnismuster. Falls wir also eine theoretisch gut begründete Mediationshypothese haben und wir das entsprechende Ergebnismuster finden, können wir die Hypothese als vorläufig bewährt beibehalten. Das Umgekehrte gilt nicht: Falls wir ein Ergebnismuster für die Zusammenhänge dreier Variablen finden, die dem Mediationsmuster korrespondieren, können wir nicht daraus schließen, dass hier eine Mediation vorliegt. Es gibt andere Kausalzusammenhänge, die für die drei Variablen gelten können, die ein ebensolches Muster erzeugen. Zum Beispiel kann der vermeintliche Mediator eine alternative Messung der (latenten) abhängigen Variable sein. (Gemessene) abhängige Variable und vermeintlicher Mediator korrelieren dann sehr hoch und es ist anzunehmen, dass der vermeintliche Mediator den Prädiktor in der multiplen Regression verzichtbar macht. Fiedler und Kollegen (2011) führen dies weiter aus.

4 Der englische Ausdruck „to pull oneself up by one's own bootstraps" ist das Pendant zum „sich an den eigenen Haaren aus dem Sumpf ziehen" des Baron Münchhausen.

5.2 Moderatoranalysen

Konzeptuell klar zu trennen von Mediatoranalysen sind die Moderatoranalysen. Was damit gemeint ist, soll an folgendem Beispiel deutlich gemacht werden. Brandtstädter, Wentura und Greve (1993) berichten über Moderatoreffekte im Rahmen einer alternspsychologischen Fragestellung. Ihre Stichprobe von Menschen im höheren Erwachsenenalter wurde unter anderem zu chronischen Gesundheitsbelastungen und depressiven Verstimmungen gefragt. Die Angaben zu den Gesundheitsbelastungen wurden mit Hilfe von Expertenratings zu einem Index der Gesundheitsbelastung (*GB*) verrechnet; die depressive Verstimmung wurde mit einer Standardskala gemessen (*D*). Es wurde angenommen (und auch gefunden), dass Gesundheitsbelastung mit Depressivität korreliert (im Sinne von: je höher die Gesundheitsbelastung durch chronische Krankheiten, desto höher der Depressivitätswert).

Der Variable *Flexibilität der Zielanpassung* (*FZ*) wurde hierbei aber die Rolle einer „Puffervariable“ zugeschrieben. Das heißt, es wurde angenommen, dass Probanden mit hohen Werten auf dieser Eigenschaftsskala ihre Gesundheitsbelastungen besser bewältigen können; sie sollten keine (oder nur geringere) depressive Tendenzen entwickeln. Man kann also die Hypothese formulieren: Je höher die Werte auf der *FZ*-Skala, desto niedriger sollte die Prädiktion von Depressivität durch die Gesundheitsbelastung ausfallen.

Das heißt also, die Regressionsgewichte für die Variable *GB* sollten davon abhängen, welchen Wert *FZ* annimmt; sie sind eine Funktion von *FZ*. Dies kann man auch so ausdrücken:

$$\hat{D} = b_0 + b_1 \cdot GB \text{ mit } b_1 = f(FZ) \text{ und } b_0 = f(FZ)$$

Nehmen wir wiederum an, dass diese Funktionen *f*(*FZ*) linear sind:

$$b_1 = b_{10} + b_{11} \cdot FZ$$

$$b_0 = b_{00} + b_{01} \cdot FZ$$

Setzen wir diese beiden Gleichungen in die Gleichung für *D* ein, erhalten wir:

$$\hat{D} = (b_{00} + b_{01} \cdot FZ) + (b_{10} + b_{11} \cdot FZ) \cdot GB$$

bzw.

$$\hat{D} = b_{00} + b_{01} \cdot FZ + b_{10} \cdot GB + b_{11} \cdot FZ \cdot GB$$

Die letzte Gleichung ist aber nichts anderes als eine multiple Regressionsgleichung, bei der *D* auf *FZ*, *GB* und deren Produkt *FZ*×*GB* zurückgeführt wird.

Um die Bewältigungshypothese zu testen, wird also zunächst das Produkt aus *FZ* und *GB* gebildet, um dieses dann in einer multiplen Regression zusätzlich zu *FZ* und *GB* eingehen zu lassen. Die Ausgabe ist in *Abbildung 28* zu sehen. Das Regressionsgewicht für die Produktvariable ist tatsächlich von null verschieden. Wir können also von einem interaktiven Einfluss von Gesundheitsbelastung und *FZ* auf die Depression ausgehen.

Koeffizienten

Modell	Nicht standardisierte Koeffizienten		Standardisierte Koeffizienten		
	Regressionskoeffizient B	Standardfehler	Beta	T	Sig
1 (Konstante)	12.319	3.754		3.282	.001
GB	.335	.074	.746	4.544	.000
FZ	.054	.081	.065	.663	.507
FZxGB	-.005	.002	-.609	-3.306	.001

Abb. 28 Ausgabe der Moderatoranalyse

Interaktionen können allerdings vielfältiger Art sein; wie können wir uns verdeutlichen, ob das Muster der Gewichte zu der spezifischen Hypothese passt? Zunächst überlegen wir, ob das Vorzeichen des Regressionsgewichtes mit der Hypothese übereinstimmt. Da ein positiver Zusammenhang zwischen *D* und *GB* besteht, der durch *FZ* gemindert werden soll, muss das Gewicht für den Produktterm negativ sein („Je höher *FZ*, desto niedriger der Zusammenhang zwischen *D* und *GB*"). Das ist der Fall. Im zweiten Schritt wird die Moderation durch eine Grafik veranschaulicht, indem für zwei Werte der Moderatorvariable (also hier *FZ*) die Regressionsgeraden für die Kriterium-Prädiktor-Beziehung gezeichnet werden. Sinnvoll ist es, zum Beispiel die Werte zu nehmen, die ein oder zwei Standardabweichungen über und unter dem Mittelwert des Moderators liegen. Das einfachste Verfahren ist hierbei, die Analyse mit z-standardisierten Variablen zu wiederholen. Wir machen dies mit den Variablen *GB* und *FZ*; die *z*-standardisierten Varianten heißen *zFZ* und *zGB* (siehe *Online Plus* für die einfache Herstellung z-standardisierter Varianten). Wir bilden danach das Produkt der beiden z-standardisierten Varianten, *zFZ*×*zGB*. Rechnen wir jetzt die gleiche Analyse wie oben, erhalten wir die Ausgabe der *Abbildung 29*.

Koeffizienten

Modell	Nicht standardisierte Koeffizienten		Standardisierte Koeffizienten		
	Regressions-koeffizient B	Standard-fehler	Beta	T	Sig
1 (Konstante)	19.389	.197		98.581	.000
zGB	1.401	.197	.212	7.118	.000
zFZ	-1.638	.197	-.248	-8.320	.000
zFZxzGB	-.625	.189	-.098	-3.306	.001

Abb. 29 Ausgabe der Moderatoranalyse

Zunächst sind zwei Dinge festzuhalten: Erstens ist der Test für den Produktterm identisch mit dem Test der ersten Analyse (vgl. *Abbildung 28*). Das hätten wir natürlich erwartet: Dieser sollte nicht von der Skalierung der Variablen abhängen. Zweitens gilt genau diese Aussage – Invarianz des Tests – *nicht* für die Haupteffekte (d.h. die Tests von *FZ* und *GB* bzw. *zFZ* und *zGB*). Darauf wird noch einzugehen sein.

Zunächst aber zurück zu der Frage, wie wir uns den Moderatoreffekt veranschaulichen können. Wir bilden zwei Regressionsgleichungen, eine für den Fall, dass der Moderator eine Standardabweichung über dem Mittelwert liegt, eine für den Fall, dass der Moderator eine Standardabweichung unter dem Mittelwert liegt.

Für zFZ = -1:

$$\begin{aligned}\hat{D} &= (19.389+1.638)+(1.401+.625)\cdot zGB\\ &= 21.027+2.026\cdot zGB\end{aligned}$$

Für zFZ = +1:

$$\begin{aligned}\hat{D} &= (19.389-1.638)+(1.401-.625)\cdot zGB\\ &= 17.751+0.776\cdot zGB\end{aligned}$$

Setzt man in diese beiden Gleichungen Werte für *GB* ein, die in etwa dem Range der Stichprobenwerte korrespondiert (z.B. ±2 SD), so erhalten wir jeweils zwei Punkte, so dass diese Daten mit einem Standardgrafikprogramm leicht in eine Abbildung wie *Abbildung 30* verwandelt werden können. Es ist deutlich zu sehen, dass, erstens, die Steigung der Geraden für hohe Werte von FZ geringer ist und, zweitens, bei hohen Werten von FZ generell ein niedrigeres Niveau der Depressionsvariable zu beobachten ist.

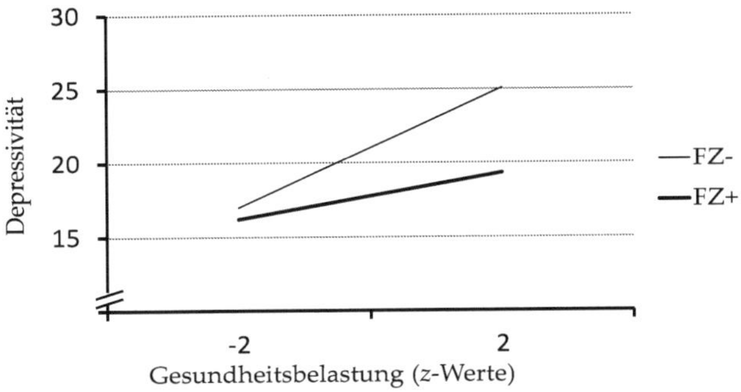

Abb. 30 Moderatoreffekt einer kontinuierlichen Variable auf die Regression zweier kontinuierlicher Variablen. (Moderatorwerte eine Standardabweichung über [FZ+] und unter dem Mittelwert [FZ-])

Kommen wir nun zu dem noch offenen Punkt, wie die Tests für die beiden Basisvariablen – im Beispiel also GB und FZ – zu interpretieren sind. Die Ergebnisse der beiden Regressionsrechnungen – einmal diejenige mit den Originalvariablen, *Abbildung 28*, einmal diejenige mit den z-standardisierten Variablen, *Abbildung 29* – divergieren hier; die Tests sind also offensichtlich nicht invariant gegenüber Transformationen. Sollte man diese Tests also ignorieren?

In der Tat wurde häufig empfohlen, eine moderierte Regression hierarchisch zu rechnen, das heißt, in Schritt 1 den Prädiktor und den Moderator aufzunehmen und in Schritt 2 die Produktvariable; die Tests aus Schritt 1 werden als Tests der Haupteffekte genommen – hier: Haben *GB* und *FZ* für sich genommen einen Vorhersagewert? –, und aus Schritt 2 wird nur der Test für die Produktvariable im Sinne des Vorliegens oder Nicht-Vorliegens einer Moderation interpretiert. Gängiger ist heute die Empfehlung, generell mit *z*-standardisierten Basisvariablen zu arbeiten und dann alle drei Tests aus der simultanen Regression zu interpretieren (Aiken & West, 1991). Für unser Beispiel bedeutet das also, dass uns *Abbildung 29* das vollständige Ergebnis liefert, bei dem alle drei Tests sinnvoll interpretiert werden können. Was ist die Begründung hierfür?

Diese Frage lässt sich einfach beantworten. Welche Regressionsgleichung bleibt übrig, wenn der Moderator den Wert null annimmt? Zwei Terme der Gleichung fallen „unter den Tisch" – im Beispiel $b_{01} \cdot FZ$ und $b_{11} \cdot FZ \times GB$. Es bleibt lediglich eine bivariate Regressionsgleichung zurück: $b_{00} + b_{10} \cdot GB$. Folglich bedeutet der Test, ob b_{10} als von null verschieden anzunehmen ist, eine Antwort auf die Frage, ob bei Vorliegen des Moderatorwertes null noch eine Prädiktion durch *GB* vorliegt oder nicht. Diese Frage *kann* völlig sinnlos sein; am deutlichsten wird das – wie in unserem Beispiel –, wenn null gar kein möglicher Wert des Moderators ist: *FZ* ist der Summenwert von 15 Fragebogenitems, die auf einer Ratingskala von 1 bis 5 beantwortet werden. Die Frage kann aber auch genau diejenige sein, die wir beantwortet wissen wollen: Gibt es bei durchschnittlichen Werten des Moderators eine Prädiktionsbeziehung zwischen abhängiger Variable und Prädiktor? Null ist aber genau der Mittelwert von z-standardisierten Variablen. Genau die gleiche Überlegung gilt natürlich im Fall, dass der Prädiktor den Wert null annimmt, für den Haupteffekt des Moderators.

Hiervon unbenommen ist selbstverständlich die generelle Regel, die man aus den Lehrbuchkapiteln zu mehrfaktoriellen Varianzanalysen kennt: Falls eine Interaktion (Moderation) vorliegt, sollten die Haupteffekte nur mit Vorsicht interpretiert werden (da sie ja – so sagt die signifikante Interaktion – nicht uneingeschränkt gelten).

Verdeckte quadratische Zusammenhänge

Zum Schluss soll auf ein Problem hingewiesen werden, das zumindest für den Anfänger nicht auf der Hand liegt: Je mehr ein Prädiktor P mit dem Moderator M korreliert, um so deutlicher wird der Produktterm $P{\cdot}M$ ein Äquivalent von P^2 sein. Falls also der „wahre" Zusammenhang zwischen dem Kriterium und dem Prädiktor P ein quadratischer ist (vgl. Kapitel 4.1), kann es passieren, dass der Produktterm $P{\cdot}M$ signifikant wird, obwohl keine Moderation vorliegt. Die Empfehlung ist also, als Alternative zur Moderation zu testen, ob ein quadratischer Effekt vorliegt (MacCallum & Mar, 1995).

Literatur

Hayes (2013) hat ein ganzes Lehrbuch über Mediation und Moderation geschrieben. Im Lehrbuch von Field (2013) gibt es ein eigenes Kapitel zu diesen Themen.

Varianzanalyse, regressionsstatistisch betrachtet

6

In diesem Kapitel werden einige Zusammenhänge zwischen varianz- und regressionsanalytischen Verfahren in Grafiken und Berechnungsbeispielen erläutert. Letztlich wird gezeigt, dass varianzanalytische Methoden vollständig in regressionsanalytischen Verfahren aufgehen. Damit soll nicht nahegelegt werden, auf die Varianzanalyseprozeduren gänzlich zu verzichten. Es geht hier vielmehr darum, Verständnis für die Zusammenhänge dieser Methoden aufzubauen.

Warum ist das wichtig? Wir sehen vor allem zwei Gründe: (1) Die Regressionsanalyse macht keinen Unterschied bezüglich dichotomer und kontinuierlicher Prädiktoren. Wenn wir auch mehrfaktorielle Pläne durch geeignete Kodiervariablen abbilden können, muss man bei der Analyse keinen Unterschied zwischen den Gruppenvariablen und weiteren kontinuierlichen Prädiktoren machen. Die *Kovarianzanalyse* ist ein solcher Fall: Man möchte zum Beispiel (um den einfachsten Fall zu nehmen) den Effekt eines Gedächtnistrainings im Alter testen und vergleicht in einem Gedächtnistest eine Trainingsgruppe mit einer Kontrollgruppe. Man unterstellt aber, dass *a priori* vorhandene Unterschiede in der Gedächtnisfähigkeit auch nach dem Training (bzw. der Kontrolltätigkeit) noch vorhanden sind und dementsprechend die Fehlervarianz des abschließenden Tests erhöhen. Eine Regression auf *Gruppe* (*Training* vs. *Kontrolle*) und einen vorab erhobenen Gedächtnistest führt hier zu einem stärkeren statistischen Test des Trainingseffektes. (2) In der klassischen Varianzanalyse wird stets als Problem diskutiert, die Zellen des Versuchsplans nicht gleichmäßig mit Fällen besetzt zu haben. Ungleichmäßige Besetzungen der Zellen in einem mehrfaktoriellen Plan führen dazu, dass die Faktoren nicht mehr unabhängig sind und daher die erklärten Varianzanteile nicht mehr eindeutig zuordenbar sind. Dagegen ist es der große Vorteil der Regressionsanalyse, die Abhängigkeit von Prädiktoren angemessen zu behandeln.

6.1 Der Mittelwertsvergleich zweier Stichproben

Die Anpassung einer linearen Regression an Gruppenunterschiede ist bei zwei Gruppen immer möglich. Die Steigung der Gerade reflektiert dabei die Mittelwertsunterschiede zwischen den Gruppen. Das soll an einem Datenbeispiel mit zwei Gruppen von jeweils $n = 10$ Teilnehmern aufgezeigt werden. Patienten mit einer Depression wurden entweder einer Therapie- oder Wartekontrollgruppe zugeteilt. Es wird nach Abschluss der Therapie unter anderem ein Selbstwert-Fragebogen (*SW*) ausgefüllt. Die übliche Methode zur Analyse dieser Daten ist der *t*-Test (*Abbildung 31*).

Gruppenstatistiken

	Gruppe	N	Mittelwert	Standard-abweichung	Standardfehler des Mittelwertes
SW	Kontrollgruppe	10	6.0490	1.83159	.57920
	Therapiegruppe	10	9.3200	2.58775	.81832

Test bei unabhängigen Stichproben

		Levene-Test der Varianzgleichheit		T-Test für die Mittelwertgleichheit		
	Gruppe	F	Sig.	T	df	Sig. (2-seitig)
SW	Var. sind gleich	1.621	.219	-3.263	18	.004
	Var. sind nicht gleich			-3.263	16.208	.005

Abb. 31 Ausgabe der Prozedur *t-Test für Unabhängige Stichproben*

Zur Erinnerung an die Basisausbildung: Das Ergebnis ist im Fall gleicher Varianzen in den Gruppen in der Zeile „Var. sind gleich", im Fall ungleicher Varianzen in der Zeile „... nicht gleich" abzulesen. (Ob die Gruppenvarianzen gleich oder ungleich sind, entnimmt man dem *F*-Test; Signifikanz dieses Tests bedeutet, dass von ungleichen Varianzen auszugehen ist.)

In *Abbildung 32* sind dieselben Datenpunkte in ein Koordinatensystem übertragen worden. Die Regressionsgerade geht genau durch die beiden Gruppenmittelwerte, da das arithmetische Mittel stets die beste Vorhersage im Sinne einer Minimierung von Abweichungsquadraten ist. *Abbildung 32* legt nahe, dass alternativ eine Regressionsanalyse berechnet werden kann.

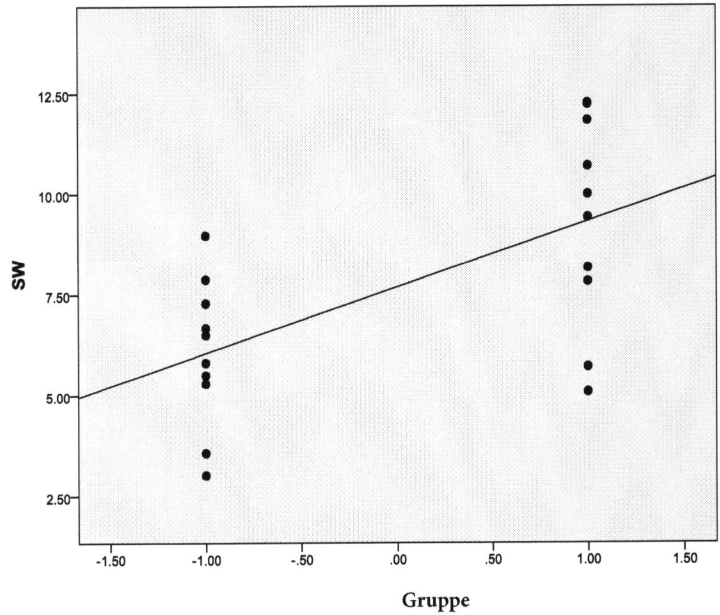

Abb. 32 *Lineare Regression* im Zwei-Gruppen-Fall

Wie berechnet man in diesem Fall die Regression? Genau wie bei den Beispielen oben; wir müssen lediglich die kategoriale Zuordnung (*Therapiegruppe, Kontrollgruppe*) in Zahlenwerte kodieren. Dies können beliebige Werte sein; aus einem bestimmten Grund, der weiter unten erläutert wird, bietet es sich jedoch an, die Werte ‚-1' und ‚1' zu nehmen. Wir erhalten die Ausgabe der *Abbildung 33.*

Koeffizienten

Modell	Nicht standardisierte Koeffizienten		Standardisierte Koeffizienten		
	Regressions-koeffizient B	Standard-fehler	Beta	T	Sig
1 (Konstante)	7.685	.501		15.330	.000
Gruppe	1.635	.501	.610	3.263	.004

Abb. 33 *Lineare Regression* im Zwei-Gruppen-Fall

Der Signifikanztest für das Regressionsgewicht liefert also genau dasselbe Ergebnis wie der *t*-Test (vgl. *Abbildung 31*). Setzen wir die Werte für Gruppe in die Gleichung ein, erhalten wir die beiden Gruppenmittelwerte (für die Kontrollgruppe, G = -1: 7.685 - 1.635 = 6.05; für die Therapiegruppe, G = 1: 7.685 + 1.635 = 9.32; vgl. *Abbildung 31*). Dadurch, dass wir die Kodierwerte ‚1' und ‚-1' gewählt haben (und die Gruppen gleich groß sind), ist das b_0-Gewicht gleich dem globalen Mittelwert.

6.2 Kodierung von einfaktoriellen Plänen mit mehr als zwei Gruppen

Das Verfahren der Kodierung von Gruppen durch *eine* Kodiervariable kann im Falle von mehr als zwei Gruppen nicht mehr funktionieren. Nehmen wir zu unserem Beispiel eine Placebo-Kontrollgruppe hinzu. (Die Patienten bekamen ebenfalls keine Therapie, aber ein Placebo-Medikament.) Die einfachste Hypothese in diesem Fall lautet: „Es gibt (irgendwelche) Mittelwertsunterschiede zwischen den drei Gruppen." Die übliche Methode zur Analyse dieser Daten ist die Varianzanalyse. Die Ausgabe ist in *Abbildung 34* zu sehen. Wie dem Protokoll zu entnehmen ist, gibt es einen signifikanten Gruppeneffekt, $F(2,27) = 8.42$, $p = .001$.

Deskriptive Statistiken

Gruppe	Mittelwert	Standardabw.	N
Therapie	9.3200	2.58775	10
Warte-KG	6.0490	1.83159	10
Placebo-KG	5.9677	1.72609	10
Gesamt	7.1122	2.56247	30

Deskriptive Statistiken

Quelle	Quadratsumme vom Typ III	df	Mittel der Quadrate	F	Sig.
Korrigiertes Modell	73.146	2	36.573	8.420	.001
Konstanter Term	1517.522	1	1517.522	349.376	.000
gruppe	73.146	2	36.573	8.420	.001
Fehler	117.275	27	4.344		
Gesamt	1707.943	30			
Korrigierte Gesamtvariation	190.421	29			

Abb. 34 Ausgabe der Varianzanalyse

Eine naiverweise mit dem Prädiktor *Gruppe* durchgeführte Regression ergibt jedoch ein anderes Ergebnis (vgl. *Abbildung 35*). Was hier passiert ist, wird sehr schnell klar, wenn man sich *Abbildung 36* anschaut. Die Regressionsgerade wird wie immer so angepasst, dass die Summe der Residuenquadrate minimiert wird.

Koeffizienten

Modell	Nicht standardisierte Koeffizienten		Standardisierte Koeffizienten		
	Regressions-koeffizient B	Standard-fehler	Beta	T	Sig
1 (Konstante)	7.112	.476		14.939	.000
Gruppe	-.041	.583	-.013	-.070	.945

Abb. 35 Ausgabe der Regression mit dem Prädiktor Gruppe (Auszug)

Da die beiden Gruppen, die willkürlich den niedrigsten bzw. den höchsten Kodierwert (die beiden Kontrollgruppen) erhalten haben, einen weitgehend gleichen Mittelwert haben, kann die Gerade selbstverständlich keine von null abweichende Steigung haben. Das Ergebnis ist somit Unsinn. Hier liegt eine Verwechslung von Nominal- und Intervallskalierung vor.

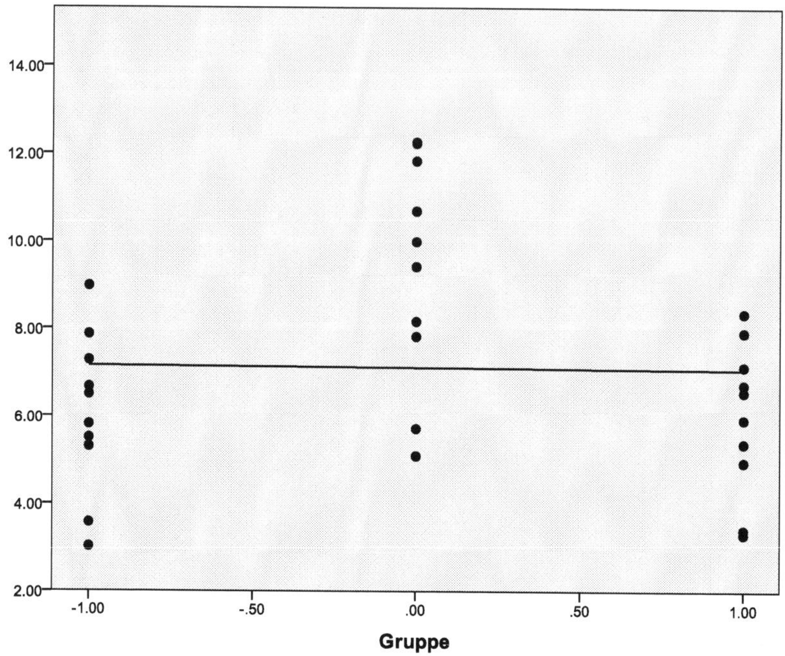

Abb. 36 Falsche Anwendung der *Linearen Regression* (Warte-KG = -1; Therapie-Gr. = 0; Placebo-KG = 1)

Wir können uns der Inkonsistenz auch auf einem anderen Weg nähern: Der Signifikanztest der Varianzanalyse hat zwei Zählerfreiheitsgrade (s.o.; Anzahl der Gruppen minus eins) im Gegensatz zum *F*-Test der Regression, der bei nur einem Prädiktor nur einen Zählerfreiheitsgrad hat. Hierin liegt auch die Lösung: Da bei drei Gruppen (bei gegebenem Gesamtmittelwert) *zwei* Mittelwerte frei variieren können, müssen wir versuchen, die Gruppenunterschiede durch *zwei* Prädiktoren vorherzusagen. Die einfachste Variante, dies zu tun, ist die sogenannte Dummy-Kodierung. In *Tabelle 1* ist sie für den vorliegenden Fall wiedergegeben. Bei der Dummy-Kodierung wird eine Referenzgruppe ausgewählt, die mit Nullwerten kodiert wird (hier die Therapiegruppe); die anderen Gruppen erhalten jeweils auf einer Dummy-Variable den Wert eins, sonst null.

Tabelle 1 Dummy-Kodierung für einen einfaktoriellen dreigestuften Plan

	Dummy-Variable	
	D1	D2
Therapiegruppe	0	0
Warte-Kontrollgruppe	1	0
Placebo-Kontrollgruppe	0	1

Wir bilden die Dummy-Variablen und rechnen nun eine Regression der abhängigen Variable auf D_1 und D_2 mit dem Ergebnis der *Abbildung 37.*

ANOVA

Modell		Quadrat-summe	df	Mittel der Quadrate	F	Sig.
	Regression	73.146	2	36.573	8.420	.001
1	Nicht stand. Resid.	117.275	27	4.344		
	Gesamt	190.421	29			

Koeffizienten

Modell		Nicht standardisierte Koeffizienten		Standardisierte Koeffizienten		
		Regressions-koeffizient B	Standard-fehler	Beta	T	Sig
	(Konstante)	9.320	.659		14.141	.000
1	D1	-3.271	.932	-.612	-3.509	.002
	D2	-3.352	.932	-.627	-3.597	.001

Abb. 37 Ergebnis der Regression mit zwei Dummy-Kodiervariablen

Zunachst konnen wir feststellen, dass wir für den globalen Test exakt dasselbe Ergebnis erhalten wie bei der Varianzanalyse, $F(2,27) = 8.42$, $p = .001$. Darüber hinaus können wir durch die Regressionsgleichung die Mittelwerte der drei Gruppen rekonstruieren. Die Regressionsgleichung lautet:

$$\hat{X} = 9.320 - 3.271 \cdot D_1 - 3.352 \cdot D_2$$

Für die Therapiegruppe ergibt sich ein Mittelwert von $M = 9.320$, da hier für D_1 und D_2 der Wert null einzusetzen ist. Für die Warte-KG resultiert eine Mittelwertsschätzung von $M = 6.049$ durch Einsetzen von eins für D_1 und null für D_2, für die

Placebo-KG ergibt sich der Wert $M = 5.968$, durch Einsetzen von null für D_1 und eins für D_2. Die Werte entsprechen somit genau den tatsächlichen Mittelwerten, wie sie bei der Varianzanalyse ausgegeben wurden (*Abbildung 34*).

Das heißt, jede Dummy-Variable steht für den Unterschied zwischen der mit eins kodierten Gruppe und der Referenzgruppe. Eine Signifikanz kann auch in diesem Sinne interpretiert werden. In unserem Beispielfall macht dies durchaus Sinn, da die beiden Dummy-Variablen den Kontrast jeweils zu einer Kontrollgruppe kodieren. Allerdings ist die Kodierung häufig willkürlich: Vergleicht man zum Beispiel fünf europäische Länder, ist nicht evident, welches das Referenzland sein sollte. Wichtig ist also, dass insbesondere bei der Dummy-Kodierung vor allem der globale *F*-Test zu interpretieren ist. Man kann leicht Datenbeispiele konstruieren, bei denen der globale *F*-Test signifikant ist, aber keine der beiden Dummy-Variablen. Letzteres ändert aber nichts an der Feststellung, dass es signifikante Mittelwertsunterschiede zwischen den Gruppen gibt.

Ein Problem der Dummy-Variablen ist, dass sie stets korreliert sind, da die Referenzgruppe immer denselben Wert hat. Es werden also nicht zwei voneinander unabhängige Anteile der Unterschiede kodiert. Diesem Problem kann man durch eine sogenannte Kontrastkodierung abhelfen (vgl. *Tabelle 2*).

Tabelle 2 Kontrastkodierung für einen einfaktoriellen dreigestuften Plan

	Kontrast-Variable	
	K1	K2
Therapiegruppe	1	0
Warte-Kontrollgruppe	-0.5	1
Placebo-Kontrollgruppe	-0.5	-1

Betrachten wir zunächst die Variable K_1. Bei dieser Variable haben die Kontrollgruppen denselben Wert. Man kann diese Variable daher so betrachten, dass sie den Unterschied zwischen diesen beiden Gruppen (zusammengenommen) und der Therapiegruppe kodiert. Ähnlich hätte man natürlich auch für die beiden Variablen D_1 und D_2 argumentieren können; auch sie kodieren – wenn man sie isoliert betrachtet – jeweils genau den Unterschied zwischen einer Gruppe und dem Rest. Der Unterschied zwischen den beiden Kodierungsarten liegt aber darin, dass bei der Kontrastkodierung streng darauf geachtet wird, dass die zweite Variable orthogonal zur ersten ist. Dies wurde in *Tabelle 2* erreicht, wie sich leicht überprüfen lässt: Es sei daran erinnert, dass der Zähler der Korrelationsformel durch die Kovarianz gegeben ist, also durch die Summe der Produkte der jeweils korrespondierenden

Mittelwertsabweichungen (vgl. Kapitel 1). Die Werte in *Tabelle 2* wurden so gewählt, dass die Mittelwerte von K_1 und K_2 null betragen (bei gleichen Stichprobengrößen der Gruppen). Das bedeutet aber, dass wir lediglich die Zeilenprodukte aufsummieren müssen: (1·0) + (-.5·1) + (-.5·-1). Diese Summe ist aber genau null; K_1 und K_2 sind somit unkorreliert. Da K_1 und K_2 also keine überlappenden Varianzanteile haben, bildet K_1 genau den Kontrast der Therapiegruppe zum Rest der Stichprobe ab und kann auch so interpretiert werden.

Was kodiert aber K_2? K_2 hat drei verschiedene Werte, die von Placebo-KG über Therapiegruppe bis Warte-KG linear anwachsen. Heißt das, dass K_2 die Hypothese testet, ob die Mittelwerte von der ersten bis zur dritten Gruppe linear ansteigen? Jein! In gewisser Weise lässt sich K_2 so interpretieren. Allerdings muss man hier in zweierlei Weise aufpassen: Erstens sollte von einem linearen Anstieg nur dann geredet werden, wenn die Gruppen sich konzeptuell als eine Rangfolge darstellen lassen (etwa: Kontrollgruppe ohne Therapie vs. Gruppe mit Kurzzeittherapie vs. Gruppe mit Langzeittherapie). Zweitens darf die mittlere Gruppe (also hier die Therapiegruppe) jeden beliebigen Mittelwert annehmen, da der Unterschied dieser Gruppe zum Rest immer durch K_1 „aufgefangen" wird. Also generell: Falls wir zwei Gruppen A und C haben, die sich signifikant unterscheiden bei Mittelwerten von M_A = 3.00 und M_C = 5.00, und dann eine dritte Gruppe B mit M_B = 12.00 als „mittlere" Gruppe einfügen, dann wird eine Regressionsanalyse mit Kodiervariablen K_1 und K_2, die nach dem obigen Muster gebildet wurden (also K_1 kodiert B gegen A und C, K_2 kodiert die lineare Sequenz A,B,C), immer noch für K_2 einen signifikanten Effekt ausweisen, obwohl die Mittelwertssequenz 3.00, 12.00, 5.00 nicht dem entspricht, was wir natürlicherweise einen linearen Anstieg nennen würden. Aus diesen Erörterungen wird schon deutlich, wie sich die Variable K_2 einfacher interpretieren lässt: Sie bildet den Unterschied zwischen den beiden Kontrollgruppen ab. In der Tat wird die Steigung der Regressionsgerade (d.h. das Regressionsgewicht für K_2) bei der gewählten Kodierung immer exakt dem halben Mittelwertsabstand der beiden Gruppen entsprechen. Einen adäquaten Test des Unterschieds erhält man aber erst dann, wenn K_1 zusätzlicher Prädiktor in der Regressionsanalyse ist.

Nachdem wir die Kontrast-Kodiervariablen K_1 und K_2 gebildet haben, ergibt eine Regression das Ergebnis der *Abbildung 38*. Wie erwartet, zeigt sich – durch das signifikante Ergebnis für K_1 – ein deutlicher Unterschied zwischen der Therapiegruppe und den Kontrollgruppen. Das Regressionsgewicht für K_2 ist demgegenüber fast null, da die Warte-KG und die Placebo-KG in etwa dieselben Mittelwerte haben.

Koeffizienten

Modell		Nicht standardisierte Koeffizienten		Standardisierte Koeffizienten		
		Regressions-koeffizient B	Standard-fehler	Beta	T	Sig
1	(Konstante)	7.112	.381		18.692	.000
	K1	2.208	.538	.620	4.103	.000
	K2	.041	.466	.013	.087	.931

Abb. 38 Ergebnis der Regression mit zwei Kontrast-Kodiervariablen

Auf diese Art lassen sich Mehrgruppen-Pläne immer durch p-1 (p = Anzahl der Gruppen) Kodiervariablen repräsentieren. Es gibt verschiedenste Kodierschemata; hierüber informieren zum Beispiel Bortz und Schuster (2010). Bevor wir uns der Kodierung von mehrfaktoriellen Plänen zuwenden, sei noch gesagt, dass die Orthogonalität der Kodiervariablen nur dann gilt, wenn die Gruppen gleich besetzt sind. (Machen Sie sich klar warum!) Wir können hier aber unterscheiden zwischen der „artifiziellen" Nicht-Orthogonalität, die durch die Wahl der Kodierung erzeugt wird, und der empirischen Nicht-Orthogonalität, die durch ungleiche Zellenbesetzungen erzeugt wird. Die Interpretation der Kontrastkodiervariablen bleibt im Wesentlichen erhalten, wenn die Stichproben nicht gleich groß sind.

In der Abbildungsfolge *Abbildung 39* soll die Logik des Kontrastkodierschemas noch einmal an einem anderen Zahlenbeispiel erläutert werden. Insbesondere sollte deutlich werden, wieso die *drei*gestufte Variable K_2, *wenn sie zusammen mit* K_1 als Prädiktor in die Regression eingeht, letztlich nur den Unterschied zwischen der mit '-1' und der mit '+1' kodierten Gruppe repräsentiert. In *Abbildung 39*a sind die Mittelwerte dreier Gruppen A, B und C eingetragen.

Gehen wir zunächst davon aus, dass eine Regression der abhängigen Variablen Y auf K_1 gebildet wird. K_1 hat nur zwei Werte; zwischen der Gruppe A und C wird nicht differenziert, so dass die Regressionsgerade durch den Mittelwert der Gruppe B und dem gemeinsamen Mittelwert von A und C geht. Dies wurde in *Abbildung 39*b durch die angedeuteten „virtuellen Bewegungen" veranschaulicht. Bei gleich großen Stichproben A und C liegt der neue Mittelwert (rechter schwarzer Punkt in *Abbildung 39*b) exakt in der Mitte zwischen den beiden alten Mittelwerten (die weißen Punkte).

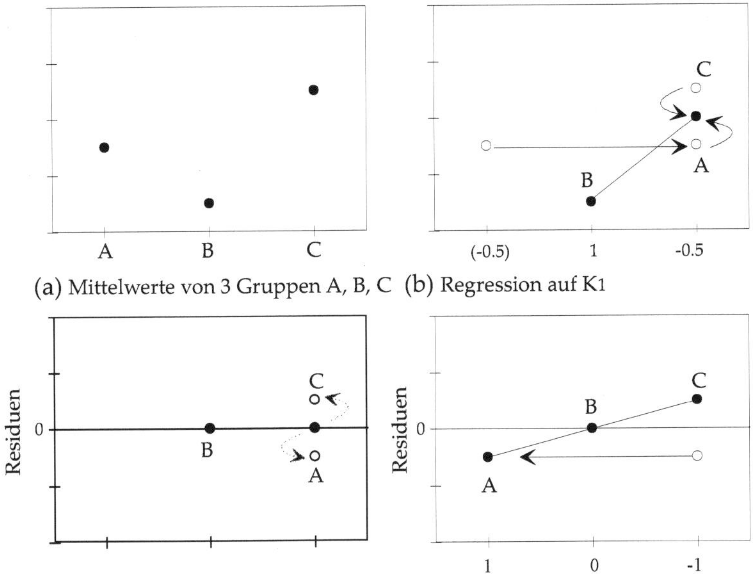

(a) Mittelwerte von 3 Gruppen A, B, C (b) Regression auf K1

(c) Residuen bezüglich K1 (d) Regression der Residuen auf K2

Abb. 39 Logik des Kontrastkodierschemas

Die Hinzunahme eines weiteren *orthogonalen* Prädiktors ist identisch dazu, das Residuum von Y (bezüglich K_1) auf diesen weiteren Prädiktor zu regredieren. Die Residualisierung wurde in *Abbildung 39*c durch die Verschiebung der beiden (schwarzen) Gruppenmittelwerte auf die Null-Linie veranschaulicht. (Residuen sind um null verteilt; das gilt für Gruppe B und die kombinierte Gruppe A/C, da deren Unterschied durch K_1 gebunden wurde.) Die (weißen) Mittelwerte der beiden Originalgruppen verschieben sich entsprechend mit. Man beachte, dass der Mittelwert des Residuums der Gruppe B exakt zwischen diesen beiden „weißen" Mittelwerten liegt.

Dieses Residuum wird nun auf K_2 – eine dreigestufte Variable – regrediert. Veranschaulicht wird dies hier (vgl. *Abbildung 39*d) zunächst durch die Rückverschiebung des einen Residualmittelwertes auf den seiner K_2-Kodierung entsprechenden Platz. Die Regressionsgerade verbindet alle drei Punkte. Dies ist aber kein *empirischer* Sachverhalt mehr: Der mittlere Punkt liegt *immer* auf der direkten Verbindungslinie zwischen dem linken und dem rechten Punkt. Das heißt, diese Regressionsgerade wird ausschließlich durch den Mittelwertsunterschied der linken und der rechten Gruppe bestimmt — oder anders gesagt: Wird K_2 zusammen mit K_1 zur Vorhersage von Y eingesetzt, testet der Signifikanztest für K_2 die Hypothese, ob sich die linke und die rechte Gruppe signifikant in ihrem Mittelwert unterscheiden.

6.3 Mehrfaktorielle Varianzanalyse via multipler Regression

Im Folgenden soll diese Anwendung der Regressionsanalyse auf mehrfaktorielle experimentelle Pläne erweitert werden. Ein Beispiel: Corr, Pickering und Gray (1997) nahmen an, dass eine einfache Form des Lernens (sog. prozedurales Lernen, d.h. das implizite Lernen von sich wiederholenden Reiz-Reaktions-Folgen) in komplexer Weise von Persönlichkeit einerseits und Rückmeldung während der Aufgabe andererseits anhängt: Hoch-ängstliche Personen lernten besser als niedrig-ängstliche, wenn schlechte Leistung während der Aufgabe bestraft wurde (Abzug kleiner Geldbeträge); in der Kontrollbedingung war es umgekehrt. Die folgenden Daten sind dem Beispiel nachkonstruiert. PL ist der Index für das Ausmaß prozeduralen Lernens. Rechnen wir zunächst eine Varianzanalyse (*Abbildung 40*).

Deskriptive Statistiken

Abhängige Variable: pl

Ängstlichkeit	Rückmeldung	Mittelwert	Standardabw.	N
niedrig	Kontrolle	38.1944	18.15718	20
	Bestrafung	31.3390	14.10159	20
hoch	Kontrolle	34.8787	15.00480	20
	Bestrafung	44.2640	11.93928	20

Tests der Zwischensubjekteffekte

Quelle	Quadratsumme vom Typ III	df	Mittel der Quadrate	F	Sig.
Korrigiertes Modell	1812.496a	3	604.165	2.696	.052
Konstanter Term	110522.865	1	110522.865	493.280	.000
Ängstlichkeit	461.692	1	461.692	2.061	.155
Rückmeldung	32.005	1	32.005	.143	.707
Ängst. * Rückmeldung	1318.799	1	1318.799	5.886	.018
Fehler	17028.340	76	224.057		
Gesamt	129363.701	80			
Korrigierte Gesamtvariation	18840.836	79			

a. R-Quadrat = .096 (korrigiertes R-Quadrat = .061)

Abb. 40 Ausgabe der mehrfaktoriellen Varianzanalyse

Das Ausgabeprotokoll gliedert sich in zwei Teile. Das Mittelwertsmuster (im oberen Teil) entspricht einer disordinalen Interaktion. Der untere Teil der *Abbildung 40* gibt die eigentlichen varianzanalytischen Ergebnisse wieder. Die Zeile zu Ängstlichkeit enthält alle Informationen über den Haupteffekt dieses Faktors; er ist nicht signifikant, ebenso wie der Haupteffekt *Rückmeldung*. Die Zeile Ängst. * *Rückmeldung* enthält die Bewertung der Interaktion, die in diesem Fall signifikant ist.

Es gibt nun eine recht elegante Möglichkeit, dasselbe Ergebnis mittels der Regressionsanalyse zu rechnen. Wir kodieren dazu den Versuchsplan in Kodiervariablen nach dem Muster der *Tabelle 3* und rechnen eine multiple Regression ‚PL auf K1, K2, K3'.

Tabelle 3 Kodiervariablen für einen 2x2-Plan

Faktor		Kodiervariable		
Ängstlichkeit	Rückmeldung	K1	K2	K3
Niedrig	Kontrolle	-1	-1	1
Niedrig	Bestrafung	-1	1	-1
Hoch	Kontrolle	1	-1	-1
Hoch	Bestrafung	1	1	1

Wie kann man sich diese Kodierung erklären? Dazu gibt es verschiedene Zugangswege:

1. Jede der vier Gruppen hat eine spezifische Wertekombination auf den drei Kodiervariablen. Diese Eigenschaft macht es möglich, dass die Regressionsgewichte so geschätzt werden, dass durch Einsetzen der Kodiervariablenwerte die Mittelwerte der Gruppen reproduziert werden. Dieser Zugangsweg erklärt aber noch nicht, dass die drei Kodiervariablen jeweils einen spezifischen Effekt kodieren.
2. K1 kodiert offenbar den Faktor Ängstlichkeit. Für die K2 gilt das entsprechende den Faktor *Rückmeldung* betreffend. Und K3? Sie kodiert die Interaktion der beiden Faktoren, wie man sich leicht klarmachen kann: ‚Interaktion zweier Faktoren' bedeutet, dass der Mittelwertsunterschied zwischen den Faktorstufen des einen Faktors für die Stufen des anderen Faktors nicht gleich ist (also z.B.: der Unterschied *Kontrolle* vs. *Bestrafung* ist unter der Stufe *niedrig ängstlich* anders als unter der Stufe *hoch ängstlich*). Die Null-Hypothese lautet also:

   $$(\mu_{nÄ,K} - \mu_{nÄ,B}) = (\mu_{hÄ,K} - \mu_{hÄ,B})$$

   Durch Umformungen erhält man:

   $$(\mu_{nÄ,K} + \mu_{hÄ,B}) - (\mu_{nÄ,B} + \mu_{hÄ,K}) = 0$$

   Ein Vergleich mit der K3 zeigt, dass dies genau der kodierte Kontrast ist!

3. Eine dritte Möglichkeit zur Erklärung der Variablen ergibt sich aufgrund unseres Wissens zur Moderatoranalyse (Kapitel 5): K3 ist das Produkt von K1 und K2!

Für die Regressionsberechnung vergewissern wir uns zunächst, dass Ängstlichkeit und *Bestrafung* im Datensatz korrekt kodiert sind; K3 (wir nennen sie Ä×*R*) kann dann durch Multiplikation gebildet werden. *Abbildung 41* zeigt die Ausgabe.

Es zeigt sich für die Prädiktoren exakt dasselbe Ergebnis wie bei der ANOVA (vgl. *Abbildung 40* mit t = Wurzel(F)). Die Mittelwerte der Gruppen erhalten wir, indem wir die Kodiervariablenwerte in die Regressionsgleichung einsetzen, zum Beispiel für die Gruppe *niedrig ängstlich, Kontrolle*: PL= 37.169 - 2.402 - .633 + 4.060 = 38.194.

Die Varianzanalyse-Prozedur in SPSS behandelt das Analyseproblem im Übrigen ebenfalls regressionsanalytisch. Dies lässt sich auch leicht an der Äquivalenz der Ausgaben feststellen. Zum einen finden Sie in der Ausgabe der Varianzanalyse (*Abbildung 40*) ganz unten die Angabe von R^2 – dies ist genau der R^2-Wert, den Sie in der gerade besprochenen Regression erhalten (hier nicht abgebildet). Zum anderen: Vergleichen Sie einmal die mit ANOVA überschriebene Tabelle der *Abbildung 41* (deren Bedeutung wir in Kapitel 2 und 3 erläutert hatten) mit der Ausgabe der Varianzanalyse (*Abbildung 40*); Sie finden exakte Entsprechungen, bis hin zu einem F-Test mit drei Freiheitsgraden in der Zeile *Korrigiertes Modell*, der dem globalen Modelltest der Regressionsanalyse entspricht.

Hier haben wir im Übrigen einen Fall, bei dem dieser Test in der Regression ignoriert werden kann: Die Hypothese war, eine disordinale Interaktion zu finden; im Extremfall (wie hier) bedeutet dies, dass nur der Prädiktor Ä×*R* Varianz aufklären sollte. Die diesem Prädiktor zugeordnete Quadratsumme wird nur durch eins geteilt, um den Zähler des entsprechenden F-Wertes zu erhalten; die – wegen der insignifikanten Haupteffekte – nur geringfügig höhere Gesamt-Quadratsumme (d.h. 1812; vgl. *Abbildung 40* und *Abbildung 41*) wird aber durch drei geteilt.

ANOVA

Modell		Quadrat-summe	df	Mittel der Quadrate	F	Sig.
	Regression	1812.496	3	604.165	2.696	.052
1	Nicht standardisierte Residuen	17028.340	76	224.057		
	Gesamt	18840.836	79			

Koeffizienten

Modell		Nicht standardisierte Koeffizienten		Standardisierte Koeffizienten		
		Regressions-koeffizient B	Standard-fehler	Beta	T	Sig
	(Konstante)	37.169	1.674		22.210	.000
1	Ängstlichkeit	2.402	1.674	.157	1.435	.155
	Rückmeldung	.633	1.674	.041	.378	.707
	äxr	4.060	1.674	.265	2.426	.018

Abb. 41 Ausgabe der Prozedur *Regression*

Abschließend sei noch mal darauf hingewiesen, dass der Vorteil der regressionsanalytischen Berechnung darin liegt, dass wir uns keine Gedanken mehr über 'Nicht-Orthogonalität' der Prädiktoren machen müssen (d.h. darüber, dass die Zellen ungleich besetzt sind, so dass die Kodiervariablen nicht mehr unkorreliert sind). Wir wissen, dass die Regressionsanalyse dieses Problem löst, indem sie nur den spezifischen Beitrag der Prädiktoren testet.

Literatur

Die Kodierung von Gruppenvariablen wird in allen Büchern, die die Regression behandeln, erläutert. Der „Klassiker" ist hier Cohen et al. (2003)

Multivariate Analysen

7

Bislang wurde in allen Analysen nur *eine* abhängige Variable untersucht. In vielen Kontexten beziehen sich die Hypothesen jedoch gleich auf ein Bündel von abhängigen Variablen. Im Folgenden soll immer von mehreren abhängigen Variablen (einem „Vektor" von Variablen) die Rede sein. Jede Fragestellung, die auf den Spezialfall einer abhängigen Variablen bezogen werden kann, kann auf den generellen, multivariaten Fall übertragen werden.

7.1 Abweichung vom Nullvektor

Die einfachste Frage, die wir stellen können, ist im univariaten Fall: Ist der Mittelwert einer Variable als von null verschieden anzunehmen? Wir hatten in Kapitel 1.2 das Beispiel der Lebenszufriedenheitsskala gebracht („Alles in allem betrachtet, wie zufrieden sind Sie zurzeit mit Ihrem Leben?"; -3, „überhaupt nicht zufrieden", bis +3, „sehr zufrieden"). Sollen wir den erhobenen Mittelwert von +1.36 als signifikant von null verschieden annehmen? Der *Einstichproben-t-Test* ist hier angemessen (vgl. Kap. 1.2). Die Generalisierung dieser Frage für den multivariaten Fall wäre dann: Sind die Mittelwerte mehrerer Variablen von null verschieden? Technischer ausgedrückt: Ist der Mittelwertsvektor vom Nullvektor verschieden?

Dazu ein Beispiel: In einer Fachklinik für Alkoholkranke wird den Patienten routinemäßig das Freiburger Persönlichkeitsinventar (FPI-R; Fahrenberg, Hempel & Selg, 1989) am Anfang und am Ende der Therapiezeit vorgegeben. Die Skalenwerte der 10 Standardskalen liegen für eine Stichprobe (N = 100) von Patienten in der „Standard-Nine"-Form vor (Stanine; d.h. Mittelwert der Normierung M = 5 bei einer Standardabweichung von SD = 2; nur ganzzahlige Werte zwischen 1 und 9). Die Mittelwerte für die beiden Zeitpunkte sind in *Tabelle 4* wiedergegeben.

Tabelle 4 Mittelwerte, Standardabweichungen der Standardskalen des FPI für die Patientenstichprobe (fiktive Daten)

		Anfang		Ende	
Skala	Variable	M	SD	M	SD
Lebenszufriedenheit	LEB	4.74	2.07	4.87	2.12
Soziale Orientierung	SOZ	5.15	2.03	5.38	2.11
Leistungsorientierung	LEI	5.77	1.90	5.68	1.84
Gehemmtheit	GEH	4.43	2.12	4.44	2.16
Erregbarkeit	ERR	5.08	2.02	5.10	2.08
Aggressivität	AGGR	5.61	1.93	5.36	2.03
Beanspruchung	BEAN	6.17	1.90	5.82	1.98
Körperliche Beschwerden	KOERP	5.14	2.08	5.19	2.03
Gesundheitssorgen	GES	4.90	1.81	4.90	1.88
Offenheit	OFF	4.86	1.78	4.85	189

Wir können als erste Frage stellen: Weicht das mittlere Persönlichkeitsprofil dieser Gruppe zu Beginn der Therapie signifikant vom Normprofil (d.h. M = 5 für alle Skalen) ab? Da der multivariate Test auf Abweichung vom Nullvektor testet, bilden wir zunächst zehn transformierte Variablen (LEBx bis OFFx; vgl. *Online Plus*), die aus den alten dadurch hervorgehen, dass von jedem individuellen Wert 5 abgezogen wird (d.h. der Mittelwert von LEIx [Leistungsorientierung] beträgt dann zum Beispiel 0.77; vgl. *Tabelle 4*). Eine multivariate Varianzanalyse (MANOVA) kann uns nun die Frage beantworten, ob der Mittelwertsvektor dieser neuen Variablen vom Nullvektor verschieden ist. Der erste Teil der Ausgabe (neben den deskriptiven Statistiken) ist in *Abbildung 42* wiedergegeben.

Multivariate Tests

Effekt		Wert	F	Hypothese df	Fehler df	Sig.
Konstanter Term	Pillai-Spur	.486	8.495	10.000	90.000	.000
	Wilks-Lambda	.514	8.495	10.000	90.000	.000
	Hotelling-Spur	.944	8.495	10.000	90.000	.000
	Größte char. Wurzel Roy	.944	8.495	10.000	90.000	.000

Abb. 42 Ausgabe der multivariaten Analyse (Auszug)

In jeder der vier Zeilen steht eine multivariate Prüfstatistik; zu allen wird zudem ein *F*-Wert mit Freiheitsgraden und Wahrscheinlichkeitsniveau angegeben. Wie wir sehen, ist der *F*-Wert in allen vier Fällen derselbe und wir müssen uns an dieser

Stelle noch keine Gedanken machen, welche der vier Prüfstatistiken wir wählen. Die korrekte Antwort auf unsere Frage lautet also: Ja, das mittlere Persönlichkeitsprofil der Patienten unterscheidet sich signifikant von dem Norm-Profil, $F(10,90) = 8.50$, $p < .001$.

Der zweite Block (hier nicht abgebildet) liefert dann die univariaten Tests: Für welche der Skalen ergibt sich eine signifikante Abweichung. Dies sind F-Tests, die aber äquivalent zum einfachen *Einstichproben-t-Test* (mit t = Wurzel(F)) sind. Ist die Fragestellung rein explorativ (oder handelt es sich um eine undifferenzierte globale Nullhypothese), sollte man bei der Bewertung dieser Tests eine *Bonferroni-* oder *Bonferroni-Holm*-Korrektur des Alpha-Fehler-Niveaus durchführen. Bei der *Bonferroni*-Korrektur wird für den einzelnen Test gefordert, dass die Wahrscheinlichkeit, die mit dem F-Wert assoziiert ist, kleiner als α/m (mit α = globales α-Fehlerniveau, in der Regel .05, und m = Anzahl der Tests). Bei zehn Tests verlangen wir also für jeden einzelnen Test $p < .005$, um das Ergebnis „signifikant" zu nennen. Die *Bonferroni-Holm*-Korrektur ist etwas anders: Die Tests werden nach ihrem Ergebnis sortiert und dann wird sequenziell getestet: Ist der kleinste p-Wert $< \alpha/m$ (in unserem Fall also $p < .005$)? Wenn ja, erkläre dieses Ergebnis für signifikant und gehe über zum nächst-kleinsten p-Wert: gilt $p < \alpha/(m\text{-}1)$? Dieses Prozedere wird (mit $\alpha/(m\text{-}2)$, $\alpha/(m\text{-}3)$ usw.) so lange fortgesetzt, bis die Frage mit „Nein" (nicht signifikant) beantwortet wird. Dieses Verfahren ist vorzuziehen, weil es genauso wie die *Bonferroni*-Korrektur das globale α-Fehlerniveau bewahrt, aber etwas mehr Teststärke bewahrt. In unserem Beispiel sind es die Skalen Leistungsorientierung, Gehemmtheit, Aggressivität und Beanspruchung, bei denen sich die Patientenstichprobe von der Normstichprobe unterscheidet (vgl. die Mittelwerte in *Tabelle 4*).

Wilks Lambda und Co. (Teil 1)

Wir hatten festgestellt, dass die vier Prüfstatistiken mit identischen F-Tests assoziiert sind (vgl. *Abbildung 42*). Vorwegnehmend sei gesagt, dass die Prüfstatistiken erst dann zu verschiedenen Testergebnissen führen, wenn (a) ein Zwischen-Versuchspersonen-Faktor mit ins Spiel kommt und (b) dieser Faktor mehr als zwei Stufen hat. Wir kommen darauf in Teil 2 dieser Betrachtungen zurück. Solange dieser Fall nicht gegeben ist, ist die Beziehung der vier Prüfgrößen denkbar einfach: *Pillai-Spur* nimmt Werte zwischen null und eins an und lässt sich in einem noch zu besprechenden Sinne als Maß aufgeklärter Varianz interpretieren. *Wilks Lambda* ist 1-*Pillai-Spur* und somit als Fehlervarianz zu interpretieren. *Hotelling-Spur* ist *Pillai/Wilks*, also aufgeklärte Varianz durch Fehlervarianz. *Roys größte charakteristische Wurzel* ist – solange (a) und (b) nicht gegeben sind – identisch mit *Hotelling*.

Alle Prüfgrößen sind matrix-algebraisch definiert. Man kann sich aber die Größen auf einfachere Art verständlich machen. Wir wollen uns hier für den einfachsten

Fall des Tests gegen den Nullvektor *Wilks Lambda* genauer anschauen. Dies soll mit einem ganz einfachen Datenbeispiel geschehen (vgl. *Tabelle 5*).

Tabelle 5 Datensatz zur Erläuterung von *Wilks Lambda*

Teilnehmer	AGGRx	BEANx	BEANx‘	BEANx“
1	4	3	4	-1
2	2	4	1	2
3	3	-1	2	1
4	0	2	1	3
5	-1	1	-1	4
6	3	1	3	1
Mittelwert	1.83	1.67	1.67	1.67
Standardabweichung	1.94	1.75	1.75	1.75
t-Wert	2.31	2.33	2.33	2.33
p-Wert	.07	.07	.07	.07
Korrelation mit AGGRx		.04	.92	-.96
Wilks Lambda[a]		.33	.47	.02
p-Wert		.11	.22	<.001

[a] Wilks Lambda in der multivariaten Analyse zusammen mit AGGRx.

Bei dem fiktiven Datenbeispiel der *Tabelle 5* sind sechs Patienten mit ihren Werten auf den Skalen Aggressivität (AGGR) und Beanspruchung (BEAN) aufgeführt. Die stanine-skalierten Variablen sind durch die Subtraktion von 5 in Variablen (AGGRx und BEANx) verwandelt worden, deren Mittelwerte sinnvoll gegen null getestet werden können („Sind Agressivität bzw. Beanspruchung der Patienten signifikant vom Normwert verschieden?“). Die einzelnen *t*-Tests sind (knapp) insignifikant (vgl *Tabelle 5*). Der multivariate Test, bei dem die Mittelwerte von AGGRx und BEANx simultan gegen den Nullvektor getestet werden, ist ebenfalls insignifikant (vgl. den linken Wert – .11 – in der untersten Zeile der *Tabelle 5*).

Die dritte und vierte Zahlenspalte der *Tabelle 5* enthalten modifizierte Versionen der Variable BEANx. Wie sich leicht feststellen lässt, wurden lediglich die individuellen Werte den Patienten anders zugeordnet. Dies hat natürlich keinerlei Einfluss auf Mittelwert und Standardabweichung und damit auch keinen Einfluss auf die *t*-Tests. Die Neuzuordnung der Werte bewirkt aber eine Veränderung der Korrelationen zwischen den Beanspruchungsvariablen auf der einen Seite und AGGRx auf der anderen. Während BEANx nicht mit AGGRx korreliert, ist BEANx‘ sehr hoch positiv, BEANx“ dagegen sehr hoch negativ mit AGGRx korreliert. Wir können in den letzten zwei Zeilen der *Tabelle 5* sehen, welche Auswirkungen dies auf den multivariaten Test hat. Wenn zwei Variablen hoch positiv korrelieren und gleichzeitig beide Mittelwerte positiv sind, schwächt dies den multivariaten Test. Die beiden Variablen sind hoch redundant (also wechselseitig verzichtbar); sie bilden vermutlich dieselbe latente Variable ab und eine Zusammenfassung der Variablen (z.B. Mittelwertsbildung) wäre wohl die bessere Alternative. Man beachte aber, dass für den multivariaten Test die Skalierung der Variablen irrelevant ist, während dies für die Zusammenfassung nicht gilt.

Wenn zwei Variablen dagegen hoch negativ korrelieren, während gleichzeitig beide Mittelwerte positiv sind, stärkt dies den Test. Einen solchen Fall hat man, wenn zwei Variablen im Prinzip beide sensibel und gleichsinnig auf einen Prozess reagieren, aber konkret in einer Person nur entweder die eine oder die andere Variable reagiert. Um es an dem inhaltlichen Beispiel der Patienten mit Alkoholproblemen zu erläutern: Es könnte prinzipiell sein, dass eine generelle Suchtvulnerabilität in Kombination mit verschiedenen problematischen Person-Umwelt-Konstellationen zu Alkoholproblemen führt. Erhebe ich dann das Persönlichkeitsprofil bei Patienten einer Klinik, erhalte ich eventuell „Spitzen" im Mittelwertsprofil, hinter denen ganz unterschiedliche Problem-Konstellationen stehen mögen (z.B. hohe Leistungsorientierungen, die zu Frustrationen führten, oder unangemessene Kommunikationsstile, die zu zwischenmenschlichen Konflikten führten).

7.2 Unterschied zweier Vektoren

Der nächst komplexere Fall betrifft die Generalisierung der Fragestellung, die wir im Fall einer einzelnen abhängigen Variable mit dem *t-Test für abhängige Stichproben* lösen. So wie wir die Frage, ob sich im Laufe der Therapie *eine* bestimmte Variable verändert hat, mit dem *t*-Test beantworten, so nutzen wir wieder für die Frage, ob sich ein ganzer Vektor von Variablen verändert hat, die MANOVA. Wie oben angeführt, hat jeder Patient zweimal den FPI ausgefüllt, einmal am Anfang, einmal am Ende der Therapie. Die Variablen für den zweiten Messzeitpunkt tragen den entsprechenden Namen mit einer angehängten '2'. Der erste Teil der Ausgabe ist in *Abbildung 43* wiedergegeben.

Es gibt also in diesem Fall zwei Ausgabeblöcke. Durch die Bezeichnung *zeit* lässt sich leicht erschließen, dass sich offenbar der zweite Block auf unsere Frage — gibt es eine bedeutsame Veränderung von Zeitpunkt 1 zu Zeitpunkt 2 im Persönlichkeitsprofil? — bezieht, da wir unseren Messwiederholungsfaktor so benannt hatten. Wenn wir das einmal für einen Moment annehmen, kommen wir zu dem Schluss, *dass* sich offenbar etwas verändert hat, da der Inferenztest — $F(10,90) = 7.98$, $p < .001$— dies nahelegt. Wie kann aber unsere Interpretation besser abgesichert werden?

Multivariate Tests

Effekt			Wert	F	Hypothese df	Fehler df	Sig.
Zwischen den Subjekten	Konst. Term	Pillai-Spur	.989	804.319	10.000	90.000	.000
		Wilks-Lambda	.011	804.319	10.000	90.000	.000
		Hotelling-Spur	89.369	804.319	10.000	90.000	.000
		Roy	89.369	804.319	10.000	90.000	.000
Innerhalb der Subjekte	zeit	Pillai-Spur	.470	7.982	10.000	90.000	.000
		Wilks-Lambda	.530	7.982	10.000	90.000	.000
		Hotelling-Spur	.887	7.982	10.000	90.000	.000
		Roy	.887	7.982	10.000	90.000	.000

Abb. 43 Ausgabe der multivariaten Analyse (Auszug; *zeit* ist der frei gewählte Name für den Faktor Zeitpunkt; vgl. *Online Plus*)

Bei dem Fall einer einzelnen Variable wissen wir, dass der *t-Test für abhängige Stichproben* äquivalent zum *Einstichproben-t-Test* ist (vgl. Kap. 1). Ähnlich verhält es sich im multivariaten Fall: Man kann zehn Differenzvariablen nach dem Muster DLEB = LEB2 - LEB bilden (vgl. *Online Plus*) und testen, ob der Mittelwertsvektor dieser *Differenzvariablen* vom Nullvektor verschieden ist. Wir werden exakt das Resultat erhalten, das wir im unteren Teil der *Abbildung 43* finden. Welchen Test enthält aber der obere Teil der *Abbildung 43*? Er korrespondiert der Frage, ob der Mittelwertsvektor der *Summenvariablen*, die wir nach dem Muster SLEB = LEB2 + LEB berechnen können, vom Nullvektor verschieden ist. Das ist natürlich hier trivialerweise der Fall, da die Original-Variablen *stanine*-skaliert sind.

Auf den Fall, dass ein Messwiederholungsfaktor mehr als zwei Stufen hat (so dass der Unterschied nicht durch jeweils eine Differenz dargestellt werden kann), gehen wir in Kapitel 8 ein.

Die Fälle, die aber zunächst besprochen werden sollen, sind die multivariaten Generalisierungen der univariaten Analysen von Versuchsdesigns mit Gruppenvariablen (also Zwischen-Versuchspersonen-Faktoren). Haben wir eine abhängige Variable und eine zweigestufte Gruppenvariable, rechnen wir den *t-Test für unabhängige Stichproben*; haben wir mehr als zwei Gruppen, rechnen wir eine Varianzanalyse oder – siehe Kapitel 6 – wir regredieren die abhängige Variable auf Kodiervariablen. Haben wir die Kombination eines zweigestuften „Innerhalb-Versuchspersonen"-Faktors mit einem Gruppenfaktor, rechnen wir gemischte Varianzanalysen oder regredieren die Differenzvariable auf die Kodiervariablen. Was passiert nun, wenn man mehr als eine abhängige Variable hat, also die Pendants all dieser Tests multivariat berechnen möchte?

Wie wir sehen werden, sind die SPSS-Anweisungen und auch die Ausgaben weiterhin einfach zu verstehen; um aber ohne matrix-algebraische Rechnungen ein Verständnis dieser Verfahren zu erzielen, müssen wir zunächst einen Umweg machen und ein sehr generelles multivariates Verfahren kennenlernen, die Kanonische Korrelationsanalyse.

7.3 Die Kanonische Korrelationsanalyse

Die Kanonische Korrelationsanalyse dient dazu, die Zusammenhänge zwischen zwei Gruppen von Variablen zu analysieren. Explizit wird die Kanonische Korrelationsanalyse nur sehr selten eingesetzt; ihre Einsatzhäufigkeit würde in der Tat nicht rechtfertigen, sie in einem so schmalen Buch wie diesem hier zu beschreiben. Die Bedeutung dieses Unterkapitels liegt vielmehr darin, ein besseres Verständnis der multivariaten Analyseverfahren herzustellen. Darüber hinaus ist die Diskriminanzanalyse (vgl. Kapitel 9) im Wesentlichen eine Anwendung der Kanonischen Korrelationsanalyse

Die Kanonische Korrelationsanalyse verbindet Elemente von Multipler Regression, Faktorenanalyse (vgl. Kapitel 10) und multivariaten Analysen. Bei der Kanonischen Korrelationsanalyse geht es darum, das Zusammenhangsmuster zwischen zwei Gruppen von Variablen zu bestimmen. Was damit gemeint sein kann, lässt sich wieder am besten mit einem inhaltlichen Beispiel erläutern. Brandtstädter, Wentura und Schmitz (1997) untersuchten die zeit- und zukunftsbezogenen Einstellungen von Menschen im höheren Erwachsenenalter. Jeweils mit mehreren Fragebogenitems wurden die folgenden Facetten von Zeit und Zukunftserleben erfragt: *Konkretheit der Zukunftsperspektive (KKR;* Beispielitem: „Ich habe sehr feste Vorstellungen davon, wie ich mein zukünftiges Leben gestalten werde"); *Offenheit des Zukunftshorizontes (OFF;* Beispielitem: „In meinem Leben gibt es immer neue und reizvolle Perspektiven"); *Affektive Valenz der Zukunftsperspektive (AFF;* Beispielitem: „Ich freue mich auf das Leben, das noch vor mir liegt"); *Kontrollierbarkeit der Zukunft (KTR;* Beispielitem: „Wie meine Zukunft aussieht, hängt in erster Linie von mir selbst ab"); *Vergangenheitsorientierung (VGO;* Beispielitem: „Ich denke häufiger an mein bisheriges Leben als an die Zukunft"); *Obsoleszenzgefühle (OBS;* Beispielitem: „Ich habe zunehmend das Gefühl, den Anschluss an die heutige Zeit verpasst zu haben"); *Akzeptieren der Endlichkeit des Lebens (END;* Beispielitem: „Ich sehe dem Ende des Lebens mit Gelassenheit entgegen").

Diese Variablen waren untereinander korreliert; zudem zeigten sie ein sinnfälliges Korrelationsmuster mit Depressivität einerseits und dem Lebensalter andererseits; *Tabelle 6* zeigt die Korrelationen.

Tabelle 6 Korrelationsmatrix der Zeit- und Zukunftsvariablen

	Set 1						Set 2	
	2	3	4	5	6	7	DEP	ALTER
1 Konkretheit (KKR)	.53	.63	.69	-.44	.16	-.55	-.61	-.22
2 Offenheit (OFF)		.45	.56	-.34	.12	-.39	-.45	-.27
3 Kontrolle (KTR)			.69	-.30	.18	-.54	-.61	-.11
4 Affektive Valenz (AFF)				-.36	.17	-.62	-.70	-.14
5 Vergangenheitsor. (VGO)					-.09	.51	.40	.30
6 Endlichkeit (END)						-.14	-.15	.09
7 Obsoleszenz (OBS)							.64	.17
Depressivität (DEP)								.08

$1009 \leq n \leq 1069$; Korr.koeff. $\geq$ .15 (.13, .12) sind bei Bonferroni-Adjustierung signifikant mit p <.001 (.01, .05)

Wie erwartet korrelieren die Facetten des Zeit- und Zukunftserlebens deutlich mit der aktuellen Befindlichkeit. Ein kleinerer Teil der Varianz in diesen Skalen ist aber alterskorreliert, obschon Alter und Depressivität nicht korreliert sind. Offenbar gibt es zwei gut trennbare Varianzquellen für die individuellen Unterschiede in Zeit- und Zukunftserleben: ein eher affektives Moment, aber auch der Stand der Person im Lebenslauf. Die Kanonische Korrelationsanalyse hilft hier, diese Differenzierung besser herauszuarbeiten.

Bei der Kanonischen Korrelationsanalyse werden für zwei Gruppen von Variablen jeweils Linearkombinationen gebildet (sogenannte Kanonische Variaten), so dass die Korrelation der Linearkombinationen maximal wird. Nehmen wir an, wir hätten die Variablen X_1 bis X_n und die Variablen Y_1 bis Y_n. Im Beispiel wären das zum einen die Zeit- und Zukunftsvariablen, zum anderen Alter und Depressivität. Die Kanonische Korrelationsanalyse bildet die Gewichte zweier Linearkombinationen U_1 und V_1, so dass U_1 und V_1 maximal miteinander korrelieren.

$$U_1 = a_{11} \cdot X_1 + a_{12} \cdot X_2 ... + a_{1n} \cdot X_n$$

$$V_1 = b_{11} \cdot Y_1 + b_{12} \cdot Y_2 ... + b_{1m} \cdot Y_m$$

Auch hier können wir schulmathematischer Intuition vertrauen, dass sich Gewichte a_{11} bis a_{1n} sowie b_{11} bis b_{1n} finden lassen, die diese Maximierung erfüllen. Eine kleine Überlegung sagt uns allerdings, dass wir noch eine triviale Nebenbedingung einführen müssen: Da für die Korrelation der Variaten U_1 und V_1 deren Skalierung unerheblich ist, liefert der Maximierungsalgorithmus beliebig viele Gewichtsvektoren, die aber stets durch Multiplikation mit einem einzelnen Wert ineinander überführbar sind. Die Gewichte, die die Kanonische Korrelationsanalyse liefert, sind daher diejenigen Gewichte, die zu U_1- und V_1-Variaten mit einer Varianz von eins führen.

Um diesen Gedanken noch weiter einzuüben, machen wir einen kleinen Exkurs, um uns die Äquivalenz von Kanonischer Korrelationsanalyse und Multipler Regression zu verdeutlichen, falls eine Variablenmenge (z.B. das *Y*-Set) nur *eine* Variable enthält. Zunächst: Die Kanonische Korrelation wäre identisch mit der multiplen Korrelation *R* einer multiplen Regression, bei der die *Y*-Variable auf die Variablen des *X*-Set regrediert würde. Diese Äquivalenz führt uns im Übrigen zu einer alternativen Beschreibung der multiplen Regression, die weiter unten noch eine Rolle spielen wird: Die Regressionsanalyse hat als Resultat eine Linearkombination eines Variablen-Sets *X*, die maximal mit einer Variable *Y* korreliert. Es gibt also eine Beschreibung der multiplen Regression, die ohne die asymmetrische Terminologie von Kriterium und Prädiktor auskommt. Wie verhält es sich nun mit den Gewichten der Kanonischen Korrelationsanalyse und den Gewichten der Regressionsanalyse? Die Kanonische Korrelationsanalyse wird als b_{11}-Gewicht für *Y* genau $b_{11} = 1/SD_y$ liefern, denn dieses Gewicht macht aus einer beliebig skalierten Variable eine Variable, deren Standardabweichung und Varianz eins beträgt. Wie verhalten sich dann aber die a-Gewichte des *X*-Sets zu den Regressionsgewichten einer multiplen Regression, bei der die *z-standardisierte Y*-Variable auf die *X*-Variablen regrediert wird? Die durch die Regression gebildete Linearkombination hat eine Standardabweichung, die der multiplen Korrelation *R* (und damit auch der kanonischen Korrelation) entspricht, denn einem gemessenen Wert von eins auf der *z*-standardisierten *Y*-Variable korrespondiert ein vorhergesagter Wert von *R* (vgl. Kapitel 2). Die durch die kanonische Korrelationsrechnung gebildete Linearkombination V_1 hat demgegenüber eine Varianz und damit auch Standardabweichung von eins. Das heißt, die Gewichte der multiplen Regression und die a-Gewichte der kanonischen Variate sind durch den Faktor *R* ineinander überführbar.

Durch das erste kanonische Variatenpaar wird nur ein erster Teil gemeinsamer Varianz der Variablen gebunden. Dieser Teil kann nun aus den Originalvariablen herausgerechnet werden, indem diese Variablen auf ihre jeweiligen kanonischen Variaten regrediert werden: die Variablen des *X*-Sets auf U_1 und die Variablen des *Y*-Set auf V_1. Dann kann das Spiel mit den Residualvariablen wiederholt werden: Wir bilden ein zweites Paar kanonischer Variaten U_2 und V_2 auf der Basis der Residualvariablen. Da die Residualvariablen *per definitionem* unkorreliert mit den ersten kanonischen Variaten U_1 und V_1 sind, wird ein unabhängiger Varianzanteil der Originalvariablen erfasst.

Prinzipiell können so viele kanonische Variatenpaare gebildet werden, wie das kleinere Set Variablen hat. Hinsichtlich der Interpretation zieht man allerdings Inferenztests heran, die signalisieren, ob jeweils noch systematische Varianzüberlappung zwischen den beiden Sets besteht. Das heißt, der erste Test prüft, ob das Gesamt der möglichen kanonischen Korrelationen als von null verschieden angenommen werden soll. (Wir gehen darauf noch näher im Unterabschnitt *Wilks Lambda und Co.— Teil 2* ein.) Ist er signifikant, wird die erste kanonische Korrelation interpretiert. Der nächste Test prüft, ob das Gesamt der folgenden kanonischen Korrelationen als von null verschieden angenommen werden sollte. Ist er signifikant, wird auch die zweite kanonische Korrelation interpretiert. Es gibt also auch hier so viele Tests, wie es kanonische Korrelationen gibt. In *Tabelle 7*, letzte Zeile, ist das Ergebnis für das Beispiel zu sehen.

Beide Tests liefern hier also ein signifikantes Ergebnis, so dass beide Variaten-Paare interpretiert werden können. Zusätzlich zu den Korrelationen und deren Tests liefert die Analyse noch die a- und b-Gewichte, zum einen für die Originalvariablen, zum anderen für z-standardisierte Varianten dieser Variablen; sie sind hier nicht abgedruckt. In der Regel interpretiert man die *Korrelationen* (Ladungen) der Variablen mit den Variaten; diese sind in *Tabelle 7* wiedergegeben.

Tabelle 7 Strukturmatrix der Kanonischen Korrelationsanalyse

	Kanonische Gleichung	
Variablen	1	2
Variablensatz 1		
Alter	.29	.96
Depression (DEP)	.98	-.22
Variablensatz 2		
Konkretheit (KKR)	-.80	-.09
Offenheit (OFF)	-.62	-.41
Kontrolle (KTR)	-.78	.21
Affektive Valenz (AFF)	-.89	.20
Vergangenheitsor. (VGO)	.60	.58
Endlichkeit (END)	-.19	.38
Obsoleszenz (OBS)	.83	-.08
Kanonische Korrelation	.78***	.34***

Anmerkungen: $N = 938$, *** $p < .001$ (vgl. Brandtstädter et al., 1993)

Wir können feststellen, dass das erste Variatenpaar auf der Seite von Alter und Depressivität hauptsächlich durch Depressivität bestimmt wird; auf der Seite der Zeit- und Zukunftsvariablen sind alle Variablen bis auf die Einstellung zur Endlichkeit des Lebens deutlich beteiligt; es gibt eine Art depressivitäts-korreliertes „Syndrom", die Zukunft als weniger konkret, kontrollierbar, offen und positiv zu erleben; gleichzeitig ist man eher vergangenheitsorientiert und fühlt sich von den gegenwärtigen Entwicklungen abgekoppelt. Das zweite Variatenpaar ist auf der einen Seite hauptsächlich durch das Alter determiniert; auf der Seite der Zeitskalen finden wir jetzt hier aber eine größere Differenzierung: Zwar wird die Zukunft mit höherem Alter nicht mehr als offen erlebt und Vergangenheitsorientierung wird bedeutender; dies geht aber nicht mit stärker negativ besetzten Aspekten (mangelnde Kontrolle; affektive Valenz) einher.

7.4 Gruppenunterschiede

Kehren wir zurück zu unseren Versuchsplänen mit mehreren abhängigen Variablen. (Sie werden gleich merken, warum wir die Kanonische Korrelationsanalyse dazwischengeschoben haben.) Die nächste Generalisierung ist die Einführung einer Gruppenvariable (*GR*). Stellen wir uns vor, die Patienten würden am Anfang ihres Aufenthaltes randomisiert einer Therapie- oder Wartekontrollgruppe zugewiesen. *Tabelle 8* zeigt die Mittelwerte für die beiden Gruppen.

Wir könnten testen, ob die Gruppen sich in ihrem Profil am *Anfang* der Therapie unterscheiden, das heißt, ob die randomisierte Zuweisung keine eklatanten Profilunterschiede für das Anfangsprofil produziert hat. Dies wäre das multivariate Pendant zum *t-Test für unabhängige Stichproben*. Wir sparen uns hier die Ausgabe (zum Befehl vgl. *Online Plus*); es gibt keine signifikanten Unterschiede.

Tabelle 8 Mittelwerte der Warte-Kontrollgruppe (KG) und der Therapiegruppe (TG; fiktive Daten)

		Anfang		Ende	
Skala	Variable	KG	TG	KG	TG
Lebenszufriedenheit	LEB	4.62	4.86	4.66	5.08
Soziale Orientierung	SOZ	5.22	5.08	5.42	5.34
Leistungsorientierung	LEI	5.52	6.02	5.54	5.82
Gehemmtheit	GEH	4.40	4.46	4.48	4.40
Erregbarkeit	ERR	5.26	4.90	5.30	4.90
Aggressivität	AGGR	5.70	5.52	5.36	5.36
Beanspruchung	BEAN	6.06	6.28	5.72	5.92
Körperliche Beschwerden	KOERP	5.22	5.06	5.26	5.12
Gesundheitssorgen	GES	4.76	5.04	4.76	5.04
Offenheit	OFF	4.84	4.88	4.58	5.12

Um einen möglichen Effekt der Therapie festzustellen, rechnen wir eine 2(Zeitpunkt)×2(Gruppe)-Varianzanalyse; wir überprüfen damit, ob sich das Profil für die beiden Gruppen signifikant unterschiedlich entwickelt hat. In der Ausgabe wären leicht die Signifikanztests für die Haupteffekte Zeitpunkt und Gruppe und derjenige für die Interaktion zu identifizieren. Da uns im Wesentlichen nur der Interaktionstest interessiert (und dieses Buch schmal bleiben muss), nutzen wir wieder unser Wissen, dass zu diesem Zweck genauso gut der *Vektor der Differenzvariablen* auf Gruppenunterschiede getestet werden kann (*Abbildung 44*).

Multivariate Tests[b]

Effekt		Wert	F	Hypothese df	Fehler df	Sig.
Konstanter Term	Pillai-Spur	.471	7.920	10.000	89.000	.000
	Wilks-Lambda	.529	7.920	10.000	89.000	.000
	Hotelling-Spur	.890	7.920	10.000	89.000	.000
	Größte char. Wurzel Roy	.890	7.920	10.000	89.000	.000
gr	Pillai-Spur	.296	3.735	10.000	89.000	.000
	Wilks-Lambda	.704	3.735	10.000	89.000	.000
	Hotelling-Spur	.420	3.735	10.000	89.000	.000
	Größte char. Wurzel Roy	.420	3.735	10.000	89.000	.000

Abb. 44 Ausgabe der multivariaten Analyse (Test des Differenzvektors auf Gruppenunterschiede)

Offensichtlich enthält der untere Teil der Abbildung das gewünschte Ergebnis, da er durch den Variablennamen *GR* eingeleitet wird. Wir stellen wiederum fest, dass die vier multivariaten Kriterien mit identischen *F*-Tests assoziiert sind; wir müssen uns also immer noch keine Gedanken über eine Auswahl machen. Der Test ist signifikant; wir können festhalten, dass die beiden Gruppen sich signifikant in der Veränderung des Profils unterscheiden. Wir können uns nun die Einzeltests anschauen, die die Ausgabe auch enthält (hier nicht abgedruckt); da es sich hier um eine eher explorative Analyse handelt, würde man wieder das einzelne Alpha-Niveau adjustieren (s.o.) und dann vor allem schauen, ob die Unterschiede den Erwartungen entsprechen (d.h. deutlichere Veränderungen im Sinne einer Reduzierung „problematischer" Eigenschaften). Hier bleibt bei einem solchen Vorgehen nur die Eigenschaft *Offenheit* mit einer (auch nach Adjustierung) signifikanten Veränderung übrig (vgl. die Mittelwerte in *Tabelle 8*).

Gibt es eine Möglichkeit, uns den multivariaten Test begreifbarer zu machen? Ja, das ist in diesem Fall ganz einfach. Der Test beantwortet die Frage, ob es eine systematische Varianzüberlappung zwischen dem Vektor der Differenzvariablen und der Gruppenvariable gibt; anders ausgedrückt: Wenn man eine Linearkombination der Differenzvariablen bildet, die maximal mit der Gruppenvariable korreliert – ist diese Korrelation als signifikant von null verschieden anzunehmen? Seit dem vorherigen Unterkapitel wissen wir, dass der letzte Satz eine alternative Beschreibung dessen ist, was eine multiple Regression leistet! Rechnen wir also das, was *in termini* von Kriterium und Prädiktor etwas seltsam anmutet, nämlich eine multiple Regression mit GR als Kriterium und den Differenzvariablen als Prädiktoren (*Abbildung 45*).

Modellzusammenfassung

Modell	R	R-Quadrat	Korrigiertes R-Quadrat	Standardfehler des Schätzer
1	.544	.296	.216	.44483

ANOVA

Modell		Quadrat-summe	df	Mittel der Quadrate	F	Sig.
1	Regression	7.390	10	.739	3.735	.000
	Nicht standardisierte Residuen	17.610	89	.198		
	Gesamt	25.000	99			

Abb. 45 Ausgabe der Regressionsanalyse (Auszug)

Der *F*-Test der multiplen Regression korrespondiert exakt dem multivariaten Test aus *Abbildung 44*! Zudem sehen wir, dass R^2 identisch mit *Pillai* ist; es gelten weiterhin die Beziehungen zwischen den Prüfkriterien und ihre Interpretationen (im Sinne von „erklärter Varianz" usw.), wie wir sie im Abschnitt *Wilks Lambda und Co. (Teil 1)* eingeführt hatten.

Die Parallelität zwischen der multivariaten Analyse und der multiplen Regression im Fall eines zweigestuften Gruppenfaktors führt natürlich direkt zu der Frage: Was passiert bei mehr als zwei Gruppen? Erweitern wir unser Beispiel, indem wir annehmen, die Kontrollgruppen-Personen hätten (randomisiert) entweder ein Placebo-Medikament erhalten oder nicht.

Multivariate Tests[c]

Effekt		Wert	F	Hypothese df	Fehler df	Sig.
Konstanter Term	Pillai-Spur	.446	7.072	10.000	88.000	.000
	Wilks-Lambda	.554	7.072	10.000	88.000	.000
	Hotelling-Spur	.804	7.072	10.000	88.000	.000
	Größte char. Wurzel Roy	.804	7.072	10.000	88.000	.000
gr2	Pillai-Spur	.383	2.106	20.000	178.000	.005
	Wilks-Lambda	.643	2.176	20.000	176.000	.004
	Hotelling-Spur	.516	2.244	20.000	174.000	.003
	Größte char. Wurzel Roy	.421	3.749	10.000	89.000	.000

Abb. 46 Ausgabe der multivariaten Analyse (Auszug)

Das heißt, wir haben jetzt drei Gruppen (Variable *GR2*), neben der Therapiegruppe (n = 50) noch eine reine Wartekontrollgruppe (n = 25) und eine Placebogruppe (n= 25). Wir rechnen erneut die Prozedur (nun mit *GR2* statt *GR*) und erhalten die Ausgabe der *Abbildung 46*. (Wir sparen uns die Ausgabe der Mittelwerte; faktisch unterscheiden sich die beiden Kontrollgruppen nicht.) Jetzt sehen wir, dass die vier Prüfkriterien mit unterschiedlichen *F*-Tests assoziiert sind. Zwar führen bei diesen Daten alle zum selben Schluss (dass signifikante Gruppenunterschiede vorliegen); quantitativ sind aber Unterschiede vorhanden.

Wilks Lambda und Co. (Teil 2)

Wie können wir uns nun in diesem Fall den Prüfgrößen nähern? Der Leser ahnt es vielleicht schon: über die Kanonische Korrelationsanalyse! In der Tat können wir die dreigestufte Gruppenvariable in zwei Kodiervariablen *K1* und *K2* überführen (vgl. Kapitel 6; s. *Online Plus*). Wir rechnen dann eine Kanonische Korrelationsanalyse; das erste Set wird durch die Differenzvariablen gebildet, das zweite Set durch die beiden Kodiervariablen. Der uns interessierende Teil ist in *Abbildung 47* zu finden.

Test Name	Value	Approx. F	Hypoth. DF	Error DF	Sig. of F
Pillais	.38277	2.10645	20.00	178.00	.005
Hotellings	.51577	2.24362	20.00	174.00	.003
Wilks	.64284	2.17570	20.00	176.00	.004
Roys	.29638				
Eigenvalues and Canonical Correlations					
Root No.	Eigenvalue	Pct.	Cum. Pct.	Canon Cor.	Sq. Cor
1	.42121	81.66649	81.66649	.54440	.29638
2	.09456	18.33351	100.00000	.29392	.08639
Dimension Reduction Analysis					
Roots	Wilks L.	FHypoth. DF	Error DF	Sig. of F	
1 TO 2	.64284	2.17570	20.00	176.00	.004
2 TO 2	.91361	.93509	9.00	89.00	.499

Abb. 47 Ergebnis der Kanonischen Korrelationsanalyse

Im untersten Teil der *Abbildung 47* ist das zentrale Ergebnis der Kanonischen Korrelationsanalyse zu finden: In der Zeile, die eingeleitet wird mit „1 TO 2", findet sich der Test, ob das Gesamt der kanonischen Korrelationen als von null verschieden angenommen werden kann, oder anders formuliert: Gibt es überhaupt systematische Varianzüberlappung zwischen den beiden Variablenmengen?

Wie man sieht, ist dieser Test identisch mit dem *Wilks Lambda*-Test unserer multivariaten Analyse (vgl. *Abbildung 46*). Wir finden diesen Test auch noch einmal im oberen Teil der *Abbildung 47*, zusammen mit den „alten Bekannten" *Pillai, Hotelling* und *Roy*. Die Zeilen für *Pillai* und *Hotelling* sind wiederum identisch zu denen der multivariaten Analyse (vgl. *Abbildung 46*). Lediglich Roy differiert. Das liegt daran, dass das Roy-Kriterium in der Prozedur von SPSS, die wir für die kanonische Korrelationsanalyse gewählt haben (die Prozedur MANOVA), anders definiert ist als in der Prozedur, die wir für die sonstigen multivariaten Analysen genutzt haben (GLM; vgl. *Online Plus* und Enders, 2003), und muss uns daher nicht weiter irritieren. In der Mitte der *Abbildung 47* sind die kanonischen Korrelationen r_i, ihr Quadrat r_i^2 und der Term $r_i^2/(1-r_i^2)$ (in der Spalte *Eigenvalue*) zu finden.

Tabelle 9 Die Bestimmung der multivariaten Prüfgrößen anhand der kanonischen Korrelationen

	Kanonische Korrelation	Gemeinsame Varianz	Nicht gemein. Varianz	Varianz-verhältnis
	r_i	r_i^2	$1-r_i^2$	$r_i^2/(1-r_i^2)$
1	.5444	.2964	.7036	.4213
2	.2939	.0864	.9136	.0946
Σ		.3828		.5159
Π		↓	.6428	↓
			↓	
Kennwert		Pillai	Wilks	Hotelling
		(Roy)[a]		(Roy)[a]

[a] Das Kriterium „Größte charakteristische Wurzel nach Roy" bezieht sich immer auf die erste kanonische Korrelation (r_1^2 nach SPSS-MANOVA-Definition; $r_1^2/(1-r_1^2)$ nach SPSS-GLM-Definition).

Aus den kanonischen Korrelationen ergeben sich die Prüfgrößen (vgl. *Tabelle 9*): *Pillai-Spur* ist die Summe der quadrierten kanonischen Korrelationen (also die Summe der „erklärten" Varianzen); *Wilks Lambda* ist das Produkt aller kanonischen Korrelationen, nachdem diese jeweils von eins abgezogen wurden (also das Produkt der relativen Fehlervarianz-Terme); *Hotelling-Spur* ist die Summe der Varianzverhältnisse „erklärte" Varianz durch Fehlervarianz. In diese drei Prüfgrößen gehen somit alle möglichen kanonischen Korrelationen ein; sie sind daher relativ ähnlich im Vergleich zur *Größten charakteristische Wurzel nach Roy*, die sich nur an der ersten kanonischen Korrelation orientiert. Manche Autoren weisen darauf hin, dass insbesondere bei kleineren Stichprobenumfängen die Ergebnisse der vier Tests divergieren können, da sie unterschiedliche Power und Robustheit besitzen. So führt Pillais bei kleinen Stichproben eher zur Überschreitung der Signifikanzgrenze als Hotellings und Wilks (vgl. Pospeschill, 2012). In einer Übersichtsarbeit hat Olson (1976) die Fehlerwahrscheinlichkeiten der verschiedenen Prüfstatistiken verglichen und empfiehlt generell das *Pillai-Spur*-Kriterium und rät sehr deutlich von *Roy* ab.

Man beachte noch, dass *Pillai* im Fall von mehr als zwei Gruppen nicht auf den Maximalwert eins, sondern auf den Wert p = *Anzahl der kanonischen Korrelationen* beschränkt ist. Das heißt, die sprachliche Umschreibung als „relative Varianzaufklärung“ ist nicht falsch, muss aber vor dem Hintergrund des Maximalwerts verstanden werden. Zudem muss man bedenken, dass die quadrierten kanonischen Korrelationen die Varianzüberlappung der *Variaten* (also der Linearkombinationen) meint und nicht die Varianzaufklärung in den Originalvariablen, wie eine einfache Überlegung zeigt: Angenommen, die Therapie wirke sich sehr deutlich auf die Lebenszufriedenheit aus, aber auf keine der sonstigen Variablen; die Kontrollgruppen unterscheiden sich überhaupt nicht. Das erste kanonische Variatenpaar wird auf der Seite der Differenzvariablen so gut wie ausschließlich durch die Lebenszufriedenheit dominiert, auf der Seite der Kodiervariablen so gut wie ausschließlich durch den Kontrast der Therapiegruppe zu den Kontrollgruppen. Die kanonische Korrelation (und damit das Korrelationsquadrat) kann – je nachdem, wie deutlich der Lebenszufriedenheitseffekt ist – sehr hoch sein, obwohl nur die Varianz einer von zehn Variablen dadurch gebunden wird.

Zum Abschluss dieses Kapitels sei noch mal darauf verwiesen, dass die Prüfgrößen matrix-algebraisch definiert sind; diese Definitionen finden sich zum Beispiel im Lehrbuch von Stevens (2002).

Voraussetzungen

Es wird multivariate Normalverteilung der Residuen vorausgesetzt. Das kann nicht direkt getestet werden. Da multivariate Normalverteilung univariate Normalverteilung voraussetzt, kann man dies für die einzelnen Variablen überprüfen. Insbesondere wird immer wieder auf die Anfälligkeit der Analysen für Ausreißerwerte hingewiesen (Stevens, 2002; Tabachnick & Fidell, 2013). Bei Versuchsplänen mit Gruppen wird die Homogenität der Varianz-Kovarianz-Matrizen vorausgesetzt. Das heißt, es sollen nicht nur die Varianzen der Variablen in den verschiedenen Gruppen gleich sein (wie bei der univariaten Varianzanalyse), sondern auch die Kovarianzen der abhängigen Variablen (s. hierzu Stevens, 2002; Tabachnick &

Fidell, 2013). Bei gleichen Gruppengrößen sind die Tests aber relativ robust (Tabachnick & Fidell, 2013).

Literatur

In allen Büchern zur multivariaten Datenanalyse (im weiteren Sinne) finden sich selbstverständlich Kapitel zur multivariaten Datenanalyse (im engeren Sinne; Stevens, 2002; Tabachnick & Fidell, 2013), aber auch in allgemeineren Statistiklehrbüchern (Bortz & Schuster, 2010; Field, 2013). Stevens (2002) geht sehr ausführlich auf das Thema Voraussetzungen der multivariaten Analyse ein.

8 Multivariate Behandlung von Messwiederholungsplänen

Eine der wichtigsten Anwendungen der multivariaten Analyse von Daten liegt in der angemesseneren Auswertung von Messwiederholungsplänen. Die Auswertungsfragestellung bei mehr als zweigestuften Messwiederholungsfaktoren lässt sich auf zwei Arten beschreiben. Neben der „klassischen" varianzanalytischen Auswertungsstrategie (Zerlegung der gesamten Quadratsumme in die „Zwischen-Personen" und die „Innerhalb-Personen" mit Aufteilung der „Innerhalb-Personen"-Quadratsumme in die „Treatment"-Quadratsumme und die Fehlerquadratsumme; vgl. z.B. Bortz & Schuster, 2010), lässt sich das Auswertungsproblem auch als Generalisierung der (abhängigen) *t*-Test-Fragestellung ansehen. Dort fragen wir uns, ob der Mittelwert der Differenz zweier Faktorstufen-Variablen X_1 und X_2

$$D = X_1 - X_2$$

signifikant von null verschieden ist. Die Nullhypothese ist also:

$$H_0: \ M_D = 0$$

Was ist nun, wenn eine dritte Faktorstufe X_3 hinzukommt? Ein Vorschlag zur Lösung ist folgender: Bilde aus den drei Faktorstufen-Variablen zwei Differenzvariablen, etwa so:

$$D_1 = X_1 - \frac{X_2 + X_3}{2}$$

$$D_2 = X_2 - X_3$$

D_1 kontrastiert somit X_1 mit dem Mittel aus X_2 und X_3; D_2 kontrastiert X_2 und X_3. Die Variablen D_1 und D_2 repräsentieren somit konzeptuell orthogonale Aspekte der Datenstruktur (vgl. mit der Kontrastkodierung bei der regressionsanalytischen Behandlung von nicht-messwiederholten Versuchsplänen; Kapitel 6). Die inferenzstatistische Frage kann jetzt so formuliert werden: Ist der Mittelwerts-Vektor der Differenzvariablen signifikant vom Nullvektor verschieden? Die Nullhypothese ist somit:

$$H_0: \begin{pmatrix} M_{D1} \\ M_{D2} \end{pmatrix} = \begin{pmatrix} 0 \\ 0 \end{pmatrix}$$

Dies ist wieder eine multivariate Fragestellung. Diese Art der Behandlung von Messwiederholungsplänen macht weniger Voraussetzungen an die Daten und ist daher in der Regel der „klassischen" Behandlung vorzuziehen (vgl. zur Abwägung zwischen den Auswertungsmöglichkeiten das Ende des Kapitels).

8.1 Einfaktorielle Messwiederholungspläne

Diese Auswertungsstrategie soll an einem Beispiel gezeigt werden. In einer Untersuchung (Rohr, Tröger, Michely, Uhde & Wentura, 2014) wurden Teilnehmern emotionale Gesichter (freudig, ängstlich, neutral) vorgelegt, die sie unter einer einfachen Aufgabenstellung (z.B. „Welches Geschlecht hat die dargestellte Person?") bearbeiten sollten. Nach einer Zwischenaufgabe wurden sie in einem vorher nicht angekündigten Gedächtnistest gebeten, bei jedem vorgelegten Bild zu entscheiden, ob es in der ersten Phase präsentiert wurde („alt") oder neu ist. Es ging dabei um die Frage, ob emotionale Gesichter (und eventuell insbesondere negative Gesichter) besser erinnert werden. Als Index der Gedächtnisleistung wird für jede Emotion die Differenz zwischen der relativen Häufigkeit von korrekten „alt"-Antworten und der relativen Häufigkeit von falschen „alt"-Antworten genutzt (das sogenannte PR-Maß).

Somit haben wir einen Datensatz mit drei Variablen: PR_{Freude}, PR_{Angst}, $PR_{Neutral}$. Wir berechnen nun eine einfaktorielle Varianzanalyse mit Messwiederholung (vgl. *Online Plus*). Schauen wir uns zunächst die Ausgabe der Mittelwerte an (vgl. *Abbildung 48*). Wie leicht zu sehen ist, unterscheiden sich die Mittelwerte der Faktorstufen. Für ängstliche Gesichter ist der Mittelwert am höchsten, gefolgt von den Freude-Bildern; die neutralen Gesichter haben den niedrigsten Wert. Die Frage ist natürlich wie immer: Sind diese Unterschiede statistisch bedeutsam?

Deskriptive Statistiken

	Mittelwert	Standardabw.	N
PR_Neutral	.2429	.15404	250
PR_Freude	.3109	.17907	250
PR_Angst	.3194	.16817	250

Multivariate Tests

Effekt		Wert	F	Hypothese df	Fehler df	Sig.
Emotion	Pillai-Spur	.140	20.120	2.000	248.000	.000
	Wilks-Lambda	.860	20.120	2.000	248.000	.000
	Hotelling-Spur	.162	20.120	2.000	248.000	.000
	Roy	.162	20.120	2.000	248.000	.000

Tests der Innersubjekteffekte

Quelle		QS	df	MQS	F	Sig.
Emotion	Sphärizität angenommen	.880	2	.440	21.661	.000
	Greenhouse-Geisser	.880	1.988	.443	21.661	.000
	Huynh-Feldt	.880	2.000	.440	21.661	.000
	Untergrenze	.880	1.000	.880	21.661	.000
Fehler	Sphärizität angenommen	10.117	498	.020		
	Greenhouse-Geisser	10.117	494.890	.020		
	Huynh-Feldt	10.117	498.000	.020		
	Untergrenze	10.117	249.000	.041		

QS = Quadratsumme (Typ III); MQS = Mittel der Quadrate)

Abb. 48 Ausgabe der multivariaten Analyse

Abbildung 48 (mittlerer und unterer Teil) zeigt das Ergebnis des Inferenztests. Auffällig an dem Ausgabeprotokoll ist der Punkt, dass es *zwei* Testarten gibt: Einmal die *Multivariaten Tests* und einmal die Tests nach der „klassischen" Auswertungsstrategie (s.o.; hier überschrieben: *Tests der Innersubjekteffekte*). In diesem Fall ist die Folgerung aus beiden Tests dieselbe: Es gibt signifikante Unterschiede. Die Tests sind aber nur dann äquivalent, wenn sie einen Zählerfreiheitsgrad haben. Sobald das nicht gilt, werden sie numerisch divergieren bis hin zu Fällen, bei denen der eine Test signifikant ist, der andere aber nicht. Daher sollte man sich *a priori* für eine der beiden Auswertungsstrategien entscheiden. Wir werden uns im Folgenden immer auf die Multivariaten Tests beschränken. Am Ende des Kapitels werden wir nochmals auf die Unterschiede eingehen.

Ein Vorzug der multivariaten Strategie ist, dass implizit immer zwei konzeptuell orthogonale Differenzvariablen gebildet werden. Man kann dies ausnutzen und *a priori* festlegen, wie die Differenzvariablen gebildet werden sollen, so dass konzeptuell sinnvolle Vergleiche immer mitgeliefert werden. (Der globale *F*-Test liefert dabei immer dasselbe Ergebnis, egal wie man die orthogonalen Differenzvariablen bildet.)

Im vorliegenden Beispiel würde man etwa als konzeptuell sinnvoll erachten, dass die Frage nach einem besseren Gedächtnis für emotionale Stimuli *a priori* aufgesplittet wird in die Frage (a), ob ein Unterschied zwischen den neutralen und den emotionalen Bildern vorliegt, und (b), ob sich ein Unterschied zwischen den ängstlichen und freudigen Gesichtern finden lässt. Es wäre also sinnvoll, wenn die Differenzvariablen so gebildet würden:

$$D_1 = PR_{Neutral} - \frac{PR_{Freude} + PR_{Angst}}{2}$$

$$D_2 = PR_{Freude} - PR_{Angst}$$

Wir haben mit unserem SPSS-Kommando (vgl. *Online Plus*) genau diese Differenzbildung – das heißt: Stufe 1 (neutral) gegen den Rest der Stufen (Freude, Angst); Stufe 2 (Freude) gegen Stufe 3 (Angst) – angefordert. Wir können uns dessen vergewissern, wenn wir als zusätzliche Option die sogenannte Transformationsmatrix anfordern. Wir erhalten eine zusätzliche Ausgabe, die in *Abbildung 49* zu finden ist.

Emotion

	Emotion	
Abhängige Variable	Stufe 1 vs. spätere (D1)	Stufe 2 vs. Stufe 3 (D2)
PR_Neutral	1.000	.000
PR_Freude	-.500	1.000
PR_Angst	-.500	-1.000

Abb. 49 Transformationsmatrix der multivariaten Analyse
(Anmerkung: Die Bezeichnungen D_1 und D_2 wurden hier hinzugefügt.)

Diese Tabelle ist so zu verstehen, dass jede Zahlenspalte die Gewichte zur Bildung von Differenzvariablen aus den Originalvariablen enthält. Wir haben zur Originalausgabe von SPSS noch Kurzbezeichner der neuen Variablen (D_1 und D_2) hinzugenommen, um die Kommunikation zu erleichtern.

$$D_1 = 1.0 \cdot PR_{Neutral} + (-0.5) \cdot PR_{Freude} + (-0.5) \cdot PR_{Angst}$$

$$D_2 = 0.0 \cdot PR_{Neutral} + (1.0) \cdot PR_{Freude} + (-1.0) \cdot PR_{Angst}$$

Es ist offenkundig, dass dies genau die Differenzvariablen sind, die wir oben vorgeschlagen haben.

Tests der Innersubjektskontraste

Quelle		QS	df	MQS	F	Sig.
Emotion	Stufe 1 vs. spätere (D1)	1.306	1	1.306	39.772	.000
	Stufe 2 vs. Stufe 3 (D2)	.018	1	.018	.490	.484
Fehler	Stufe 1 vs. spätere	8.178	249	.033		
	Stufe 2 vs. Stufe 3	9.329	249	.037		

QS = Quadratsumme (Typ III); MQS = Mittel der Quadrate)

Abb. 50 Kontrasttests der multivariaten Analyse
(Anmerkung: Die Bezeichnungen D_1 und D_2 wurden hier hinzugefügt.)

Wir können uns nun eine weitere Ausgabe anschauen: die Tests für die Kontraste (vgl. *Abbildung 50*). Dort sehen wir, dass der Kontrast D_1 (neutral gegen emotional) signifikant ist, nicht aber der Kontrast D_2 (Freude gegen Angst). Die Schlussfolgerung ist hier klar: Emotionale Gesichter werden besser erinnert; die Valenz (positiv versus negativ) spielt keine Rolle.

Machen Sie sich klar, dass jeder der Einzeltests in *Abbildung 50* äquivalent zu einem *Einstichproben-t-Test* ist, bei dem der Mittelwert der jeweiligen D-Variable gegen null getestet wird. Zum Beispiel kann man D_1 als neue Variable berechnen (vgl. *Online Plus*); der *t*-Test ist in *Abbildung 51* zu finden; Quadrierung des *t*-Wertes (6.3065) ergibt genau den *F*-Wert in der Zeile für D_1 in *Abbildung 50* (39.772).

Test bei einer Stichprobe

	Testwert = 0					
					95% Konfidenzintervall der Differenz	
	T	df	Sig. (2-seitig)	Mittlere Differenz	Untere	Obere
D1	-6.3065	249	.000	-.07229	-.0949	-.0497

Abb. 51 Ergebnis des Einstichproben-*t*-Tests für D_1

8.2 Mehrfaktorielle Pläne

Das Experiment von Rohr et al. (2014) war tatsächlich komplexer: Die Bilder wurden den Teilnehmern nicht in ihrer normalen Form, sondern „frequenzgefiltert" vorgelegt; entweder wurden nur die hohen (HSF) oder niedrigen (LSF) „räumlichen Frequenzen" des Bildes bewahrt (vgl. *Abbildung 52*).

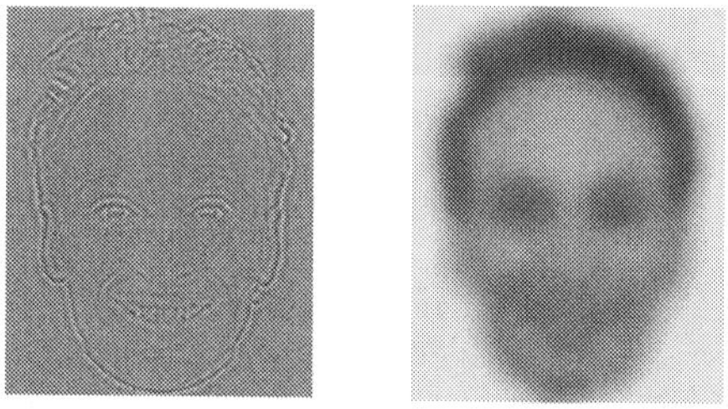

Abb. 52 Beispielbilder der Studie (Rohr et al., 2014)

Die dahinter liegende neurokognitive Theorie braucht uns hier nicht zu interessieren; sie legt aber die Hypothese nahe, dass der Emotionsvorteil insbesondere bei den LSF-Bildern besteht. Tatsächlich entsprach der Versuchsplan einem *2 (Frequenz) × 3 (Emotion)*-Design mit der Hypothese einer Interaktion. Wir haben also sechs statt drei Variablen; für die erste Analyse hatten wir einfach drei neue Variablen durch die Mittelung der korrespondierenden LSF- und HSF-Variablen gebildet.

In *Abbildung 53* (oben) sind die Mittelwerte abgedruckt; man kann tatsächlich erkennen, dass zumindest numerisch der Emotionseffekt größer für LSF- verglichen mit HSF-Stimuli ist. In *Abbildung 53* (unten) sind die Inferenztests abgebildet. (Da wir hier wieder einen Fall haben, bei dem die vier Prüfkriterien mit identischen Tests assoziiert sind – vgl. Kapitel 7 –, wurden nur die zum Kriterium *Pillai* gehörigen Zeilen abgedruckt.) Die Interaktion ist in der Tat signifikant. Es gibt zudem einen signifikanten Haupteffekt Frequenz; generell werden die HSF-Bilder besser wiedererkannt. Wir sehen auch, dass das Ergebnis für den Haupteffekt Emotion exakt dasselbe wie bei der ersten Analyse ist (vgl. *Abbildung 48*); wir können uns das tatsächlich so vorstellen, dass für die Berechnung dieses Haupteffektes innerhalb der 2×3-Analyse „im Hintergrund" die LSF- und HSF-Variablen für die drei

Emotionsbedingungen gemittelt werden und dann dieselbe einfaktorielle Analyse wie oben gerechnet wird. Das kann man sich wieder genauer anschauen, indem wir uns die Transformationsmatrix ausgeben lassen (*Abbildung 54*).

Deskriptive Statistiken

	Mittelwert	Standardabw.	N
PR_Neutral_LSF	.1937	.21296	250
PR_Neutral_HSF	.2920	.22660	250
PR_Freude_LSF	.2789	.23771	250
PR_Freude_HSF	.3429	.23677	250
PR_Angst_LSF	.3131	.23272	250
PR_Angst_HSF	.3257	.21316	250

Multivariate Tests

Effekt		Wert	F	Hypothese df	Fehler df	Sig.
Emotion	Pillai-Spur	.140	20.120	2.000	248.000	.000
Frequenz	Pillai-Spur	.081	21.957	1.000	249.000	.000
Emotion * Frequenz	Pillai-Spur	.041	5.368	2.000	248.000	.005

Abb. 53 Ausgabe der multivariaten Analyse für den 2×3-Plan

Emotion

	Emotion	
Abh. Variable	Stufe 1 vs. spätere	Stufe 2 vs. Stufe 3
	D1	D2
PR_Neutral_LSF	.707	.000
PR_Neutral_HSF	.707	.000
PR_Freude_LSF	-.354	.707
PR_Freude_HSF	-.354	.707
PR_Angst_LSF	-.354	-.707
PR_Angst_HSF	-.354	-.707

Frequenz

	Frequenz
	Linear
	D3
	-.236
	.236
	-.236
	.236
	-.236
	.236

Emotion * Frequenz

	Emotion	
	St. 1 vs. spät.	St. 2 vs. St.. 3
	Frequenz	Frequenz
	Linear	Linear
	D4	D5
	-.707	.000
	.707	.000
	.354	-.707
	-.354	.707
	.354	.707
	-.354	-.707

Abb. 54 Transformationsmatrix der multivariaten Analyse
(Anmerkung: Die Zeile mit den Bezeichnungen D_1 bis D_5 wurde hier hinzugefügt.)

Zunächst: Es ist vergleichsweise unerheblich, dass die Gewichte die gebrochenen Werte annehmen, wie sie in *Abbildung 54* zu sehen sind. Entscheidend sind (a) die Vorzeichen und (b), dass dort, wo in einer Spalte zwei betragsmäßig verschiedene Werte zu finden sind (z.B. bei D_1), der vom Betrag größere Wert (bei D_1: .707) doppelt so hoch ist wie der vom Betrag kleinere Wert (bei D_1: .354).[5] Man kann also gedanklich genauso gut den Wert 1 für den vom Betrag größeren Wert und 0.5 für den kleineren Wert einsetzen.

Somit kontrastiert D_1 nach wie vor die neutrale Bedingung mit den emotionalen, ohne Berücksichtigung des Frequenzfaktors. D_2 kontrastiert die Freude- mit der Angst-Bedingung (wieder: ohne Berücksichtigung des Frequenzfaktors); D_3 kontrastiert die Faktorstufen LSF vs. HSF (ohne Berücksichtigung des Faktors Emotion) und repräsentiert damit den Haupteffekt Frequenz. D_4 sieht zunächst kompliziert aus, lässt sich aber ganz einfach herleiten.

Stellen wir vor, wir bilden die Variablen D_1 und D_2 getrennt für die beiden Frequenzen; für HSF sähe das also so aus:

$$D_{11} = PR_{Neutral\_HSF} - \frac{PR_{Freude\_HSF} + PR_{Angst\_HSF}}{2}$$

$$D_{21} = PR_{Freude\_HSF} - PR_{Angst\_HSF}$$

Entsprechend würden wir D_{10} und D_{20} für die LSF-Bedingungen bilden. Die Interaktionsnullhypothese entspricht also:

$$H_0: \begin{pmatrix} M_{D11} \\ M_{D21} \end{pmatrix} = \begin{pmatrix} M_{D10} \\ M_{D20} \end{pmatrix} \quad \text{bzw.} \quad H_0: \begin{pmatrix} M_{D11} - M_{D10} \\ M_{D21} - M_{D20} \end{pmatrix} = \begin{pmatrix} 0 \\ 0 \end{pmatrix}$$

Die erste Komponente des gegen null zu testenden Vektors beim Interaktionstest ist also:

$$D_a = D_{11} - D_{10}$$

Das Einsetzen der Gleichungen für D_{11} und D_{10} (siehe oben; Emotionsnamen abgekürzt) und Umformen erbringt:

5 Natürlich ist .707 nicht exakt das Doppelte von .354; das ist Rundungsungenauigkeiten der Tabellenwerte geschuldet.

$$D_a = \left(PR_{N\_HSF} - \frac{PR_{F\_HSF} + PR_{A\_HSF}}{2} \right) - \left(PR_{N\_LSF} - \frac{PR_{F\_LSF} + PR_{A\_LSF}}{2} \right)$$

$$D_a = PR_{N\_HSF} - 0.5 \cdot PR_{F\_HSF} - 0.5 \cdot PR_{A\_HSF} - PR_{N\_LSF} + 0.5 \cdot PR_{F\_LSF} + 0.5 \cdot PR_{A\_LSF}$$

Man kann jetzt leicht erkennen, dass D_a mit D_4 identisch ist, bis auf den Faktor, der durch die gebrochenen Werte entsteht. Ebenso können wir uns klar machen, dass D_5 den zweiten Teil der Interaktionshypothese abbildet. Wir können hier im Übrigen auch unser Wissen aus den Kapiteln 5 und 6 einsetzen: Die Gewichte für D_4 bzw. D_5 erhält man auch, wenn man die Gewichte von D_1 bzw. D_2 mit den Gewichten für D_3 multipliziert, nachdem man den gebrochenen Wert von .236 durch eins ersetzt hat.

Tests der Innersubjektskontraste

Quelle	Emotion		QS	df	MQS	F	Sig.
Emotion	Stufe 1 vs. spät.	D1	2.613	1	2.613	39.772	.000
	Stufe. 2 vs. St. 3	D2	.037	1	.037	.490	.484
Fehler(Emotion)	Stufe 1 vs. spät.		16.357	249	.066		
	Stufe 2 vs. St. 3		18.657	249	.075		
Frequenz		D3	.425	1	.425	21.957	.000
Fehler(Freq.)			4.816	249	.019		
Emo. * Freq.	Stufe 1 vs. spät.	D4	.450	1	.450	7.013	.009
	Stufe. 2 vs. St. 3	D5	.331	1	.331	4.142	.043
Fehler(Emo.*Fr.)	Stufe 1 vs. spät.		15.979	249	.064		
	Stufe 2 vs. St. 3		19.873	249	.080		

QS = Quadratsumme (Typ III); MQS = Mittel der Quadrate)

Abb. 55 Kontrasttests der multivariaten Analyse (Anmerkung: Die Spalte mit den Bezeichnungen D_1 bis D_5 wurde hier hinzugefügt.)

Wir können uns nun eine weitere Ausgabe anschauen: die Tests für die Kontraste (vgl. *Abbildung 55*). Die Zeilen für die Kontraste des Haupteffektes *Emotion* sind natürlich wieder dieselben wie in *Abbildung 50*. Da der Faktor *Frequenz* nur zweigestuft ist, ist der Test in *Abbildung 55* identisch mit dem Test für den Haupteffekt Frequenz (*Abbildung 53*). Für die Interaktion gilt: Der Kontrast *neutrale versus emotionale Gesichter* ist signifikant unterschiedlich für die Frequenzen; eine Inspektion der Mittelwerte (*Abbildung 53*) zeigt, dass der Effekt stärker für die niedrigen Frequenzen (LSF) ist. Aber auch der Kontrast *Freude versus Angst* ist signifikant unterschiedlich für die Frequenzen. (Zwei getrennte Analysen für die Frequenzen zeigen, dass innerhalb der LSF-Stimuli gilt, dass die Angst-Bilder noch etwas besser erinnert wurden als die Freude-Bilder; für die HSF-Stimuli gilt das nicht.)

Machen Sie sich bitte wieder klar, dass alle *F*-Tests der *Abbildung 55* äquivalent zu *Einstichproben-t-Tests* sind, bei denen die Mittelwerte der „zu Fuß" gebildeten Variablen D_1 bis D_5 gegen null getestet werden.

Polynomiale Kontraste

Die orthogonalen Kontraste, die wir das ganze Kapitel über genutzt haben, heißen *Helmert*-Kontraste. Bei ihnen wird stets die erste Bedingung gegen den Rest (Kontrast 1), dann die zweite Bedingung gegen den Rest (unter Fortlassung der ersten Bedingung; Kontrast 2) und so fort getestet, bis die vorletzte Bedingung (p-1) gegen die letzte Bedingung (p; unter Fortlassung aller anderen Bedingungen; Kontrast p-1) getestet wird. Was jeweils die erste, zweite (usw.) Bedingung ist, entscheidet der Anwender selbst durch die Reihenfolge der Auflistung beim Aufruf der Prozedur.

Es gibt eine Reihe weiterer Kontrastkodierschemata, von denen wir auf eines noch besonders hinweisen wollen: die sogenannten *polynomialen Kontraste*. Dieses Kodierschema ist die Voreinstellung in SPSS. Hierbei werden die Differenzvariablen so gebildet, dass sie den linearen, quadratischen, kubischen (und so fort) Trend über die Mittelwerte der Bedingungen abbilden. Stellen Sie sich vor, emotionale Bilder werden jeweils für fünf Sekunden gezeigt; währenddessen wird bei den Teilnehmern die Muskelspannung an bestimmten Gesichtsmuskeln gemessen (EMG), um Mimikry-Prozesse (automatische Nachahmung) zu untersuchen (z.B. van der Schalk et al., 2011). Sie mitteln jeweils die EMG-Werte für Halb-Sekunden-Abschnitte, so dass sie für jede Emotion zehn Mittelwerte haben. Angenommen, sie vermuten, dass Mimikry-Prozesse auf Ärger- und Angst-Gesichter einen anderen Verlauf haben. Sie könnten dies mit einer *2 (Emotion) × 10 (Zeitpunkt)*-MANOVA untersuchen. Allerdings werden Sie nur eine geringe Teststärke haben, da Sie für *irgendwelche* Mittelwertsunterschiede in dem zehnstufigen Faktor testen. Besser ist es, die polynomialen Kontraste zu testen, da jeder Kontrast nur mit einem Freiheitsgrad assoziiert ist und die frühen Kontraste (linear, quadratisch, eventuell noch kubisch) einfach zu interpretieren sind. Helmert-Kontraste und polynomiale Kontraste unterscheiden sich in ihrem Kodierungsschema im Übrigen erst ab einem viergestuften Faktor: Bei drei Stufen ist der lineare Kontrast die Differenz der ersten mit der dritten Stufe; der quadratische Kontrast ist die Differenz der mittleren Stufe gegen den Mittelwert der beiden anderen Stufen. Das entspricht dem Helmert-Kontrast bei der die mittlere Stufe als Erstes aufgeführt wird.

8.3 Die Hinzunahme von Zwischen-Versuchspersonen-Variablen

Das Studie von Rohr et al. (2014) war noch komplexer: In Wirklichkeit handelt es sich um vier Experimente, die in ihrer Durchführung alle gleich waren, bis auf ein Merkmal: die Art der Aufgabe in der Enkodierungsphase. Die Teilnehmer sollten entweder (a) das Alter, (b) das Geschlecht, (c) die regionale Herkunft der Stimuluspersonen oder (d) die Intensität der gezeigten Emotion einschätzen. Es ging darum zu zeigen, dass die Art der Aufgabe keine (wesentliche) Rolle bei dem Gedächtniseffekt spielt.

Multivariate Tests

Effekt		Wert	F	Hypothesen-df	Fehler df	Sig.
Emotion	Pillai-Spur	.141	20.096	2.000	245.000	.000
Emotion * exp	Pillai-Spur	.010	.392	6.000	492.000	.884
	Wilks-Lambda	.991	.390	6.000	490.000	.885
	Hotelling-Spur	.010	.389	6.000	488.000	.886
	Roy	.007	.604	3.000	246.000	.613
Frequenz	Pillai-Spur	.080	21.482	1.000	246.000	.000
Frequenz * exp	Pillai-Spur	.006	.513	3.000	246.000	.674
Emotion * Frequenz	Pillai-Spur	.041	5.196	2.000	245.000	.006
Emotion * Frequenz * exp	Pillai-Spur	.044	1.862	6.000	492.000	.086
	Wilks-Lambda	.956	1.869	6.000	490.000	.084
	Hotelling-Spur	.046	1.876	6.000	488.000	.083
	Roy	.042	3.457	3.000	246.000	.017

Anmerkung: Für Effekte, bei denen die vier Prüfgrößen nicht divergieren können, wurde nur die mit Pillai-Spur assoziierte Zeile stehengelassen.

Abb. 56 Ausgabe für das *2 (Frequenz) × 3 (Emotion) × 4 (Aufgabe)*-Design

Der Versuchsplan ist nun also ein *2 (Frequenz) × 3 (Emotion) × 4 (Aufgabe)*-Design mit Messwiederholung auf den ersten beiden Faktoren. Wir erhalten die Ausgabe der *Abbildung 56* (die Variable *exp* steht für die Aufgabenvariation). Wir erhalten für die Effekte, die schon in der Analyse ohne die Aufgabenvariable getestet wurden (vgl. *Abbildung 53*), im Wesentlichen dieselben Ergebnisse. (Warum sie nicht exakt gleich sind, dazu kommen wir gleich.)

Bei allen Effekten, an denen sowohl der Faktor *Emotion* als auch der Faktor *exp* beteiligt sind, erhalten wir jetzt leicht unterschiedliche Ergebnisse für die vier Prüfgrößen. Wir ahnen, was dahinter steckt (vgl. Kapitel 7): Der dreigestufte Faktor *Emotion* wird in zwei Differenzvariablen kodiert; die vier Gruppen werden in drei Kodiervariablen kodiert. Die Frage nach gemeinsamer Varianz wird durch die Bildung von zwei kanonischen Variaten beantwortet.

Warum entsprechen die Tests für die Effekte ohne Beteiligung von *exp* nicht exakt den Ergebnissee aus der früheren Analyse? Warum erhalten wir zum Beispiel für den Haupteffekt *Frequenz* hier einen *F*-Wert von $F = 21.482$, während er in der früheren Analyse $F = 21.957$ betrug? Das hat zwei Gründe: Zum einen sind die Nenner-Freiheitsgrade jetzt durch den Einbezug von *exp* gesunken; zum anderen vermindert dieser Einbezug die Fehlervarianz für den Test des Haupteffektes. Hier hebt sich beides weitgehend auf. Wir können das aber noch stärker auf das

Tests der Innersubjektskontraste

Quelle	Emotion		QS	df	MQS	F	Sig.
Emotion	Stufe 1 vs. spät.	D1	2.629	1	2.629	39.635	.000
	Stufe. 2 vs. St. 3	D2	.043	1	.043	.565	.453
Emotion * exp	Stufe 1 vs. spät.	D1	.037	3	.012	.185	.906
	Stufe 2 vs. St. 3	D2	.135	3	.045	.598	.617
Fehler(Emotion)	Stufe 1 vs. spät.		16.320	246	.066		
	Stufe 2 vs. St. 3		18.522	246	.075		
Frequenz		D3	.418	1	.418	21.482	.000
Frequenz * exp		D3	.030	3	.010	.513	.674
Emotion * Frequenz			4.786	246	.019		
Emotion * Frequenz	Stufe 1 vs. spät.	D4	.447	1	.447	7.007	.009
	Stufe 2 vs. St. 3	D5	.313	1	.313	3.970	.047
Emotion * Frequenz * exp	Stufe 1 vs. spät.	D4	.283	3	.094	1.478	.221
	Stufe 2 vs. St. 3	D5	.505	3	.168	2.139	.096
Fehler (Emo-ti-on*Frequenz)	Stufe 1 vs. spät.		15.696	246	.064		
	Stufe 2 vs. St. 3		19.368	246	.079		

Abb. 57 Ausgabe der einfachen Kontraste für das *2 (Frequenz) × 3 (Emotion) × 4 (Aufgabe)*-Design (Anmerkung: Die Spalte mit den Bezeichnungen D_1 bis D_5 wurde hier hinzugefügt.)

beziehen, was wir bislang in diesem Buch besprochen haben. Dazu schauen wir uns aber auch noch die Tabelle der Kontraste an (*Abbildung 57*).

In *Abbildung 57* bezieht sich jeder einzelne Test auf eine Differenzvariable; es sind also univariate Tests. Jeder dieser Test lässt sich als Anwendung der multiplen Regression darstellen. Wir müssen dazu lediglich die Gruppenzugehörigkeit in drei Kontrastkodiervariablen kodieren, die (bei gleicher Gruppengröße) den Mittelwert null haben (vgl. Kapitel 6). Der Test für die Interaktion von *Emotion* (Kontrast Stufe 1 vs. spätere) × *exp* entspricht der Frage, ob die drei Kodiervariablen k1, k2, k3, die *exp* kodieren, signifikant Varianz in D_1 erklären. *Abbildung 58* zeigt das Ergebnis: Der globale *F*-Test der Regression (oberer Teil der Abbildung) ist exakt derselbe wie jener, den wir in der entsprechenden Zeile der *Abbildung 57* finden. Der Test für die Konstante (unterer Teil der Abbildung) entspricht aber nun dem Haupteffekt dem *Emotion* (Kontrast Stufe 1 vs. spätere) in *Abbildung 57* (mit $6.295^2 = 39.63$)!

ANOVA

Modell		Quadrat-summe	df	Mittel der Quadrate	F	Sig.
1	Regression	.018	3	.006	.185	.906
	Nicht standardisierte Residuen	8.160	246	.033		
	Gesamt	8.178	249			

Koeffizienten

Modell		Nicht standardisierte Koeffizienten		Standardisierte Koeffizienten		
		Regressions-koeffizient B	Standard-fehler	Beta	T	Sig
1	(Konstante)	-.073	.012		-6.295	.000
	k1	.000	.020	.000	.005	.996
	k2	.014	.019	.046	.728	.467
	k3	.002	.017	.009	.142	.888

Abb. 58 Ergebnis einer Regressionsanalyse von D_1 auf die Kodiervariablen von *exp*

Die Äquivalenz des Tests der Regressionskonstanten mit dem Test für den Haupteffekt ergibt Sinn, wie man sich leicht an dem einfacheren Fall der Regression einer Differenzvariable auf eine zweigestufte Gruppenvariable verdeutlichen kann (*Abbildung 59*). Dadurch, dass die beiden Gruppen mit -1 und +1 kodiert und gleich groß sind, schneidet die Regressionslinie die Y-Achse genau bei dem Wert, der dem Mittelwert der abhängigen Variable entspricht. Somit entspricht der Test der Regressionskonstanten dem Test, ob der Mittelwert von null verschieden ist. Durch die

Regression werden aber die leichten Mittelwertsunterschiede zwischen den Gruppen herausgerechnet; dadurch wird ein (kleiner) Teil der Varianz der abhängigen Variable gebunden, der den *Einstichproben-t-Test* belasten würde. Allerdings haben wir einen Nennerfreiheitsgrad gegenüber dem *Einstichproben-t-Test* verloren. Wären die Gruppen ungleich groß, würde der Konstantentest den ungewichteten Mittelwert der beiden Gruppen (also den Mittelwert der Gruppenmittelwerte) testen. Bei zwei Kodiervariablen würde es um eine Ebene gehen, die symmetrisch um die Y-Achse liegt, bei den drei Kodiervariablen unseres Beispiels um eine vier-dimensionale Hyperebene. Das kann man nicht mehr in einer Abbildung zeigen, das Prinzip ist aber dasselbe. Gruppenvariablen werden in SPSS automatisch so kodiert, dass diese Symmetrie um die Y-Achse gegeben ist und daher die Haupteffekte der Innerhalb-Variablen interpretierbar bleiben.

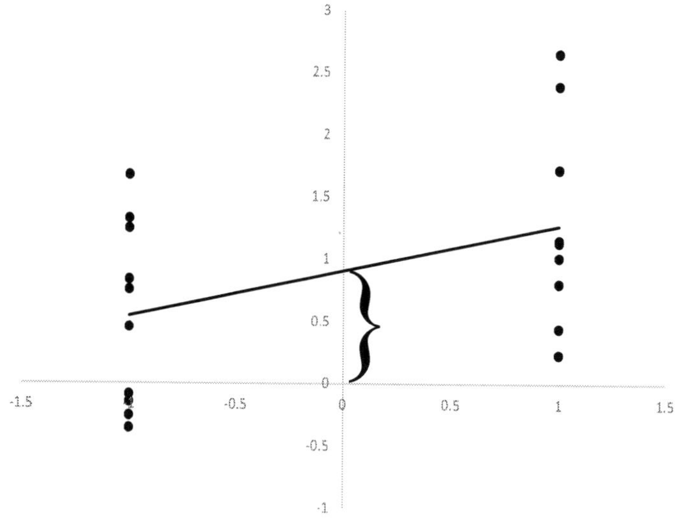

Abb. 59 Regression mit zwei Gruppen

Hinzunahme von kontinuierlichen Zwischen-Versuchspersonen-Variablen

Wenn wir statt Gruppen kontinuierliche Zwischen-Versuchspersonen-Variaben in den Versuchsplan mit aufnehmen, bleibt die Logik die gleiche: Die multivariaten Tests entsprechen im Prinzip der Frage, ob das Variablenset der orthogonalen Differenzvariablen, die den Innerhalb-Plan kodieren, gemeinsame Varianz mit dem Variablenset hat, das die Zwischen-Personen-Variablen enthält. Im Fall, dass eines der Sets nur eine Variable enthält, entspricht der entsprechende Test dem globalen *F*-Test einer multiplen Regression; wenn nicht, handelt es sich im Prinzip um eine kanonische Korrelationsanalyse. Allerdings ist ein Punkt sehr wichtig; wird er nicht beachtet, kann es vorkommen, dass Tests völlig fehlinterpretiert werden. Er ist aber nach den gerade eingeführten Überlegungen denkbar einfach zu verstehen.

Stellen wir uns vor, der Datensatz zum Gedächtnis für emotionale Gesichter enthielte noch eine kontinuierliche Zwischen-Versuchspersonen-Variable, sagen wir: ein Maß habitueller Ängstlichkeit, da es sein könnte, dass hoch-ängstliche Personen eher die negativen Gesichter besser erinnern. Das Ängstlichkeitsmaß sei ein Selbstauskunftsfragebogen mit 20 Items, die auf einer Skala von 1 bis 5 beantwortet werden. Der Summenwert wird als Variablenwert genommen; der niedrigste Wert beträgt also 20. Das Ängstlichkeitsmaß kann ohne weiteres als Kovariate in die Analyse eingegeben. Wir erhalten eine Ausgabe, die ganz analog zu *Abbildung 56* und *Abbildung 57* ist, nur dass überall dort, wo in diesen Abbildungen „ ....*exp" steht, nun „.... *Ängstlichkeit" steht. Diese Effekte sind genauso interpretierbar: Wird ein Innerhalb-Effekt durch Ängstlichkeit moderiert?

Die Haupteffekte der Innerhalb-Faktoren entsprechen aber wieder den Konstantentests der Regression. Das heißt beispielsweise, dass der Haupteffekttest für *Emotion* (Kontrast Stufe 1 vs. spätere) bedeutet: Ist der Unterschied im Gedächtnis für neutrale versus emotionale Bilder *für Personen, die einen Ängstlichkeitswert von null haben*, signifikant? Das ist offensichtlich ein sinnloser Test, da es *a priori* keine Personen mit diesem Wert geben kann.

Wenn wir die Variable Ängstlichkeit aber vorher zentrieren (also so linear transformieren, dass der Mittelwert null beträgt, z.B. durch *z*-Standardisierung), wird die Test wieder sinnvoll: Ist der Unterschied im Gedächtnis für neutrale versus emotionale Bilder *für Personen, die einen mittleren* Ängstlichkeitswert, signifikant? Beachten Sie also, dass kontinuierliche Variablen stets zentriert in eine solche Analyse eingehen (vgl. Delaney & Maxwell, 1981).

Multivariate Behandlung von Messwiederholungsplänen versus „klassische" Auswertung

Wie eingangs geschrieben, liefert SPSS immer beide statistische Behandlungen der Messwiederholungspläne – die multivariate Behandlung und die „klassische" Auswertung. Wir wollen hier noch einmal kurz auf den Vergleich eingehen. Dazu müssen wir knapp rekapitulieren, wie die „klassische" Variante (ANOVA) funktioniert.

Die klassische Variante entspricht der Analyse eines Datensatzes mit n (= Anzahl Vpn) × m (Gesamtanzahl der Stufen des Messwiederholungsplanes), bei der der individuelle Mittelwert der Versuchsteilnehmer über die Innerhalb-Faktorstufen von den einzelnen Werten abgezogen wird (ipsative Werte). Dadurch werden Niveauunterschiede zwischen den Personen herausgerechnet. Der so präparierte Datensatz wird dann im Prinzip wie ein Datensatz mit n×m Personen und einem Zwischen-Personen-Versuchsplan behandelt. (Die Freiheitsgrade werden natürlich angepasst, da wegen der Ipsation nur noch m-1 Werte pro Person frei variieren können.)

Man macht hierbei die Annahme der Sphärizität/Zirkularität. Es wird angenommen, dass die Varianzen der Differenzen zwischen jeweils zwei Faktorstufen homogen sind. Stellen wir uns vor, wir hätten drei Stufen bei dem Messwiederholungsfaktor, zwei Stufen (c_1 und c_2) hätten Werte mit einer Standardabweichung von eins, die dritte Stufe c_3 hätte eine Varianz von 5. Für die Differenz c_1 minus c_2 würden wir – alles andere gleich gehalten – sicherlich eine geringere Varianz erwarten als für die Differenzen c_1 minus c_3 und c_2 minus c_3. Dies wäre eine Verletzung der Annahme. Man kann dies auch testen mit dem bei SPSS standardmäßig mit ausgegebenen Mauchly-Test; er sollte nicht signifikant sein. Ist die Annahme verletzt, droht ein zu großes Alpha-Fehler-Risiko. Daher werden Korrekturen vorgeschlagen. Am bekanntesten ist die Greenhouse-Geisser-Korrektur; auch diese wird standardmäßig mitgeliefert (vgl. *Abbildung 48*).

Die multivariate Behandlung des Messwiederholungplans macht diese gravierende Annahme nicht. Das ist ein Grund, sie vorzuziehen (neben der oben herausgearbeiteten Eigenschaft, die Differenzbildung für die *a priori*-Kontrastbildung zu nutzen). Man könnte jetzt einwenden, dass durch die Korrektur die Gefahr der Alpha-Fehler-Inflation gebannt ist. Es lässt sich aber relativ leicht zeigen, dass man in solchen Fällen Testpower verliert. *Tabelle 10* zeigt die wahren Alpha-Fehler bzw. die Testpower für Simulationen mit und ohne Verletzung der Annahme. Es wurden für die Simulationsläufe ohne Effekt für jeweils n=100 Personen für die erste und zweite von drei Bedingungen Zufallswerte aus einer Standardnormalverteilung gezogen; für die dritte Bedingung wurde auch aus einer Normalverteilung mit Mittelwert null, aber entweder ebenfalls eine Standardabweichung von eins (keine

Verletzung der Annahme) oder fünf (Verletzung) gezogen. Für die Simulationsläufe mit Effekt war alles gleich; lediglich der Mittelwert der Verteilung, aus der die Werte der ersten Bedingung gezogen wurden, wurde auf 0.5 angehoben.

Wie zu sehen ist, entspricht ohne Verletzung der Sphärizität bei beiden Analyseverfahren das tatsächliche Alpha-Fehler-Niveau dem gesetzten. Die Werte sind so zu lesen: Bei 5.2% (4.7%) der Datensätze ohne Effekt, ohne Verletzung der Annahme war der Test in der MANOVA (ANOVA) mit einem p-Wert < .05 assoziiert (wäre also fälschlicherweise auf Signifikanz erkannt worden); bei 95.7% (95.7%) der Datensätze mit Effekt, ohne Verletzung der Annahme wurde der Effekt korrekterweise in der MANOVA (ANOVA) signifikant.

Tabelle 10 Ergebnisse von jeweils 1000 Simulationsläufen

	Nulleffekt Verletzung Sphär.		Nulleffekt Verletzung Sphär.	
	mit	ohne	mit	ohne
	α	α	$1-\beta$	$1-\beta$
MANOVA	5.3 %	5.2 %	88.9 %	95.7 %
ANOVA				
ohne Korrektur	9.2 %	4.7 %	18.1 %	95.7 %
Greenhouse-Geisser	5.7 %	4.6 %	12.0 %	95.7 %

Bei der MANOVA steigt bei Verletzung der Annahme das Alpha-Fehler-Risiko nicht, wohl aber bei der ANOVA. Die Korrektur hilft hier tatsächlich. Allerdings ist die Testpower bei Verwendung der ANOVA, insbesondere der korrigierten Version, dramatisch eingeknickt. Bei der MANOVA ist eine große Testpower erhalten geblieben.

Bei der MANOVA werden die Messungen für ein Subjekt als Stichprobe aus einer multivariaten Normalverteilung angesehen und die Varianz-Kovarianz-Matrizen sind für alle durch die Zwischensubjektfaktoren gebildeten Zellen gleich. Zur Prüfung dient der Box-M-Test.

Ein Nachteil der MANOVA ist, dass bei kleineren Datensätzen die Freiheitsgrade sehr stark sinken. Dieses Problem kann man leicht bekommen, wenn man zum Beispiel EEG-Datensätze analysiert. Man hat bei dieser Forschung wegen des Aufwandes eher kleine Datensätze, nimmt anderseits gern die Positionen der Elektroden mit in den Versuchsplan: Ist zum Beispiel der eigentliche experimentelle Plan ein dreigestufter, der um die Faktoren Kaudalität und Lateralität zu einem 3 ×

5 × 5 Plan wird, so ist die Dreifachinteraktion mit (2 × 4 × 4 =) 32 Zählerfreiheitsgraden assoziiert. Die Nennerfreiheitsgrade betragen N-df_Z, so dass mindestens 33 Personen teilnehmen müssen, um überhaupt ein Ergebnis zu erhalten. Die Stichprobengröße sollte den Test mit den meisten Freiheitsgraden aber deutlicher übersteigen, da bei sehr kleinen df_N mitunter Anormalitäten in Form von einzelnen zu hohen *F*-Werten auftreten.[6]

Eine Diskussion zu der Abwägung, welche Analyseform gewählt werden sollte, findet sich auch in Tabachnick und Fidell (2013).

Literatur

Die multivariate Behandlung von Messwiederholungsplänen wird ausführlich in einem eigenen Kapitel in Tabachnick und Fidell (2013) behandelt.

6 Bei df_N = 1 oder 2 lassen sich diese Anormalitäten in Simulationen leicht produzieren.

Diskriminanzanalyse und multinomiale logistische Regression

9

Mit *Diskriminanzanalyse* und *multinomialer logistischer Regression* wenden wir uns zwei Verfahren zu, die zum Ziel haben, die Gruppenzugehörigkeit von Fällen vorherzusagen: Kann man klinisch-psychologische Kategorisierungen durch Maße der Informationsverarbeitung (Aufmerksamkeitsbiases für negative Informationen, Fähigkeit zur Hemmung aufgaben-irrelevanter Informationen etc.) prädizieren? Lässt sich die Wahl einer Marke beim Autokauf aufgrund von relevanten Einstellungen (Bedeutung von Fahrsicherheit, Bedeutung von Fahrvergnügen, Einstellung zu Autos als Renommierobjekt etc.) vorhersagen? Kann man Typen von Lernstörungen (z.B. Probleme mit Schreiben und Lesen, Probleme mit Zahlen) im Grundschulalter durch Ergebnisse von Entwicklungstests vorhersagen, die im Kleinkindalter erhoben wurden. Es werden zwei Verfahren für diese Klassifizierungsfragestellungen vorgestellt: Zum einen der „Klassiker", die *Diskriminanzanalyse,* die direkt auf den Verfahren aufbaut, die wir in den letzten Kapiteln kennengelernt haben. Zum anderen die *multinomiale logistischer Regression,* die eine Erweiterung der *binären logistischen Regression* darstellt, die wir in Kapitel 4.3 erklärt haben.

9.1 Diskriminanzanalyse

Mittels der Diskriminanzanalyse lassen sich Gruppenunterschiede (von zwei oder mehr Gruppen) im Hinblick auf ein Set von Variablen untersuchen. Dabei kann festgestellt werden, bei welchen Variablen diese Unterschiede auftreten. Dazu werden – ähnlich wie bei der Regressionsanalyse – die Werte einer abhängigen (zu erklärenden) Variable durch die Werte von unabhängigen (erklärenden) Variablen zu erklären versucht. Ziel ist es, Zusammenhänge zwischen den Variablen zu entdecken und unbekannte Werte der abhängigen Variablen anhand der Werte aus den unabhängigen Variablen vorherzusagen. Der entscheidende Unterschied zur

Regressionsanalyse liegt allerdings in der Art der zu erklärenden Variable. Während die zu erklärende (abhängige) Kriteriumsvariable bei der Regressionsanalyse intervallskaliert sein muss, versucht die Diskriminanzanalyse, eine Zugehörigkeit zu einer von mehreren Gruppen zu erklären; die Werte der abhängigen Variablen geben also lediglich eine Gruppenzugehörigkeit an. Wie wir sehen werden, macht dieser Unterschied die Diskriminanzanalyse zu einem multivariaten Verfahren im engeren Sinn.

Im Folgenden wird exemplarisch eine Diskriminanzanalyse vorgestellt. Bell, Corbera, Johannesen, Fiszdon und Wexler (2013) berichten, dass sie anhand der Ausprägung von sozial-kognitiven Variablen und negativer Symptomatiken in einer Gruppe von Patienten mit schizophrener Störung drei Subtypen ausmachen konnten: eine Gruppe mit ausgeprägter negativer Symptomatik (HN); eine Gruppe mit ausgeprägten Einschränkungen in sozial-kognitiven Fähigkeiten (z.B. Emotionserkennung; NSK); eine Gruppe mit (innerhalb der Patienten) überdurchschnittlichen sozial-kognitiven Fähigkeiten (HSK). Die Methode der Autoren war die *Clusteranalyse*; mit ihr werden wir uns in Kapitel 11 beschäftigen. Hier wollen wir so tun, als ob die Patienten nach einem Jahr erneut getestet werden. Wie gut können wir anhand von vier Prädiktoren (zwei sozial-kognitive; zwei zur negativen Symptomatik) die Zuordnung der Patienten zu den drei Subtypen durch Bell und Kollegen bestätigen?

Der verwendete (fiktive) Datensatz enthält vier unabhängige Variablen: *sozatt* (soziale Attribution; je höher, je mehr ist die Person zu adäquaten Interpretationen der Handlungen anderer fähig), *emo* (Erkennung von Emotionen; je höher, desto besser können Emotionen erkannt werden), *panssneg* und *sansneg* (Standardskalen zur Erfassung der Ausprägung negativer Symptomatiken bei Patienten mit Schizophrenie). Ziel ist es, die drei Subytpen (HN, NSK, HSK) anhand der Prädiktorvariablen zu differenzieren. Die Gruppenvariable ist somit eine nominalskalierte Variable (*sztype*) mit drei Werten.

Wir beginnen mit der einfachsten und illustrativsten Ausgabe der Diskriminanzanalyse, der Klassifikationsmatrix (*Abbildung 60*). Wie gut kann man die Gruppenzugehörigkeit aufgrund der Prädiktorvariablen vorhersagen? In *Abbildung 60* können die absolute und prozentuale Trefferquote für die drei Gruppen sowie eine Gesamtangabe der korrekt klassifizierten Fälle abgelesen werden. Schaut man auf die Diagonalzellen, so sieht man, dass die Trefferquote moderat gut ist; insgesamt konnten 59% der Fälle korrekt klassifiziert werden.

Klassifizierungsergebnissea

		sztype	Vorhergesagte Gruppenzugehörigkeit HN	NSK	HSK	Gesamt
Original	Anzahl	HN	10	4	1	15
		NSK	3	6	4	13
		HSK	4	2	10	16
		HN	66.7	26.7	6.7	100.0
		NSK	23.1	46.2	30.8	100.0
		HSK	25.0	12.5	62.5	100.0

a. 59.1% der ursprünglich gruppierten Fälle wurden korrekt klassifiziert.

Abb. 60 Klassifikationsmatrix

Auf welcher Basis werden solche Klassifikationen erreicht? Das wollen wir uns Schritt für Schritt klar machen. *Abbildung 61* zeigt das inferenzstatistische Hauptergebnis der Diskriminanzanalyse.

Eigenwerte

Funktion	Eigenwert	% der Varianz	Kumulierte %	Kanonische Korrelation
1	.417	54.1	54.1	.543
2	.354	49.9	100.0	.511

Wilks' Lambda

Test der Funktion(en)	Wilks-Lambda	Chi-Quadrat	df	Signifikanz
1 bis 2	.512	25.730	8	.001
2	.739	11.957	3	.008

Abb. 61 Inferenztests der Diskriminanzanalyse

Wie ist dieses Ergebnis zu verstehen? Der Schlüssel zum Verständnis liegt in dem Stichwort „Kanonische Korrelation" (rechts oben in *Abbildung 61*). In der Tat ist die Diskriminanzanalyse nichts anderes als eine *Kanonische Korrelationsanalyse* (vgl. Kap. 7.3), bei der die dreigestufte Gruppenvariable in zwei Kodiervariablen (vgl. Kap. 6) transformiert wurde. Wir haben in unserem Fall somit ein Variablenset, dass aus den drei Variablen *sozatt*, *emo*, *panssneg* und *sansneg*, und ein Variablenset, dass aus zwei Kodiervariablen für *sztype* besteht.

Zur Erinnerung: Bei der Kanonischen Korrelationsanalyse werden die Gewichte für Linearkombinationen der beiden Sets so bestimmt, dass diese Linearkombinationen (*Kanonische Variaten*) maximal miteinander korrelieren. Die Originalvariablen werden dann auf die Kanonischen Variaten regrediert und mit den Residuen wird das Spiel wiederholt. Prinzipiell kann dieser Vorgang so oft wiederholt werden, wie das kleinere Set Variablen enthält. Umfasst das kleinere Set zum Beispiel drei Variablen, werden die Residuen erster Ordnung auf die zweiten kanonischen Variaten regrediert. Mit diesen Residuen zweiter Ordnung werden dann das dritte Variatenpaar und die dritte kanonische Korrelation berechnet. Allerdings zeigt uns jeweils ein statistischer Test, ob die für den jeweiligen Schritt vorliegenden Variablensets (also am Anfang die Originalvariablen, dann die Residuen erster, zweiter usw. Ordnung) signifikant Varianz teilen (vgl. *Abbildung 61*, untere Tabelle). Im *Online Plus*-Material ist die Syntax abgedruckt, mit der sich die der Diskriminanzanalyse korrespondierende Kanonische Korrelationsanalyse berechnen lässt. In unserem Beispiel sehen wir, dass beide kanonische Korrelationen signifikant sind.

Kanonische Diskriminanzfunktionskoeffizienten

	Funktion	
	1	2
sozatt	.588	.582
emo	.591	-.021
panssneg	.017	.469
sansneg	-.606	.741
(Konstant)	.000	.000

Standardisierte kanonische Diskriminanzfunk.koeff.

	Funktion	
	1	2
sozatt	.524	.519
emo	.550	-.020
panssneg	.016	.443
sansneg	-.544	.666

Struktur-Matrix

	Funktion	
	1	2
sozatt	.806*	.379
emo	.612*	.394
panssneg	-.239	.656*
sansneg	-.451	.782*

*Größte absolute Korrelation (zeilenweise; s. Text)

Abb. 62 Diskriminanzfunktionskoeffizienten

Abbildung 62 (links) zeigt die Koeffizienten der Diskriminanzfunktionen, also die Gewichte der kanonischen Variaten auf Seiten der Prädiktorvariablen. (Die Konstante ist hier null, da alle Variablen *z*-standardisiert vorlagen.)

Was sagen uns diese Koeffizienten? Zum einen können wir die einzelnen Patienten aufgrund ihrer Diskriminanzfunktionswerte in ein Diagramm eintragen (*Abbildung 63*); wir kommen gleich darauf zurück. Zum anderen können wir die jeweilige Bedeutung der Merkmalsvariablen anhand der standardisierten kanonischen Diskriminanzfunktionskoeffizienten und der Strukturmatrix erkennen (*Abbildung 62*, Mitte und rechts).

Die standardisierten Diskriminanzfunktionskoeffizienten erhält man, indem die nicht-standardisierten Diskriminanzfunktionskoeffizienten (*Abbildung 62*, links) skalierungsgewichtet werden (vgl. zu den Details z.B. Martens, 2003, S. 283). In unserem Beispiel sind diese Werte sehr nahe an den nicht-standardisierten Werten; das liegt daran, dass wir bereits mit z-standardisierten Variablen gearbeitet haben. Man sieht an *Abbildung 62* (Mitte), dass – wie erwartet – die Funktion 1 durch die beiden sozial-kognitiven Variablen, die Funktion 2 durch die Variablen der negativen Symptomatik dominiert werden. (Etwas unerwartet ist, dass jeweils eine weitere Variable – *sansneg* bei Funktion 1 und *sozatt* bei Funktion 2 – einen substanziellen Beitrag leisten.)

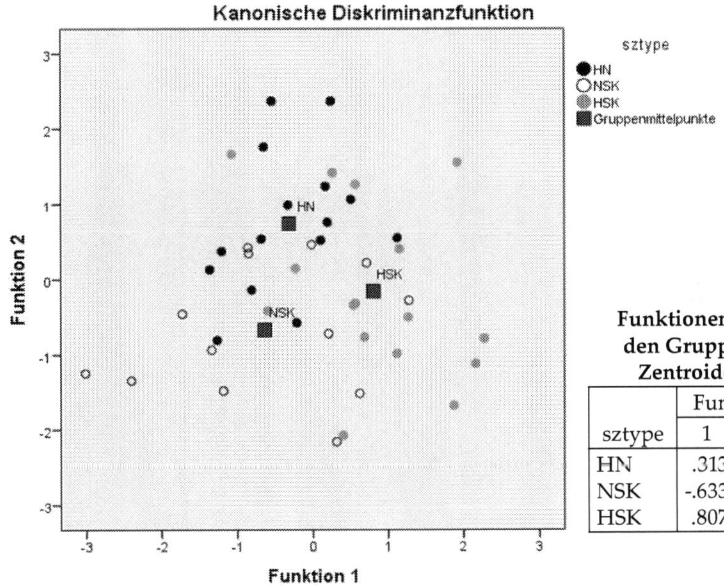

Funktionen bei den Gruppen-Zentroiden

sztype	Funktion 1	Funktion 2
HN	.313	.744
NSK	-.633	-.668
HSK	.807	-.155

Abb. 63 Diagramm der kanonischen Diskriminanzfunktionen

Die Strukturmatrix enthält die Korrelationen zwischen den Originalvariablen und den Diskriminanzfunktionen. (Präzise: Es sind die Partialkorrelationen zwischen Variable und Diskriminanzfunktion bei Kontrolle der Gruppenkodiervariablen; s. *Online Plus.*) Hier sehen wir noch einmal recht deutlich, dass Funktion 1 dominant die sozial-kognitiven Variablen und Funktion 2 die negative Symptomatik repräsentiert.

In *Abbildung 63* sieht man moderat gut unterscheidbare Patientencluster; die Überlappung ist aber beträchtlich. Zusätzlich zu den Patienten sind die Gruppenmittelwerte eingetragen (sog. *Gruppenzentroide*). Stimmig zur Erwartung liegt die Gruppe HN (hohe negative Symptomatik bei der Erstmessung) relativ zu den beiden anderen Gruppen hoch auf der Funktion 2; zudem lassen sich die beiden Gruppen NSK und HSK gut auf der Funktion 1 unterscheiden. Die exakten Gruppenzentroid-Werte sind unter der Überschrift „Funktionen bei den Gruppen-Zentroiden" angegeben.

Fallweise Statistiken

		Höchste Gruppe				Zweithöchste Gruppe			Diskrim.werte	
Fall	TG	VG	P(d|g)	P(g|d)	QM	ZG	P(d|g)	QM	Funk. 1	Funk. 2
1	1	1	.260	.908	2.694	3	.062	8.194	-.541	2.370
2	1	1	.229	.841	2.944	3	.138	6.690	.241	2.369
.	.	.	.	.	.	.	.	.	.	.
5	1	2	.813	.706	.415	1	.192	3.302	-1.263	-.804
.	.	.	.	.	.	.	.	.	.	.
16	2	3	.389	.561	1.887	2	.371	2.300	.623	-1.517
17	2	1	.801	.518	.444	2	.328	1.073	-.847	.346
.	.	.	.	.	.	.	.	.	.	.
26	2	2	050	.915	6.002	1	.076	11.262	-3.013	-1.247
.	.	.	.	.	.	.	.	.	.	.
29	3	3	.826	.613	.382	2	.251	1.753	.688	-.762
30	3	3	.179	.874	3.446	2	.104	7.292	1.872	-1,676
.	.	.	.	.	.	.	.	.	.	.

TG = Tatsächliche Gruppe; VG = Vorhergesagte Gruppe; P(d|g) = bedingte Wahrscheinlichkeit einer solchen Distanz (oder größer), gegeben die Gruppenzugehörigkeit; P(g|d) = bedingte Wahrscheinlichkeit der Gruppenzugehörigkeit, gegeben die Distanz; QM = Quadrierter Mahalanobis-Abstand zum Zentroid; ZG = Zweithöchste Gruppe. Gruppe 1 ist die Gruppe HN, Gruppe 2 ist die Gruppe NSK, Gruppe 3 ist die Gruppe HSK.

Abb. 64 Klassifizierungsrelevante Statistiken (Auszug)

Der letzte Schritt besteht nun darin, die einzelnen Fälle anhand der Diskriminanzfunktionen zu klassifizieren. Auch das ist ein leicht zu verstehender Vorgang. In *Abbildung 64* ist ein Auszug der „fallweisen Statistiken“ abgedruckt.

Beginnen wir ganz rechts. Hier sind die Diskriminanzfunktionswerte der einzelnen Patienten abgedruckt. Man kann direkt die Korrespondenz zur *Abbildung 63* herstellen: Die Fälle Nr. 1 und 2 sind zum Beispiel die beiden schwarzen Punkte ganz oben. Eine einfache Heuristik zum Zuordnen eines Falls zu einer Gruppe könnte nun die folgende sein: Man berechnet die Distanz zwischen dem Fall und den Gruppenzentroiden und ordnet den Fall der Gruppe zu, zu deren Zentroid der geringste Abstand besteht. Für den Fall Nr. 1 beträgt zum Beispiel die *quadrierte euklidische Distanz* (s. u.) zum Zentroiden der Gruppe 1 (HN):

$$D_{11}^2 = (-.5411-(-.3125))^2 + (2.3698-.7444)^2 = 2.694$$

(Für die Werte – hier mit höherer Präzision – vgl. Zeile 1, rechts, der *Abbildung 64* und Zeile 1 der Tabelle innerhalb von *Abbildung 63*.)

Die Wurzel von 2.694 beträgt 1.641; da der Fall 1 fast senkrecht über dem Zentroiden der Gruppe HN liegt (*Abbildung 63*), können wir die Distanz von ca. 1.6 Einheiten auch direkt auf der Y-Achse wiederfinden, wenn wir die Y-Werte von Fall 1 und Zentroid HN in der Abbildung ablesen und deren Differenz berechnen.

Die quadrierte euklidische Distanz ist natürlich im Fall von zwei Dimensionen identisch mit dem „Pythagoras“ ($a^2+b^2=c^2$); allgemein ist sie so definiert:

$$D_{ig}^2 = \sum_{k=1}^{K} \left(Y_{ki} - \bar{Y}_{kg} \right)^2 \quad \text{wobei } g = 1, \ldots, G$$

Dabei sind Y_{ki} der Diskriminanzfunktionswert von Fall i und $\bar{Y}_{kg}$ der Zentroidwert der Gruppe g, beides bezüglich der Diskriminanzfunktion k.

Wir finden den Wert von 2.694 in der ersten Zahlenzeile der *Abbildung 64* in der Spalte „Höchste Gruppe/Quadrierter Mahalanobis-Abstand zum Zentroid“. Die *Mahalanobis-Distanz* ist allgemeiner definiert als die *Euklidische Distanz;* sie wird über die Originalvariablen berechnet und trägt dabei Rechnung für die unterschiedlichen Skalierungen und Kovarianzen der Variablen. Offensichtlich ist es in unserem Fall aber so, dass die Werte in der Spalte QM identisch mit der Euklidischen Distanz zum Zentroiden sind, berechnet über die Diskriminanzfunktionswerte.

Diese Distanz ist niedriger als die zweitniedrigste Distanz (vgl. *Abbildung 64* in der Spalte „Zweithöchste Gruppe“). In der Tat liegt man schon fast richtig, wenn man annimmt, dass SPSS einen Fall derjenigen Gruppe zuordnet, zu deren Zentroid die geringste Distanz besteht. Zum Beispiel kann man sehr leicht nachvollziehen, dass der Fall Nr. 5 (der schwarze Punkt links neben dem Zentroid NSK in *Abbildung 63*) der Gruppe 2 (NSK) und nicht der korrekten Gruppe 1 (HN) zugeordnet wird.

Tatsächlich ist diese Zuordnungslogik aber nur identisch mit der von SPSS gewählten, wenn die *a priori*-Wahrscheinlichkeit aller Gruppen gleich gesetzt wird. In der Regel wird man aber wohl angeben, dass die *a priori*-Wahrscheinlichkeit aufgrund der faktischen Gruppengrößen bestimmt werden soll. Diese Wahrscheinlichkeiten gehen dann in die Klassifikation über das *Bayes-Theorem*[7] ein:

$$P(g|d_i) = \frac{P(d_i|g)\cdot P_i(g)}{\sum_{g=1}^{G} P(d_i|g)\cdot P_i(g)} \qquad \text{wobei } g = 1, \ldots, G$$

Dabei sind $P(g|d_i)$ die *a posteriori*-Wahrscheinlichkeit („Wie wahrscheinlich ist die Zugehörigkeit zur Gruppe g, gegeben die Distanzen zu den Zentroiden?"), $P(d_i|g)$ die *bedingte* Wahrscheinlichkeit („Wie wahrscheinlich ist es, eine solche oder höhere Distanz zu erhalten, wenn jemand der Gruppe g angehört?") und $P_i(g)$ die *a priori*-Wahrscheinlichkeit („Wie groß sind die Gruppen relativ zueinander?").

Die bedingten Wahrscheinlichkeiten lassen sich direkt aus den Distanzen berechnen, so dass sich für die *a posteriori*-Wahrscheinlichkeiten die folgende Formel ergibt:

$$P(g|d_i) = \frac{\exp\left(\frac{-d_{ig}^2}{2}\right)\cdot P_i(g)}{\sum_{g=1}^{G}\exp\left(\frac{-d_{ig}^2}{2}\right)\cdot P_i(g)} \qquad \text{wobei } g = 1, \ldots, G$$

Dabei ist d_{ig} die Distanz zwischen Fall *i* und dem Zentroid von Gruppe *g*. Zugeordnet wird der Fall der Gruppe, die mit der höchsten *a posteriori*-Wahrscheinlichkeit assoziiert ist. Wie leicht zu sehen ist, führt diese Regel bei gleicher *a priori*-Wahrscheinlichkeit aller Gruppen zu derselben Zuordnungsentscheidung, als wenn man direkt aufgrund der Distanzen klassifiziert hätte. Die *a posteriori*-Wahrscheinlichkeiten für die „Höchste" und „Zweithöchste Gruppe" sind in *Abbildung 64* angegeben. Die Betrachtung der zweitgrößten *a-posteriori*-Wahrscheinlichkeit kann dabei

---

7 Falls ein Leser das *Bayes-Theorem* noch nicht kennt (obschon man es *unbedingt* kennen sollte): Eine Einführung findet sich zum Beispiel in Anderson (2007).

Aufschluss über Unsicherheiten bei der Zuordnung der Fälle zu den Gruppen geben. Liegen die beiden größten Wahrscheinlichkeiten sehr nahe beieinander, ist die Wahrscheinlichkeit einer falschen Gruppenzuordnung entsprechend hoch.

Die angegebenen Klassifizierungswahrscheinlichkeiten erlauben allerdings keine Aussage darüber, mit welcher Wahrscheinlichkeit ein klassifizierter Fall überhaupt zu einer Gruppe gehört. Daher ist es ratsam, für eine gewählte Gruppe g die bedingte Wahrscheinlichkeit $P(\mathrm{d}|g)$ zu überprüfen. Zum Beispiel ist die *a posteriori*-Wahrscheinlichkeit der Zuordnung von Fall 26 zur Gruppe 2 sehr hoch (0.915; vgl. *Abbildung 64*); die Wahrscheinlichkeit, eine solch hohe (oder höhere) Distanz zum Zentroiden der Gruppe 2 zu erreichen wie der Fall 26 (6.002), beträgt dagegen nur .050. Ein Blick auf *Abbildung 63* verrät, worauf dieses scheinbar paradoxe Ergebnis beruht. Es handelt sich um den Fall ganz links außen. Müssen wir ihn einer der drei Gruppen zuordnen, kommt nur die Gruppe NSK in Frage; gleichwohl ist der Fall sehr entfernt vom Zentroiden der Gruppe NSK.

Kreuzvalidierung

Trägt man die tatsächliche gegen die vorhergesagte Gruppenzugehörigkeit auf, so erhält man die Klassifikationsmatrix, mit der wir diese Betrachtungen gestartet haben. Falsche Gruppenzuordnungen müssen nicht in den Parametern der Funktion begründet sein; vielmehr ist anzunehmen, dass das Erklärungsmodell fehlerhaft ist: Nur selten dürfte es möglich sein, eine abhängige Variable perfekt durch eine oder mehrere unabhängige Variablen zu beschreiben. Lassen sich aber alle Fälle durch die Analyse den einzelnen Gruppen perfekt zuordnen, so bedeutet dies lediglich, dass das Modell und die Funktion gut geeignet sind, Zusammenhänge zwischen den unabhängigen und den abhängigen Variablen in der Stichprobe aufzuzeigen. Für prognostische Zwecke ist die Analyse allerdings nur für den Fall geeignet, dass die Stichprobe die Grundgesamtheit gut repräsentiert.

Das bislang vorgeschlagene Verfahren hat nämlich ein Problem. Die erzielten Trefferquoten sind künstlich überhöht, da auf Basis derselben Stichprobe auch die Schätzung der Diskriminanzfunktionen vorgenommen wird (*Stichprobeneffekt*). Daher wird in der Regel vorschlagen, eine *Kreuzvalidierung* vorzunehmen. Die naheliegende Methode ist es, die Gesamtstichprobe in eine Lernstichprobe (zur Schätzung der Diskriminanzfunktion) und eine Kontrollstichprobe (zur Berechnung der Trefferquote) zu unterteilen; dieses Vorgehen setzt allerdings eine ausreichend große Stichprobe voraus. Dieses Vorgehen ist aber insbesondere bei kleineren Stichproben unbefriedigend, da die vorliegende Information nur unzureichend ausgenutzt wird. Günstiger ist daher, jeden Fall mit Hilfe von Diskriminanzfunktionen zu klassifizieren, die auf Basis der übrigen N–1 Fälle geschätzt wurden;

dieses Vorgehen wird auch als *leave-one-out*-Kreuzvalidierung bezeichnet. SPSS bietet diese Option (s. *Online Plus*).

Voraussetzungen

Vor Berechnung einer Diskriminanzanalyse sollten folgende Punkte sichergestellt werden. Als „Faustregel" gilt, dass die Gesamtstichprobe mindestens doppelt so viele Fälle beinhalten sollte, wie Merkmalsvariablen genutzt werden. Die Anzahl der Merkmalsvariablen wiederum sollte größer sein als die Anzahl der Gruppen. Vor Anwendung des Verfahrens sind die Gruppenvarianzen auf ihre Gleichheit zu prüfen (*Box-M*-Test). Genauer: Die Varianz-Kovarianz-Matrizen innerhalb der Gruppen müssen zwischen den Gruppen gleich groß sein. Weitere Voraussetzungen sind: Die Fälle müssen unabhängig sein. Einflussvariablen müssen einer multivariaten Normalverteilung entstammen. Die Gruppenzugehörigkeit muss sich wechselseitig ausschließen (d.h. jeder Fall darf nur zu einer Gruppe gehören) und umfassend sein (d.h. alle Fälle gehören zu einer Gruppe).

9.2 Multinomiale logistische Regression

Es ergibt sich aus der Logik der Diskriminanzanalyse, dass im Fall von nur zwei Gruppen auch nur eine Diskriminanzfunktion bestimmt werden kann. Daher ist dieser Fall im Wesentlichen äquivalent zur Berechnung einer multiplen Regression mit der Gruppenvariable (d.h. einer dichotomen Variable) als abhängiger Variable. Im Kapitel 4.3 hatten wir für diesen Fall die *logistische Regressionsanalyse* kennengelernt. In der Tat würde man sagen, dass in diesem Fall die logistische Regression die angemessenere Logik – die direkte Schätzung bedingter Wahrscheinlichkeiten – hat.

Was gilt aber in den Studien, die mehr als zwei Gruppen umfassen (wie in unserem Beispiel)? Tatsächlich gibt es eine Erweiterung der binären logistischen Regression für den Fall mehrerer Gruppen. Die Logik ist hier folgende: Es werden p-1 (mit p = Anzahl der Gruppen) binäre logistische Regressionen gerechnet, bei denen immer eine von p-1 Gruppen gegen die p-te Gruppe verglichen wird. In die Modelltests gehen die Vorhersageverbesserungen aufgrund der p-1 Gleichungen ein. Dies soll an unserem Datenbeispiel, das wir für die Diskriminanzanalyse genutzt haben, näher erläutert werden. Zum Verständnis des Folgenden ist es notwendig, das Kapitel 4.3 zu kennen!

Parameterschätzer

sztype[a]		B	Standard-fehler	Wald	df	Signifi-kanz	Exp(B)
NSK	Konst. Term	-.137	.540	.064	1	.800	
	sozatt	-1.158	.671	2.974	1	.085	.314
	emo	.306	.642	.227	1	.633	1.358
	panssneg	-.882	.618	2.037	1	.154	.414
	sansneg	-1.117	.643	3.015	1	.083	.327
HSK	Konst.Term	.107	.514	.043	1	.835	
	sozatt	.191	.556	.118	1	.731	1.210
	emo	1.103	.662	2.775	1	.096	3.012
	panssneg	-.609	.611	.994	1	.319	.544
	sansneg	-1.384	.628	4.867	1	.027	.250

a. Die Referenzkategorie lautet: HN.

Abb. 65 (Teil-)Ergebnis der multinomialen logistischen Regression

In *Abbildung 65* sehen wir die Parameterschätzungen, die sich für die beiden logistischen Regressionen ergeben. Natürlich hängen diese Beiträge von der Wahl der Kontrastgruppe ab: Da sich sowohl die Gruppe NSK als auch die Gruppe HSK von der Gruppe HN vor allem auf der Negativ-Symptomatik unterscheiden, ist es nicht verwunderlich, dass eine der hierzu korrespondierenden Variablen, in diesem Fall *sansneg*, den deutlichsten Beitrag leistet.

Ein anderes Bild würde sich ergeben, wenn wir zum Beispiel HSK als die Kontrastgruppe wählen. Wir sollten uns hier nicht zu sehr daran stören, dass nur ein Test signifikant ist. Erstens ist – wie in Kapitel 4.3 schon erwähnt – der Wald-Test sehr konservativ; zweitens sind *sozatt* und *emo* einerseits, *panssneg* und *sansneg* andererseits recht hoch korreliert, so dass wir hier das Problem wechselseitiger Redundanz haben (vgl. Kapitel 3.3).

Auf der Basis der Gleichungen kann man nun die bedingten Wahrscheinlichkeiten, gegeben die jeweilige Prädiktorenausprägung, berechnen, dass ein Fall eher zur Gruppe NSK (bzw. HSK) versus zur Gruppe HN gehört. Wie bei der binären logistischen Regression ergibt sich nun eine globale Fehlersumme *(-2 Log-Likelihood)*, die mit derjenigen Fehlersumme verglichen werden kann, die aufgrund der Basiswahrscheinlichkeiten berechnet wird. Die Differenz ist χ^2-verteilt. Wir sehen in *Abbildung 66*, dass dieser (oder ein höherer) χ^2-Wert unter der Annahme, die Prädiktoren würden keine Verbesserung der Vorhersage bringen, sehr unwahrscheinlich ist.

Informationen zur Modellanpassung

Modell	Kriterien für die Modellanpassung	Likelihood-Quotienten-Tests		
	-2 Log-Likelihood	Chi-Quadrat	Freiheitsgrade	Signifikanz
Nur konstanter Term	96.356			
Endgültig	67.867	28.489	8	.000

Abb. 66 Modelltest der multinomialen logistischen Regression

In *Abbildung 65* wurde der Beitrag der verschiedenen Prädiktoren für die beiden Teilgleichungen angegeben. Diese hängen, wie wir festgestellt haben, von der Wahl der Kontrastgruppe ab. Es gibt aber auch einen Globaltest des Beitrags jedes einzelnen Prädiktors zur Trennung der drei Gruppen, für den dies nicht gilt; die Logik ist: Welchen globalen Fehlerwert erzielt man, wenn ein bestimmter Prädiktor außen vor gelassen wird? Ist die Zunahme des Fehlerwertes gegenüber dem vollständigen Modell signifikant?

Abbildung 67 zeigt das Ergebnis; es ist so zu lesen (vgl. die letzte Zeile): Ein Modell, dass auf *sansneg* verzichtete, also nur die Prädiktoren *sozatt*, *emo* und *panssneg* hätte, wäre mit einem globalen Fehlerwert von 74.605 (statt 67.867; vgl. *Abbildung 66*) assoziiert; die Differenz von χ^2= 6.738 ist bei zwei Freiheitsgraden (*sansneg* ist im vollständigen Modell mit zwei Parametern vertreten!) signifikant.

Letztlich wird bei der multinomialen logistischen Regression auch eine Klassifikation aufgrund der Regressionsgleichungen vorgeschlagen, die mit der tatsächlichen Gruppenzugehörigkeit verglichen werden kann (vgl. *Abbildung 68*).

Likelihood-Quotienten-Tests

Effekt	Kriterien für die Modellanpassung	Likelihood-Quotienten-Tests		
	-2 Log-Likelihood für red. Modell	Chi-Quadrat	Freiheits-grade	Signifikanz
Konstanter Term	68.087	.220	2	.896
sozatt	73.695	5.828	2	.054
emo	71.440	3.573	2	.168
panssneg	70.160	2.294	2	.318
sansneg	74.605	6.738	2	.034

Abb. 67 Globaler Test der Prädiktoren

Vergleicht man diese Matrix mit der korrespondierenden der Diskriminanzanalyse (*Abbildung 60*), so sieht man leichte Abweichungen; allerdings ist es in diesem Datenbeispiel so, dass die Gesamtklassifikationsleistung bei beiden Verfahren gleich hoch ist.

Klassifikation

	Vorhergesagt			
Beobachtet	HN	NSK	HSK	Prozent richtig
HN	10	3	2	66.7%
NSK	3	5	5	38.5%
HSK	3	2	11	68.8%
Prozent insgesamt	36.4%	22.7%	40.9%	59.1%

Abb. 68 Klassifikationsmatrix der logistischen Regression

Machen wir uns noch kurz klar, nach welcher Regel die Klassifizierungen geschehen. Dazu hilft uns *Abbildung 69*. Hier sind faktisch für die einzelnen Fälle (also bei uns: Patienten) die Wahrscheinlichkeiten der Zugehörigkeit zu den drei Gruppen aufgeführt (rechte Spalte).[8] Es ist leicht zu sehen, dass in den ersten beiden Fällen die höchste Wahrscheinlichkeit bei der tatsächlichen Gruppe liegt; nur im dritten der gezeigten Fälle kommt es zu einer Fehlklassifikation.

8 Warum ist in der Tabelle von Häufigkeiten die Rede? Die multinomiale logistische Regression fasst Fälle mit gleichen Wertekombinationen zusammen. Wären unsere Prädiktoren zum Beispiel nominalskaliert, würde dies vermutlich zu zusammenfassenden Einträgen in der Tabelle führen, da es sicherlich Fälle mit gleicher Kombination gäbe. Hier steht aber jede Hauptzeile für einen Fall.

Beobachtete und vorhergesagte Häufigkeiten

sansneg	panssneg	emo	sozatt	sztype	Häufigkeit Beobachtet	Häufigkeit Vorhergesagt
-2.02439	-.51912	.13603	1.65908	HN	0	.023
				NSK	0	.047
				HSK	1	.930
-2.00800	.21401	-.76156	-.24904	HN	0	.068
				NSK	1	.490
				HSK	0	.442
-1.83925	-1.60150	-1.18327	.02856	HN	0	.033
				NSK	0	.625
				HSK	1	.341
.	.	.	.	.	.	.

Abb. 69 Beobachtete und vorhergesagte Häufigkeiten für einzelne Wertekombinationen der Prädiktoren (Auszug, beschränkt auf drei Fälle)

Setzen wir die Prädiktorwerte in die beiden logistischen Regressionsgleichungen ein (*Abbildung 65*), so erhalten wir zwei logarithmierte *odds ratio* (vgl. Kapitel 4.3), durch Exponenzieren die *odds ratio* selber. In unserem Fall handelt es sich um:

$$\frac{P(Y=NSK|x_1,x_2,x_3,x_4)}{P(Y=HN|x_1,x_2,x_3,x_4)} \quad \text{und} \quad \frac{P(Y=HSK|x_1,x_2,x_3,x_4)}{P(Y=HN|x_1,x_2,x_3,x_4)}$$

(x_1 bis x_4 stehen für die Prädiktor-Wertekombination des Falles.)

Im Folgenden nutzen wir P(NSK)/P(HN) und P(HSK)/P(HN) als Kurzform für die *odds ratio*. Wie kommen wir von diesen *odds ratio* zu den bedingten Wahrscheinlichkeiten P(NSK), P(HSK) und P(HN), so wie sie rechts in *Abbildung 69* abgedruckt sind? Da die drei Wahrscheinlichkeiten sich zu eins ergänzen und nichts dagegen spricht, einen Bruch um einen kürzbaren Term zu erweitern, können wir schreiben:

$$P(NSK) = \frac{P(NSK)}{P(NSK) + P(HSK) + P(HN)}$$

$$= \frac{P(NSK)/P(HN)}{P(NSK)/P(HN) + P(HSK)/P(HN) + P(HN)/P(HN)}$$

$$= \frac{P(NSK)/P(HN)}{P(NSK)/P(HN) + P(HSK/P(HN) + 1}$$

Die Formel lässt sich natürlich sinngemäß natürlich auch zur Bestimmung von P(HSK) und P(HN) anwenden.

Voraussetzungen der multinomialen logistischen Regression

Die logistische Regression beruht nicht auf Annahmen hinsichtlich der Verteilung. Ihre Lösung ist aber in der Regel stabiler, wenn die Vorhersagevariablen eine multivariate Normalverteilung aufweisen. Wie bei anderen Formen der Regression kann eine Multikollinearität zwischen den Prädiktoren zu verzerrten Schätzungen und erhöhten Standardfehlern führen. Im multinomialen Fall wird zudem erwartet, dass das Quotenverhältnis (*odds ratio*) von zwei beliebigen Kategorien unabhängig von allen anderen Antwortkategorien ist (*independence of irrelevant alternatives*). Was soll das bedeuten? Stellen wir uns vor, es stünden Angestellen, die Anrecht auf einen Firmenwagen haben, drei Alternativen zur Auswahl: BMW, Mercedes, Opel. Marktforscher wollen herausfinden, welche Merkmale der Angestellten die Wahl prognostizieren, und nutzen die multinomiale logistische Regression. Sie machen damit die Annahme, dass die individuelle Tendenz, Mercedes gegenüber Opel zu favorisieren, nicht durch die Präsenz der dritten Möglichkeit (BMW) beeinflusst ist. Das ist aber unwahrscheinlich: Nehmen wir einfach einmal an, jeweils ein Drittel der Angestellten würde sich für eine der drei Automarken entscheiden. Das Verhältnis der Wahlen von Mercedes zu Opel wäre also 1:1. Was würde passieren, wenn die Angestellten nur Mercedes und Opel zur Auswahl hätten. Vemutlich würden viele, die eigentlich BMW gewählt hätten, nun zu Mercedes übergehen – sozusagen als gleichwertiger Ersatz – und wenige zu Opel; das Verhältnis der Wahlen wäre nicht mehr 1:1 (vgl. Long & Freese, 2006).

Diskriminanzanalyse versus multinomiale logistische Regression?

Welches Verfahren sollte man rechnen? Die Abwägung betrifft zum einen die Voraussetzungen, die etwas unterschiedlich sind (s.o.): Die Diskriminanzanalyse ist da, grob gesprochen, anspruchsvoller. Allerdings macht die multinomiale logistische Regression die Annahme der *independence of irrelevant alternatives*, die nicht ohne weiteres erfüllt ist. Zum anderen ist der Grundansatz der multinomialen logistischen Regression, das Problem der Multinomialität in eine Reihe von *dummy*-Kontrasten aufzulösen, zwar clever, aber dies erschwert sicherlich in vielen Fällen die Interpretation der Prädiktorbeiträge. Letztlich stellt sich die Frage, welches Verfahren die besseren Prädiktionsbeiträge hat. Ganz eindeutig scheint dies nicht zu sein (vgl. z.B. Hossain, Wright & Petersen, 2002); es gibt Hinweise, dass die multinomiale logische Regression tendenziell besser abschneidet (Agresti, 2002; Bacher, Pöge & Wenzig, 2010; Bull & Donner, 1987).

Literatur

Umfassendere Darstellungen der Diskriminanzanalyse finden sich in Backhaus, Erichson, Plinke und Weiber (2011), Deichsel und Trampisch (1985) sowie (weiterführend) Huberty (2006). Die multinomiale logistische Regression wird bei Field (2013), Tabachnick und Fidell (2013) und Eid et al. (2013) thematisiert. Umfassendere Bücher zur logistischen Regression sind: Hilbe (2011); Hosmer et al. (2013); Kleinbaum und Klein (2010); Long und Freese (2006); Osborne (2014).

Exploratorische Faktorenanalyse und Skalenanalyse

10

Bislang wurden bei vielen der Beispielanalysen aggregierte Daten verwendet, etwa die Summe über eine Vielzahl von Items. Tatsächlich ist die psychologische Forschung aus messtheoretischen Gründen sehr stark auf das Aggregationsprinzip angewiesen: Eine einzelne Variable (z.B. ein einzelnes Item in einem Fragebogen) ist in der Regel zu stark fehlerbelastet, um ein reliabler Indikator für ein bestimmtes latentes Konstrukt zu sein; daher werden viele einzelne Indikatoren zusammengefasst, um eine verlässlichere Messung zu erhalten.

Dieses Prinzip liegt auch sehr vielen Fragebogenskalen zugrunde. Mehrere Items werden als parallele Messungen desselben Konstruktes angesehen und ihre Werte daher pro Person summiert. Die Sinnhaftigkeit dieses Vorgehens lässt sich durch drei Kriterien beurteilen: (1) Ist die Zusammenfassung „augenscheinvalide"? Erfassen die Items nach unserem theoretischen Verständnis jeweils Aspekte des angezielten Konstruktes? (2) Ist das empirische Kovariationsmuster tatsächlich so, dass wir von einem reliablen Aggregat ausgehen können? Enthalten also die zusammengefassten Items wirklich gemeinsame Varianz? (3) Zeigt das Aggregat das Verhalten, das wir theoretisch unterstellen? Konstrukte haben immer eine Stellung in einem theoretischen Netzwerk: Wir unterstellen zum Beispiel bestimmte Beziehungen zu anderen Konstrukten (und damit den zugeordneten Messvariablen); wir unterstellen bestimmte Unterscheidbarkeiten, das heißt, das Aggregat soll nicht *andere* Konstrukte reliabel messen; manchmal werden auch Moderatorbeziehungen angenommen, das heißt, die Ausprägung dieses Konstruktes bestimmt die Höhe des Zusammenhangs zwischen zwei weiteren Variablen.

Der erste, vorgeordnete Punkt betrifft die sorgfältige, theoretisch geleitete Konstruktion von Items und kann hier nicht Thema sein. Der dritte, nachgeordnete Punkt (die sogenannte Konstruktvalidität) ist implizit schon in den vorherigen Kapiteln enthalten: Dort wurden immer die Beziehungen von Variablen thematisiert, deren Reliabilität unausgesprochen vorausgesetzt wurde. Hier soll es nun also um den zweiten Punkt gehen: Weist das Kovariationsmuster einer Reihe von einzelnen Variablen (d.h. in typischen Anwendungsfällen: Fragebogenitems) auf gemeinsame „Quellen“ hin, so dass es sinnvoll ist, bestimmte Variablengruppen zusammenzufassen?

Das methodische Instrument, das häufig zur Beantwortung eingesetzt wird, ist die exploratorische Faktorenanalyse. Die Methode wird dazu eingesetzt, um (a) die Anzahl der „Quellen“ gemeinsamer Varianz abzuschätzen, (b) eine Gruppierung der Items zu erreichen und (c) den Anteil der gemeinsamen Varianz an der Gesamtvarianz der Items zu berechnen.

Es sollte schon vorab gesagt werden, dass die Hochzeit der Anwendung dieses Verfahrens wohl schon überschritten ist. In den 40er bis 60er-Jahren des letzten Jahrhunderts wurde die Faktorenanalyse insbesondere dazu eingesetzt, die „Grunddimensionen der Persönlichkeit“ herauszufinden (vgl. z.B. Asendorpf, 2007): Jeweils eine Fülle von Selbsteinschätzungen, Fremdeinschätzungen oder Beobachtungen wurden faktorenanalytisch behandelt, um die Frage zu beantworten, mit welcher Anzahl von unabhängigen Dimensionen sich ein Maximum an Personenunterschieden „erklären“ lässt. Aus inhaltlicher Sicht hat diese Frage seit damals an Interesse verloren (auch wenn sie seit einiger Zeit wieder etwas auflebt; vgl. die Diskussion zu den „Big Five“ z.B. bei Asendorpf, 2007). Aus methodischer Sicht wird heute in vielen Fällen die konfirmatorische Faktorenanalyse vorgezogen: Hierbei wird zunächst ein theoretisches Messmodell postuliert, dessen Passung mit den Daten dann überprüft wird. Die konfirmatorische Faktorenanalyse ist eine Anwendung von sogenannten Strukturgleichungsmodellen, die im Kapitel 13 eingeführt werden. Die „klassische“ Faktorenanalyse arbeitet dagegen rein datenorientiert; daher auch der Zusatz „exploratorisch“.

Nichtsdestoweniger wird dieses Verfahren in bestimmten Anwendungskontexten weiterhin gern benutzt. Das ist auch sinnvoll, solange man die Ergebnisse nicht überbewertet und auch die Probleme des Verfahrens kennt. Zu diesen typischen Anwendungskontexten gehört: (a) Ein bestimmtes Konstrukt (z.B. Depressivität) soll erfasst werden; eine Reihe von möglichen Items, die den inhaltlichen Bereich des Konstruktes abdecken, werden entworfen (z.B. Items, die verschiedene Depressionssymtomatiken ansprechen) und einer Stichprobe zur Beantwortung gegeben. Die Fragen, die sich hier stellen, sind: Wird durch die Items ein homogenes Konstrukt abgedeckt oder sind mehrere unabhängige Aspekte zu unterscheiden (z.B. Hoffnungslosigkeit und Selbstwert)? Welche Items „funktionieren“, welche nicht? (Nicht jedes vom Fragebogenkonstrukteur wohlüberlegte Item wird im intendierten Sinne von den Probanden aufgefasst.) (b) Ein bestimmter Phänomenbereich (z.B. Wohnzufriedenheit) wird möglichst umfassend in Items abgebildet (d.h. die Zufriedenheit mit allen möglichen Aspekten der Wohnumgebung, die relevant sein können, wird abgefragt). Rein exploratorisch wird faktorenanalytisch ausgewertet, wie viele unabhängige Aspekte des Phänomens anzunehmen sind (zum Beispiel Zufriedenheit mit der Wohnung, mit der Lage, mit dem sozialen Umfeld).

Das typische Vorgehen enthält dann im Kern zwei Phasen: (1) die Faktorenanalyse der Items, (2) die Reliabilitätsanalyse der aufgrund der Faktorenanalyse gebildeten Skalen. Im Folgenden soll an einem Beispieldatensatz dieses Vorgehen demonstriert werden. Dazu wurde eine Auswahl von Items aus dem Fragebogen zum Umgang mit Problemen von Brandtstädter und Renner (1990) zusammengestellt. Die Daten stammen aus einer Studie mit Studierenden als Probanden (N = 105; Wittmann & Gohl, 1996). Dieser Fragebogen enthält zwei Skalen; zum einen wird die *Hartnäckigkeit der Zielverfolgung* (HZ), zum anderen die *Flexibilität der Zielanpassung* (FZ) erfasst.

		trifft gar nicht zu				trifft genau zu
3.	Bei der Durchsetzung meiner Interessen kann ich sehr hartnäckig sein.	-2	-1	0	1	2
4.	Auch im größten Unglück finde ich oft noch einen Sinn.	-2	-1	0	1	2
7.	Ich neige dazu, auch in aussichtslosen Situationen zu kämpfen.	-2	-1	0	1	2
10.	Ich verzichte auch mal auf einen Wunsch, wenn er mir schwer erreichbar erscheint.	-2	-1	0	1	2
11.	Wenn ich auf unüberwindbare Hindernisse stoße, suche ich mir lieber ein neues Ziel.	-2	-1	0	1	2
12.	Das Leben ist viel angenehmer, wenn ich mir keine hohen Ziele stecke.	-2	-1	0	1	2
17.	Ich kann auch dem Verzicht etwas abgewinnen.	-2	-1	0	1	2
20.	Wenn etwas nicht nach meinen Wünschen läuft, gebe ich eher meine Wünsche auf, als lange zu kämpfen.	-2	-1	0	1	2
24.	Auch wenn mir ein Wunsch nicht erfüllt wird, ist das für mich kein Grund zur Verzweiflung: Es gibt ja noch andere Dinge im Leben.	-2	-1	0	1	2
26.	Mit Niederlagen kann ich mich nur schlecht abfinden.	-2	-1	0	1	2
30.	Ich will nur dann wirklich zufrieden sein, wenn sich meine Wünsche ohne Abstriche erfüllt haben.	-2	-1	0	1	2

Abb. 70 Itemauswahl aus dem „Fragebogen zum Umgang mit Problemen" (Brandtstädter & Renner, 1990)

HZ erfasst die Ausprägung in der Tendenz, auch angesichts von Widrigkeiten und Hindernissen beim Anstreben persönlicher Ziele weiter aktiv das Ziel zu verfolgen. (Ab welchem deutschen Torerfolg im Halbfinale der Fußballweltmeisterschaft 2014 haben die einzelnen brasilianischen Nationalspieler innerlich aufgehört, auf Sieg zu spielen?) FZ erfasst die Ausprägung in der Tendenz, Ziele abzuwerten, nachdem man eingesehen hat, dass sie unwiderruflich nicht zu erreichen sind. (Wann setzte bei den einzelnen brasilianischen Spielern das Empfinden ein, dass der Gewinn der Weltmeisterschaft nicht das Wichtigste der Welt ist?) Eigentlich besteht jede Skala aus 15 Items; wir haben uns hier auf 6 (HZ) und 5 (FZ) Items beschränkt. *Abbildung 70* zeigt das Fragebogenformat mit der Auswahl der Items.

In *Tabelle 11* sind die Interkorrelationen der Items wiedergegeben. Die Korrelationen sind nicht allzu hoch; es fällt auch nicht leicht, Kovarianz*strukturen* in der umfangreichen Tabelle zu erkennen. Wir werden daher die Daten einer Faktorenanalyse unterziehen.

10.1 Die Hauptkomponentenanalyse

Der erste Schritt besteht darin, eines der verschiedenen faktorenanalytischen Verfahren auszuwählen. In dem hier eingeführten pragmatischen Verwendungskontext der Faktorenanalyse ist die sogenannte Hauptkomponentenanalyse das gebräuchlichste Verfahren; wir werden uns weitgehend darauf beschränken (vgl. z.B. Tabachnick & Fidell, 2013, für Hinweise zu anderen Verfahren wie Hauptachsenmethode, Maximum-Likelihood-Faktorenanalyse, Alpha-Faktorenanalyse, Image-Analyse etc.). Lediglich auf die *Hauptachsenmethode* und die *Maximum-Likelihood-Faktorenanalyse* wird weiter unten noch kurz eingegangen. Wissen sollte man allerdings, dass terminologisch zwischen *Hauptkomponentenanalyse* und *Faktorenanalyse* (im engeren Sinne) unterschieden wird (z.B. Andres, 1996; Schönemann & Borg, 1996; vgl. aber auch Field, 2013; Tabachnick & Fidell, 2013). Es entspricht allerdings dem normalen alltäglichen Sprachgebrauch unter Anwendern, die Hauptkomponentenanalyse als eine Variante der Faktorenanalyse zu bezeichnen.

Tabelle 11 Korrelationsmatrix der Beispielitems

	FT3	FT4	FT7	FT10	FT11	FT12	FT17	FT20	FT24	FT26	FT30
FT3	-	.07	.26*	-.33*	-.22*	.18	-.01	-.34*	.05	-.02	.17
FT4	.07	-	.17	.05	-.07	-.04	.30*	.01	.16	-.36*	-.19
FT7	.26*	.17	-	-.30*	-.30*	-.40*	.11	-.43*	.18	-.21*	-.01
FT10	-.33*	.05	-.30*	-	.48*	.17	-.06	.42*	-.11	.07	.01
FT11	-.22*	-.07	-.30*	.48*	-	.26*	-.25*	.33*	-.18	.09	.01
FT12	-.18	-.04	-.40*	.17	.26*	-	-.10	.30*	-.15	.06	.06
FT17	-.01	.30*	.11	-.06	-.25*	-.10	-	.03	.40*	-.38*	-.14
FT20	-.34*	.01	-.43*	.42*	.33*	.30*	.03	-	-.04	.12	-.08
FT24	.05	.16	.18	-.11	-.18	-.15	.40*	-.04	-	-.26*	-.23*
FT26	-.02	-.36*	-.21*	.07	.09	.06	-.38*	.12	-.26*	-	.15
FT30	.17	-.19	-.01	.01	.01	.06	-.14	-.08	-.23*	.15	

* $p < .05$

Schritt 1: Die Extraktion der Hauptkomponenten

Die Hauptkomponentenanalyse ist ein Algorithmus, der schrittweise die gemeinsame Varianz der Items in den sogenannten Hauptkomponenten bindet.[9] Wir gehen hier von *z*-transformierten Variablen z_1 bis z_m aus, da jedes Item in der Regel gleichgewichtig in die Analyse eingehen soll (und nicht die Items mit größerer Varianz bevorzugt werden sollen). Es wird dann – ähnlich wie bei der multiplen Regression – eine Linearkombination der Items gebildet.

$$F_1 = b_{11} \cdot z_1 + b_{12} \cdot z_2 + ... + b_{1m} \cdot z_m$$

Der Unterschied besteht allerdings darin, dass wir keine gemessene Kriteriumsvariable als Referenz haben, so dass wir die Gewichte so anpassen könnten, dass die Summe der Residuen-Quadrate minimiert wird. Der erste Faktor (die erste Hauptkomponente) wird nach einem anderen Kriterium gebildet: Die Gewichte werden so angepasst, dass ein Maximum der Varianz aller Items durch den Faktor

9 Faktorenanalytische Verfahren werden üblicherweise als Matrix-Kalküle eingeführt (vgl. z.B. Tabachnick & Fidell, 2013). Die folgende für den nicht mit Matrix-Algebra vertrauten Leser einfachere Heranführung findet sich zum Beispiel in Stevens (2002).

gebunden wird. Technisch ausgedrückt heißt das, dass die Summe der quadrierten Korrelationen zwischen Item und Faktor (= *Eigenwert*) maximiert wird.

$$V_1 = \sum_{j=1}^{m} r^2_{F_1 \cdot z_j}$$

Als Nebenbedingung bei der Anpassung der Gewichte wird vereinbart, dass die Varianz der ersten Hauptkomponente den Wert eins annehmen soll. (Die erste Hauptkomponente ist somit auch z-standardisiert, da der Mittelwert automatisch null beträgt).

Im nächsten Schritt werden alle Items bezüglich der ersten Hauptkomponente residualisiert. Würde man die Rechnung tatsächlich Schritt für Schritt ausführen, hieße das: Aufgrund der im ersten Schritt ermittelten Gewichte können die Werte der ersten Hauptkomponente für jede Versuchsperson berechnet werden, so dass eine neue Variable entsteht. Dann kann für jedes Item eine bivariate lineare Regression gerechnet und die Residuumsvariable bezüglich dieser Regression gebildet werden. Die Hauptkomponente wird aus den Items herauspartialisiert.

$$z_{j-F_1} = z_j - r_{F_1 \cdot z_j} \cdot F_1$$

Zur Erläuterung dieser Gleichung: Zur Residuumsbildung wird von den Items z_j das durch die erste Hauptkomponente vorhergesagte z_j subtrahiert. In der Standardform wäre dies der Ausdruck ($b_0 + b_1F_1$). Da hier aber durchweg mit z-standardisierten Variablen gerechnet wird, ist $b_0 = 0$ und $b_1 = \beta_1$ = Korrelation z_j mit F_1 (vgl. Kapitel 2).

Im nächsten Schritt kann nun die zweite Hauptkomponente gebildet werden, indem das Maximum gemeinsamer Varianz in den *Residuumsvariablen* durch eine Linearkombination gebunden wird.

$$F_2 = b_{21} \cdot z_{1-F_1} + b_{22} \cdot z_{2-F_1} + \ldots + b_{2m} \cdot z_{m-F_1}$$

Danach können wieder die Residuen bezüglich der zweiten Hauptkomponente gebildet werden, indem aus den Residuumsvariablen erster Ordnung der durch die zweite Hauptkomponente vorhersagbare Anteil herausgerechnet wird. Dieses Spiel kann fortgesetzt werden, bis m Hauptkomponenten extrahiert sind.

Was haben wir mit diesem Verfahren gewonnen? Zunächst scheint es so, als handele es sich um ein „Null-Summen-Spiel“: m Items werden durch m Faktoren dargestellt. Dem Ziel der Datenreduktion scheinen wir noch nicht näher gekommen zu sein. Allerdings ist es so, dass die Faktoren streng nach ihrer Varianzbindung geordnet sind: Der erste Faktor bindet den größten Anteil an gemeinsamer Varianz, der zweite den zweihöchsten usw. Um uns das deutlich vor Augen zu führen, sei der Schritt 1 an dem Datenbeispiel vorgeführt. Zunächst soll die in *Abbildung 71* wiedergegebene Tabelle besprochen werden.

Erklärte Gesamtvarianz

Komponente	Anfängliche Eigenwerte			Summen von quadrierten Faktorladungen für Extraktion		
	Gesamt	% der Varianz	Kumulierte %	Gesamt	% der Varianz	Kumulierte %
1	2.818	25.614	25.614	2.818	25.614	25.614
2	1.924	17.488	43.102	1.924	17.488	43.102
3	1.023	9.303	52.405	1.023	9.303	52.405
4	.973	8.842	61.247			
5	.848	7.706	68.954			
6	.743	6.757	75.710			
7	.719	6.537	82.248			
8	.568	5.160	87.408			
9	.495	4.496	91.904			
10	.461	4.193	96.097			
11	.429	3.903	100.000			

Abb. 71 Ausgabe der Hauptkomponentenanalyse (Auszug)

Die wichtigste Information dieses ersten Schrittes der Hauptkomponentenanalyse besteht in den Eigenwerten der Faktoren. Um diese Werte richtig zu beurteilen, sei daran erinnert, dass der Eigenwert eines Faktors die Summe der quadrierten Korrelationen zwischen Faktor und Items ist. Wenn also alle beteiligten Items zu eins miteinander korrelieren würden, hätte die erste Hauptkomponente einen Eigenwert von m (= Anzahl der Items); er würde somit 100 Prozent der Itemvarianz binden. (Folglich wären die Eigenwerte aller weiteren Hauptkomponenten null, da keine Varianz mehr übrig wäre.) In diesem Fall sehen wir, dass der erste Faktor einen Eigenwert von 2.82 hat; dies entspricht 25.6% (= [2.82/11]×100) der gesamten Itemvarianz. Die Eigenwerte nehmen dann sukzessiv ab; schon der vierte Faktor bindet weniger Varianz, als durch ein einzelnes Item eingebracht wird, da sein Eigenwert niedriger als eins ist. An der Spalte „Kumulierte %“ kann man ablesen, dass mit dem letzten Faktor der letzte Rest an Varianz gebunden wurde: 100 Prozent der gesamten Itemvarianz ist durch elf Faktoren „erklärt" worden.

Schritt 2: Die Auswahl einer geeigneten Faktorenanzahl

Auch an dieser Stelle gibt es mehrere Antworten. Allerdings haben sich typische Vorgehensweisen etabliert (vgl. z.B. Bortz & Schuster, 2010).

Die erste Antwort: Lasse Faktoren mit Eigenwerten kleiner eins unberücksichtigt! (Kaiser-Guttman-Kriterium; diese Regel wird von SPSS voreinstellungsmäßig verwendet.) Das Rationale dieser Regel ergibt sich dadurch, dass auf diese Weise Faktoren außen vor bleiben, die nicht einmal mehr so viel Varianz binden, wie ein Item in die Analyse einbringt. Nach diesem Kriterium würden wir bei unserem Datenbeispiel also drei Faktoren extrahieren. Diese Regel wird dazu verwendet, um die maximale Anzahl der Faktoren zu bestimmen; typischerweise wird man allerdings hiernach noch mehr Faktoren erhalten, als aus theoretischen oder interpretatorischen Gründen erwünscht ist.

Die zweite Antwort: Überprüfe vor der Extraktion jedes Faktors, ob die Korrelationsmatrix (der Items bzw. Itemresiduen) signifikant von der Einheitsmatrix abweicht! Falls dies nicht der Fall ist, stoppe die Extraktion und rechne mit der Anzahl von Faktoren, die sich bis zu diesem Schritt ergeben hat. Die Einheitsmatrix hat den Wert eins in den Diagonalzellen und den Wert null in allen anderen Zellen. Bei der Korrelationsmatrix würde das Vorliegen einer Einheitsmatrix somit bedeuten, dass keine Interkorrelationen der Items (bzw. Itemresiduen) mehr zu beobachten sind. Das SPSS liefert die entsprechenden Kennwerte leider nicht. Der von Steiger (1980) formulierte Test (vgl. dazu auch Bortz & Schuster, 2010) ist aber recht einfach und kann im Bedarfsfall leicht berechnet werden. Dieses Vorgehen liefert aber in der Regel zu viele Faktoren, so dass diese Antwort in der Praxis selten gesucht wird.

Die dritte Antwort erhalten wir durch eine visuelle Inspektion des Eigenwertediagramms (*Abbildung 72*; dunklere Linie). In dieser Grafik sind die Eigenwerte auf der Y-Achse, die Faktornummer auf der X-Achse abgetragen. *Abbildung 72* weist ein typisches Merkmal derartiger Verläufe auf: Ab einer bestimmten Ordnungsnummer (hier: ab Nummer 3) ähnelt der Verlauf approximativ einer nur noch sanft abfallenden Geraden. Von den höheren Nummern aus betrachtet, weicht als erster Faktor die Hauptkomponente 2 von dieser Geraden ab. Cattell (1966) schlug vor, diesen „Knick" im Eigenwerteverlauf als Kriterium zu nutzen. Dieses visuelle Kriterium wird auch als „Scree-Test" bezeichnet und stellt das am häufigsten angewandte Verfahren dar. In der Regel wird empfohlen (vgl. z.B. Bortz & Schuster, 2010; Cattell & Vogelmann, 1977; Tabachnick & Fidell, 2013), nur diejenigen Faktoren zu extrahieren, deren Eigenwerte *nicht mehr auf* der Geraden liegen. Im Beispielfall würde man also eine Lösung mit zwei Faktoren annehmen.

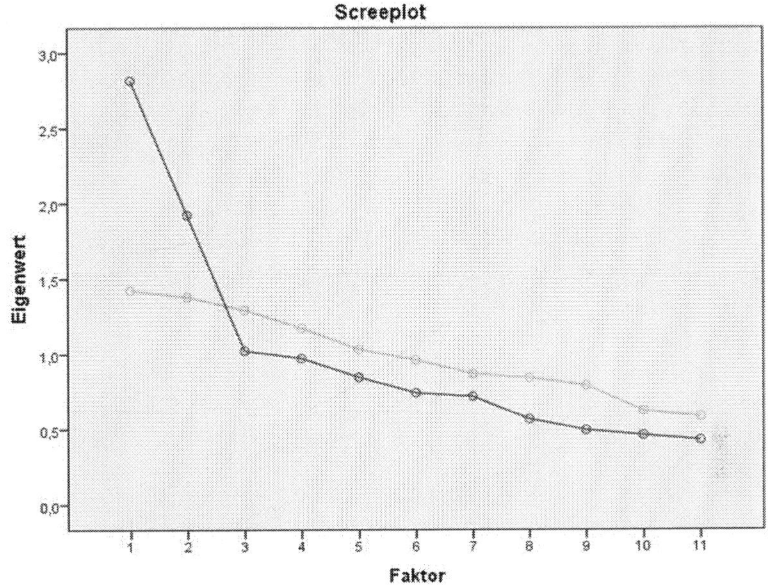

Abb. 72 Eigenwerteverlauf (*Screeplot*) für das Datenbeispiel (dunkle Linie) und Zufallsvariablen (helle Linie)

Was könnte der Grund für das gewählte Kriterium sein? Zum einen ist es so, dass Simulationsdaten (also Daten, bei denen man die exakte Faktorstruktur kennt) in der Regel Eigenwertverläufe produzieren, die nach dem *Scree*-Kriterium die korrekte Anzahl von Faktoren liefern. Zum anderen wird die Begründung deutlich, wenn man einmal statt der elf empirisch erhobenen Items elf unabhängige Zufallsvariablen erzeugt (vgl. *Online Plus*) und diese faktorenanalysiert. Für unabhängige Zufallsvariablen weicht die Korrelationsmatrix nicht bedeutsam von der Einheitsmatrix ab; das heißt, es gibt keine gemeinsame Varianz, die sich sinnvoll durch wenige Faktoren darstellen lässt.

Um den zentralen Punkt pointiert herauszustellen, wurden die Eigenwertverläufe des empirischen Datenbeispiels (dunkle Linie) und der unabhängigen Zufallsvariablen (helle Linie) in *Abbildung 72* übereinandergelegt. Wie deutlich zu sehen ist, ergibt die Analyse der unabhängigen Zufallsvariablen einen Eigenwerteverlauf, der vollständig durch eine sanft abfallende Gerade approximiert werden kann.

Im Grunde steckt somit hinter dem *Scree*-Test eine vierte Antwort, die allerdings wieder selten gesucht wird.

Die vierte Antwort: Horn (1965) schlägt vor, den Schnittpunkt des empirischen Eigenwerteverlaufs mit dem durch unabhängige normalverteilte Zufallsvariablen gewonnenen Verlauf als Abbruchkriterium zu nutzen (sog. *Parallelanalyse*). Wie kann man diesen Schnittpunkt bestimmen? Dem SPSS ist ein Zufallszahlengenerator eingebaut, so dass leicht Zufallsvariablen erzeugt werden können (vgl. dazu *Online Plus*). Für jede Ziehung wird der Eigenwerteverlauf ermittelt. Über eine (möglichst große) Anzahl von Ziehungen werden die Eigenwertverläufe dann gemittelt (d.h. also, dass die Eigenwerte der jeweils ersten Faktoren gemittelt werden, die der jeweils zweiten usw.). Dieser hoch reliable Zufallseigenwerteverlauf wird dann mit dem empirischen Verlauf verglichen (wie es in *Abbildung 72* für eine einzige Ziehung von Zufallszahlen gezeigt wird). Für unser Beispiel führen die Berechnungen zu einem Ergebnis, das auch durch *Abbildung 72* nahegelegt wird, also zur Extraktion von zwei Faktoren.

Die fünfte Antwort: Der sogenannte MAP-Test (*Minimum-Average-Partial-Test*; Velicer, 1976) geht so vor: Für die Korrelationsmatrix der Items und für jede Residuen-Korrelationsmatrix (nach der Extraktion und damit Auspartialisierung der ersten, zweiten usw. Hauptkomponente aus den Items; s.o.) wird die durchschnittliche (Partial-)Korrelation berechnet. Es wird die Anzahl an Faktoren extrahiert, bei der die mittlere quadrierte (Partial-)Korrelation am geringsten ist. Denn genau an dieser Stelle ist der systematische Varianzanteil zwischen den Variablen ausgeschöpft und nachfolgende Faktoren binden nur noch Zufallsvarianz. Unter Umständen liefert die ursprüngliche Korrelationsmatrix den geringsten Wert; dann ist dies ein Hinweis, dass die Items sich nicht für eine Faktorenanalyse eignen.

Nachdem die Anzahl der Faktoren bestimmt wurde, wird die Faktorenanalyse-Prozedur ein zweites Mal aufgerufen; diesmal mit der Zusatzanweisung, dass nur zwei Faktoren extrahiert werden. Die Ausgaben, die für diesen zweiten Schritt besprochen werden sollen, sind in *Abbildung 73* wiedergegeben. In der ersten Tabelle sehen wir die Kommunalitäten, also der Anteil der Itemvarianz, der durch die Faktoren gebunden wird. In der Spalte „Anfänglich" steht immer der Wert, der sich ohne Beschränkung der Faktorenanzahl ergibt; er ist bei der Hauptkomponentenanalyse immer eins. In der Spalte „Extraktion" sind die Kommunalitäten angegeben, die sich durch die zwei extrahierten Faktoren ergeben. Wir können sehen, dass der Anteil der gebundenen Varianz von gut einem Viertel (FT30) bis zu deutlich über die Hälfte (FT20) variiert. Hiermit haben wir einen ersten Hinweis auf die Güte einzelner Items, denn ein gutes Skalenitem sollte möglichst viel Varianz mit den anderen Skalenitems teilen.

Kommunalitäten

	Anfänglich	Extraktion
ft3	1.000	.371
ft4	1.000	.385
ft7	1.000	.492
ft10	1.000	.496
ft11	1.000	.449
ft12	1.000	.304
ft17	1.000	.540
ft20	1.000	.563
ft24	1.000	.418
ft26	1.000	.458
ft30	1.000	.265

Komponentenmatrix

	Komponente	
	1	2
ft3	-.475	-.381
ft4	-.302	.542
ft7	-.691	-.122
ft10	.615	.344
ft11	.655	.139
ft12	.535	.133
ft17	-.412	.608
ft20	.624	.416
ft24	-.433	.480
ft26	.414	-.536
ft30	.109	-.503

Abb. 73 Ausgabe der Hauptkomponentenanalyse (Auszug)

Darüber hinaus ist in *Abbildung 73* die Faktor-Ladungsmatrix („Komponentenmatrix“) abgedruckt. Die *Ladungen* sind die Korrelationen der Items mit dem Faktor (also der geschätzten Linearkombination aller Items; s.o.). Zur Vertiefung der bisher eingeführten Begriffe ist noch einmal festzuhalten, dass die *zeilenweise* Summierung der quadrierten Ladungen die Kommunalitäten ergibt, während die *spaltenweise* Summierung in den Eigenwerten resultiert.

Ein Ziel der Faktorenanalyse ist es, zu *interpretierbaren* Faktoren zu gelangen. Diesem Ziel kommt man in der Regel dann näher, wenn man feststellen kann, dass sich jedem Faktor genau eine Teilmenge von Items im Sinne hoher Ladungen zuordnen lässt, oder – andersherum betrachtet – wenn jedes Item genau auf einem Faktor hoch lädt. Ist diese sogenannte *Einfachstruktur* gegeben, kann das inhaltlich Gemeinsame der auf einem Faktor hoch ladenden Items zur Interpretation und Kennzeichnung des Faktors genutzt werden. Betrachtet man nach einer groben Faustregel Ladungen mit einem Betrag von über .40 als bedeutsam, so lässt die oben abgedruckte Matrix eine solche Einfachstruktur vermissen. Die meisten hohen Ladungen finden wir für Faktor 1; außerdem laden einige Items auf beiden Faktoren hoch.

Diese Struktur ist allerdings im Algorithmus angelegt: Die varianzstärkste Hauptkomponente zeigt in der Regel mit sehr vielen Items hohe bis moderat hohe Ladungen. Bei einer zweifaktoriellen Struktur lässt sich dieses Problem recht gut veranschaulichen, indem die Items mit ihren Ladungen im durch die Faktoren gebildeten Koordinatensystem eingetragen werden (vgl. *Abbildung 74*).

Zweierlei ist zu sehen: Es gibt zum einen durchaus „Cluster" von Items, das heißt Itemgruppen, deren Elemente relativ nahe beieinander liegen. Außerdem liegen sich jeweils zwei der Gruppen gegenüber; das heißt, sie lassen sich durch eine Linie miteinander verbinden, die durch den Ursprung geht. Zum anderen liegen die Cluster aber jeweils in den Quadranten des Koordinatensystems; die Achsen fallen nicht mit den gerade angesprochenen Linien zusammen. Für die Interpretation geeigneter wäre es, das Koordinatensystem zu drehen, so dass die Achsen möglichst gut in die Item-Cluster hineingehen. Tatsächlich wird genau dies in einem nächsten Schritt bei der Faktorenanalyse getan.

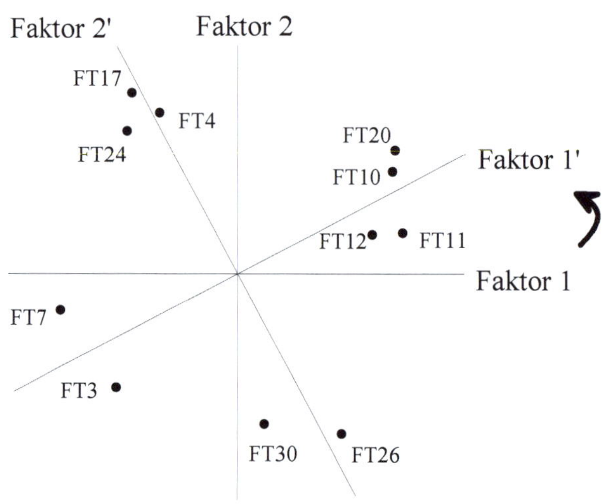

Abb. 74 Die Lage der Items im Faktorensystem und Rotation des Faktorensystems

Schritt 3: Die Rotation des Faktorensystems

Bleiben wir zunächst bei der Veranschaulichung. *Abbildung 74* zeigt die eben angesprochene Rotation des Koordinatensystems. Im Prinzip könnten nach einer solchen grafischen Rotation die neuen Ladungen abgelesen werden; wir hätten dann bei dem Beispieldatensatz eine relativ gute Einfachstruktur erreicht. Dieses Verfahren wäre allerdings ungenau und bei mehr als zwei Faktoren kaum durchzuführen. Daher wird ein mathematisches Kalkül angewandt, das eine entsprechende Lösung bietet.

Der *Varimax*-Algorithmus ist einer von mehreren möglichen Rotationsalgorithmen (so wie – es sei noch einmal betont – die Hauptkomponentenanalyse nur eine von mehreren möglichen Faktorenextraktionsmethoden ist); er ist aber der gebräuchlichste. Er funktioniert nach folgendem Rationale: Das Kriterium der Einfachstruktur wird so formalisiert, dass die Varianz der quadrierten Ladungen auf den Faktoren maximiert werden soll. Das heißt, für jeden Faktor wird die Varianz der quadrierten Ladungen berechnet, die natürlich dann besonders hoch ist, wenn eine Reihe von Items hoch auf ihm laden, andere aber sehr niedrig. Die Summe dieser Varianzen wird maximiert.

Rotierte Komponentenmatrix

	Komponente	
	1	2
ft20	.746	
ft10	.704	
ft7	-.669	
ft11	.645	
ft3	-.598	
ft12	.536	
ft17		.730
ft26		-.666
ft24		.626
ft4		.621
ft30		-.496

Komponententransformationsmatrix

Komponente	1	2
1	.887	-.462
2	.462	.887

Abb. 75 Ladungsmatrix nach Rotation (links; Items sind sortiert und Werte < |.30| sind unterdrückt) und Transformationsmatrix (rechts)

Die Ausgabe wird jetzt ergänzt um die Tabellen, die in *Abbildung 75* gezeigt werden. Die rechte Tabelle in der Abbildung gibt die Rotation an: Faktor 1 (neu) ergibt sich dadurch, dass die neue Achse durch den Punkt (.887, .462) gelegt wird; Faktor 2 (neu) ergibt sich dadurch, dass die Achse durch den Punkt (-.462, .887) gelegt wird. Diese Werte sind aber in der Regel nicht weiter bedeutsam.

Wichtig ist aber die neue rotierte Ladungsmatrix. Ein Blick zeigt, dass jetzt auf jedem Faktor einige Items sehr hoch laden, andere nur gering und dass jedes

Item nur auf einem der beiden Faktoren hoch lädt. Die Kommunalitäten bleiben bei diesem Verfahren erhalten. Die relativen Varianzanteile, die auf jeden Faktor zurückgehen, haben sich jedoch verschoben. (Tabelle „Erklärte Gesamtvarianz" – vgl. *Abbildung 71* – wird, sobald eine Rotation durchgeführt wurde, um diese Werte ergänzt.)

Oblique („schiefwinklige") Rotation

Als Alternative zur *Varimax*-Rotation kann auch eine oblique Rotation gewählt werden. Hierbei werden Korrelationen zwischen den Faktoren zugelassen. In *Abbildung 74* würde dies zum Beispiel bedeuten, dass das Koordinatensystem nicht nur gedreht, sondern auch noch der rechte Winkel zwischen den Achsen aufgegeben würde, um eine Einfachstruktur zu erreichen (daher auch der Begriff „schiefwinklig"). Ein vielbenutzter Algorithmus ist die *Quartimin*-Rotation. Sie ist ein Spezialfall des *direkten Oblimin*-Verfahrens: Beim *Oblimin*-Verfahren muss ein Parameter (Delta) spezifiziert werden, der Randbedingungen für die Höhe der möglichen Korrelationen setzt (vgl. Tabachnick & Fidell, 2013); die *Quartimin*-Rotation erhält man bei der Wahl des Wertes null.

Wichtig zu wissen ist, dass man bei obliquer Rotation statt einer Ladungsmatrix zwei Matrizen erhält: eine *Mustermatrix* (*pattern matrix*) und eine *Strukturmatrix* (*structure matrix*). Man kann sich leicht klarmachen, warum das so ist: Solange die Faktoren unkorreliert sind, ist der spezifische Anteil, den ein Faktor an einem Item hat, identisch mit der Korrelation von Faktor und Item. Anders formuliert: Regrediert man ein Item auf die orthogonalen Faktoren, so sind die Beta-Gewichte identisch mit den Korrelationen (vgl. Kapitel 3.1). Falls die Faktoren (also: die Prädiktoren der Items) korreliert sind, ist das – wie wir wissen – anders (vgl. Kapitel 3.3). Die *Mustermatrix* enthält dementsprechend die Beta-Gewichte, während die *Strukturmatrix* die Korrelationen zeigt. In der Regel wird die *Mustermatrix* interpretiert (vgl. Tabachnick & Fidell, 2013).

10.2 Skalenbildung und Reliabilitätsanalyse

Im nächsten Schritt werden die Items gemäß ihrer Ladung gruppiert. Auch an dieser Stelle kann man wieder „schlechte" Items im Sinne einer reliablen Skalenbildung identifizieren. Sowohl Items, die auf keinem der Faktoren hoch laden (Faustregel: Ladungsbeträge alle < .40), als auch solche, die auf mehreren Faktoren hoch laden, sind problematisch.

Fürntratt (1969) gibt die Empfehlung, dass ein Item nur dann akzeptiert werden sollte, wenn mindestens die Hälfte der bei diesem Item gebundenen Varianz auf genau einen Faktor rückführbar ist. Das heißt, der Quotient aus dem Quadrat der höchsten Ladung und der Kommunalität sollte größer als .50 sein. Eine Beispielrechnung für das Item FT3 ergibt z.B. einen „Fürntratt"-Wert von $-0.598^2/0.371 = 0.96$. (Bei einer Zwei-Faktoren-Lösung ist dieses Kriterium natürlich trivialerweise immer erfüllt.)

Für unser Datenbeispiel ergibt sich eine recht gute Struktur (vgl. *Tabelle 12*): Die Items, die im Sinne von Brandtstädter und Renner (1990) zur Skala „Hartnäckigkeit der Zielverfolgung" gehören, laden auf einem Faktor hoch, diejenigen der Skala „Flexibilität der Zielanpassung" auf dem anderen. Außerdem harmoniert die Variation der inhaltlichen „Polung" der Items, das heißt, ob eine Zustimmung zu dem Item im Sinne einer hohen oder niedrigen Ausprägung des Konstruktes zu verstehen ist, mit der Variation der Ladungsvorzeichen. (Wir haben der Einfachheit halber die Vorzeichen der Ladungen auf F1 relativ zur *Abbildung 75* umgedreht.)

Tabelle 12 Gruppierung der Items nach ihrer Faktorladung

Item	Ladung auf F1	Ladung auf F2
Hartnäckigkeit der Zielverfolgung		
3. Bei der Durchsetzung meiner Interessen kann ich sehr hartnäckig sein.	.60	-.12
7. Ich neige dazu, auch in aussichtslosen Situationen zu kämpfen.	.67	.21
10. Ich verzichte auch mal auf einen Wunsch, wenn er mir schwer erreichbar erscheint. (-)	-.70	.02
11. Wenn ich auf unüberwindbare Hindernisse stoße, suche ich mir lieber ein neues Ziel. (-)	-.65	-.18
12. Das Leben ist viel angenehmer, wenn ich mir keine hohen Ziele stecke. (-)	-.54	-.13
20. Wenn etwas nicht nach meinen Wünschen läuft, gebe ich eher meine Wünsche auf, als lange zu kämpfen. (-)	-.75	.08
Flexibilität der Zielanpassung		
4. Auch im größten Unglück finde ich oft noch einen Sinn.	.02	.62
17. Ich kann auch dem Verzicht etwas abgewinnen.	.08	.73
24. Auch wenn mir ein Wunsch nicht erfüllt wird, ist das für mich kein Grund zur Verzweiflung: Es gibt ja noch andere Dinge im Leben.	.16	.63
26. Mit Niederlagen kann ich mich nur schlecht abfinden. (-)	-.12	-.67
30. Ich will nur dann wirklich zufrieden sein, wenn sich meine Wünsche ohne Abstriche erfüllt haben. (-)	.14	-.50

Anmerkung: Umzupolende Items wurden durch (-) gekennzeichnet (Erläuterung siehe Text)

Ein typisches weiteres Vorgehen besteht nun darin, zunächst diejenigen Items „umzupolen", die im Sinne einer niedrigen Ausprägung des Konstruktes formuliert wurden. Nach dieser Rekodierung wird eine Reliabilitätsanalyse durchgeführt (s. *Online Plus* für die Vorgehensweise). Man erhält die Ausgabe, die in *Abbildung 76* gezeigt wird.

Der wichtigste Wert dieser Analyse ist der bekannte *Cronbachs Alpha*-Wert (vgl. z.B. Pospeschill & Spinath, 2009; Steyer & Eid, 2001). Dieser Koeffizient wird auch als *Konsistenzkoeffizient* bezeichnet und gibt unter bestimmten Annahmen die Reliabilität des Skalensummenscores an; bei weniger restriktiven Annahmen bestimmt er zumindest die untere Grenze der Reliabilität (vgl. dazu Steyer & Eid, 2001).

Cronbachs Alpha	Anzahl der Items
.727	6

	Skalenmittelwert, wenn Item weggelassen	Skalenvarianz, wenn Item weggelassen	Korrigierte Item-Skala-Korrelation	Cronbachs Alpha, wenn Item weggelassen
ft3	16.7238	14.317	.372	.713
ft7	17.3333	12.801	.510	.673
ft10r	17.8381	12.656	.511	.673
ft11r	17.6571	12.881	.480	.683
ft12r	16.7143	13.821	.361	.719
ft20r	16.8286	13.586	.552	.668

Abb. 76 Ausgabe der Reliabilitätsanalyse (Items mit dem Anhang „r" wurden rekodiert, vgl. *Online Plus*)

Dieser Wert (der maximal eins werden kann) sollte natürlich möglichst hoch sein. Typische Faustregeln bestehen darin, Werte über .80 als gut zu bezeichnen; insbesondere für Individualdiagnostik sind derartige Reliabilitäten allerdings als Mindestmaß zu fordern, damit das Vertrauensintervall für den einzelnen Wert nicht zu breit wird. Für Forschungskontexte können durchaus auch niedrigere Werte Brauchbarkeit der Skalen anzeigen (für eine ausführlichere Diskussion vgl. Pospeschill, 2010).

Neben diesen Faustregeln sollte aber auch die Formel für *Cronbachs Alpha* betrachtet werden, um ein Bild davon zu erhalten, von welchen Größen der Konsistenzkoeffizient abhängt.

$$\alpha=\frac{m}{m-1}\cdot\left(1-\frac{\sum_{i=1}^{m}S_i^2}{S_{Skala}^2}\right)$$

(m = Anzahl der Items; S^2_i = Varianz des Items i; S^2_{Skala} =Varianz der Skala, d.h. des Summenwertes)

Die Logik von *Cronbachs Alpha* ist allerdings durch diese Gleichung auf Anhieb nicht gut begreifbar. Hierzu wären Gleichungen nötig, die uns darüber aufklären, in welchem Verhältnis die Varianz einer Summenvariable zu den Varianzen und Kovarianzen der Items steht (vgl. z.B. Steyer & Eid, 2001). Allerdings gilt eine einfachere Formel für die Fälle, in denen die Items gleiche Varianz haben (wenn also z.B. alle Items vor der Skalenbildung *z*-transformiert werden). Da in der Regel Items mit etwa gleichen Varianzen summiert werden, ist der Unterschied zwischen dem Alpha nach der obigen Gleichung und dem „standardisierten" Alpha (vgl. unten) nicht allzu groß, so dass es für unsere Zwecke reicht, sich die Logik von Alpha nach der folgenden Gleichung zu verdeutlichen.

$$\alpha_s=\frac{m\cdot\bar{r}}{1+(m-1)\cdot\bar{r}}$$

($\bar{r}$ = mittlere Interitem-Korrelation)

Strukturell ist dies die bekannte *Spearman-Brown-Formel* zur Testverlängerung (vgl. z.B. Pospeschill & Spinath, 2009); üblicherweise wird mit ihr die Reliabilität eines Gesamttests aufgrund der Korrelation von Testhälften berechnet. Die Korrelation von Testhälften (die als gleichwertige Messungen eines Konstruktes angesehen werden) ist nach der klassischen Testtheorie die Reliabilität dieser Testhälften. Der Zuwachs an Reliabilität durch die Aggregation wird durch die Spearman-Brown-Formel ausgedrückt, in der für diesen Fall m = 2 und r = Korrelation der Testhälften ist.

Das heißt, *Cronbachs Alpha* ist so zu verstehen, dass wir die Reliabilität der Einzelitems über die durchschnittliche Interitem-Korrelation abschätzen, um dann mit der *Spearman-Brown*-Formel den Reliabilitätsgewinn bei Aggregation aller Items abzuschätzen.

Die zweite wichtige Information des Ausgabeprotokolls der Reliabilitätsanalyse ist die „Korrigierte Item-Skala-Korrelation". Hier handelt es sich um die sogenannte Trennschärfe, das heißt um die Korrelation des einzelnen Items mit der Gesamtskala (ohne dieses Item). Dieser Wert sollte naturgemäß auch recht hoch sein. Bortz und

Döring (2006) geben als Faustregel an, Werte zwischen .30 und .50 als „mittelmäßig" und darüber als „hoch" zu bezeichnen. Dieser Wert kann also ebenfalls dazu benutzt werden, um „schlechte" Items zu identifizieren. Sehr anwenderfreundlich ist in diesem Zusammenhang die letzte Spalte des Ausgabeprotokolls: Dort ist angegeben, wie hoch der Alpha-Wert der Gesamtskala ohne dieses Item ausfallen würde. Im obigen Beispiel sieht man, dass in jedem Fall die Reliabilität sinken würde, wenn eines der Items unberücksichtigt bliebe. Auch dies kann so gewertet werden, dass in diesem Fall alle Items brauchbar sind. In einer Phase der Testkonstruktion kann man diese Information nutzten, um den Test zu verbessern. Selbstverständlich muss sich diese Verbesserung dann in einer neuen Untersuchung bewähren.

Voraussetzungen und Probleme

Es sollte klar sein, dass sinnvolle Faktorlösungen nur dann erwartet werden können, wenn substanzielle (signifikant von null verschiedene) Korrelationen zwischen den Items bestehen. Hierzu kann der *Kaiser-Meyer-Olkin-Koeffizient (KMO)* berechnet werden. (Dies steht als Option in SPSS zur Verfügung.) Eine Faktorenanalyse kann durchgeführt werden, wenn der KMO-Koeffizient > 0.60 ist; bei Werten < 0.60 sollte von einer Faktorenanalyse abgesehen werden.

Eine Faktorenanalyse sollte nur mit hinreichend großen Stichproben durchgeführt werden, damit das Ergebnis nicht zu sehr stichprobenabhängig ist. Zum Beispiel werden häufig Faustregeln genannt, etwa dass die Anzahl der Teilnehmer die Zahl der Items mindestens um den Faktor drei übersteigen sollte (vgl. Pospeschill, 2010, für differenziertere Regeln, die sich an der durchschnittlichen Kommunalität der Items orientieren).

Wichtig ist der Hinweis auf Artefaktprobleme: Weisen Items unterschiedliche Verteilungen auf, wirkt sich dies auf die Höhe der Korrelation aus; die Items können dann nicht mehr maximal korrelieren. Das kann dazu führen, dass Faktoren entstehen, die nicht (oder nicht nur) auf inhaltlicher Übereinstimmung der Items basieren, sondern auf der Basis ähnlicher Verteilungen. Man kann dies gut veranschaulichen mit Items aus Leistungstests (z.B. Intelligenztests), die nur „gelöst" (Wert eins) oder „nicht gelöst" (Wert null) werden können. Ein leichtes Item (viele „Einsen") und ein schweres Item (wenige „Einsen") können nicht zu eins korrelieren, selbst wenn das Antwortmuster perfekt stimmig ist (d.h. alle Personen, die das schwierige Item gelöst haben, haben auch das leichte gelöst). Man erhält dann unter Umständen „Schwierigkeits"-Faktoren, die natürlich nicht als inhaltliche Differenzierung zu interpretieren sind. Es gibt zur Behebung dieser Probleme Vorschläge (z.B. Transformationen; alternative Korrelationsindizes); wir verweisen hier auf die Literatur, die weiter unten angegeben ist.

10.3 Hauptachsenmethode und Maximum-Likelihood-Faktorenanalyse

Wie oben schon geschrieben, ist die Hauptkomponentenanalyse nicht im engeren Sinne eine Faktorenanalyse. Sie verwirklicht ausschließlich das Prinzip der Varianzmaximierung auf den Hauptkomponenten und ist damit vergleichsweise weit von der theoretischen Frage entfernt: Welche latenten (d.h. nicht direkt messbaren) Variablen erzeugen die Varianzen und Kovarianzen der Items? Augenfällig wird dies daran, dass die finalen Kommunalitäten immer eins sind. Das heißt, die gesamte Varianz der Items wird auf die Hauptkomponenten zurückgeführt, obwohl von der Grundidee her die Varianz jedes Items aus drei Teilen besteht: die mit anderen Items geteilte Varianz, die spezifische Varianz des Items und die Fehlervarianz. Nur der erste Teil kann auf gemeinsame latente Variablen zurückgeführt werden. Bei der Hauptkomponentenanalyse wird mit diesem Problem sehr pragmatisch durch die Beschränkung auf die wesentlichen Komponenten (Faktoren) umgegangen; die auf der Basis dieser Extraktion erreichten Kommunaltäten werden dann als die „Geteilte-Varianz"-Komponente des Items angesehen. Dieses Vorgehen führt tendenziell zu einer Überschätzung der Kommunalitäten.

Hauptachsenmethode

Die *Hauptachsenmethode* antwortet auf dieses Problem, indem sie mit einer Anfangsschätzung der Kommunalitäten startet, die dann in einem iterativen Verfahren der Faktorenextraktion verbessert wird, bis die Kommunalitätenveränderung von Schritt x zu Schritt x+1 unter ein Konvergenzkriterium fällt. Die Extraktion der Faktoren entspricht der Hauptkomponentenanalyse; der Unterschied besteht lediglich darin, dass die Datenbasis der normalen Hauptkomponentenanalyse die Korrelationsmatrix der Items mit Einsen in der Hauptdiagonalen ist, während bei der Hauptachsenmethode in der Diagonalen die Kommunalitätenschätzungen stehen.[10] Als Anfangsschätzung der Kommunalität eines Items wird in der Regel das multiple R^2 genommen, das entsteht, wenn dieses Item auf alle anderen Items in einer multiplen Regression regrediert wird. Das ist einerseits plausibel („Wie viel Varianz hat dieses Item mit den anderen Items gemeinsam?"), andererseits bleibt es eine „Krücke" für die Lösung eines prinzipiellen Problems: Wie kann ich Werte im Vorhinein kennen, die eigentlich erst das Ergebnis der Analyse sein können.

10 Die nicht-matrix-algebraische Heranführung an die Hauptkomponentenanalyse, die wir zu Beginn dieses Kapitels gewählt haben, lässt sich allerdings nicht mehr gut anwenden.

Maximum-Likelihood-Faktorenanalyse

Eine andere häufig benutzte Methode ist die *Maximum-Likelihood*-Faktorenanalyse (ML-Faktorenanalyse). Wie der Name sagt, wird hier die Grundidee der *Maximum-Likelihood*-Schätzung (vgl. Kapitel 2) als Ausgangspunkt genommen: Unter welcher Konfiguration von Faktoren mit ihren Ladungen ist die Wahrscheinlichkeit des Auftretens der beobachteten Korrelationsmatrix möglichst hoch? Etwas anders formuliert: Unter welcher Konfiguration von Faktoren mit ihren Ladungen kann die beobachtete Korrelationsmatrix möglichst gut reproduziert werden? Die Anzahl der Faktoren kann nach denselben Kriterien bestimmt werden, die wir oben besprochen hatten. Allerdings ist ein Vorteil der ML-Faktorenanalyse, dass für jede Faktorlösung ein χ^2-Anpassungstest gerechnet wird, der testet, ob die Diskrepanz zwischen der beobachteten Korrelationsmatrix und der aufgrund des Faktormodells bestmöglich reproduzierten Matrix signifikant ist. „Signifikanz" bedeutet hier also, dass die Faktorlösung *nicht* gut geeignet ist. Diese Logik werden wir noch genauer in Kapitel 13 über die Strukturgleichungsmodelle kennenlernen.

Zum Beispiel gilt für ein Ein-Faktor-Modell bei den Beispieldaten: $\chi^2(44) = 85.53$, $p < .001$; es ist somit zu verwerfen. Beim (von uns favorisierten) Zwei-Faktor-Modell gilt: $\chi^2(34) = 31.76$, $p = .578$; es kann somit angenommen werden. Die Anzahl der Freiheitsgrade – 44 bzw. 34 – ergeben sich dabei im Übrigen aus der Differenz zwischen der Anzahl der Datenpunkte – d.h. der Anzahl der Korrelationen – und der Anzahl der Modellparameter (vgl. Kapitel 13). Wichtig ist bei diesem Test, dass der χ^2-Wert sehr stark von der Stichprobengröße abhängt, das heißt bei großen Stichproben leicht signifikant wird, obwohl der „Modellfit" durchaus gut ist (vgl. Kapitel 13). Man sollte daher auch andere Modellgüteindizes heranziehen (vgl. Eid et al., 2013).

Literatur

Ausführliche Kapitel zur Faktorenanalyse gibt es in allen gängigen Lehrbüchern zur Statistik und Multivariaten Datenanalyse (z.B. Eid et al., 2013; Field, 2013; Tabachnick & Fidell, 2013). Alle beschreiben ausführlich die Hauptkomponentenanalyse. Tabachnick und Fidell (2013) diskutieren (kurz) auch weitere Verfahren der exploratorischen Faktorenanalyse, während sich Eid und Kollegen (2013) eingehender mit der ML-Methode, der Hautachsenmethode und dem Vergleich zur Hauptkomponentenanalyse beschäftigen. Weiterführende Literatur: Brown (2006); Gorsuch (1983); Moosbrugger und Kelava (2011); Weiber und Mühlhaus (2014).

Clusteranalyse

11

Clusteranalysen stellen eine Verfahrensgruppe dar, mit denen sich Personen oder Objekte (generell: Variablen) anhand empirischer Daten, die eine spezifische Eigenschaftsstruktur aufweisen, zu möglichst ähnlichen Teilmengen (Gruppen) zusammenfassen lassen. Dabei werden alle Eigenschaften gleichermaßen für die Gruppenbildung verwendet (Spät, 1977; Steinhausen & Langer, 1977). Zum Beispiel könnten Personen mit einem Fragebogen nach ihren Urlaubspräferenzen befragt werden (Wie wichtig ist Ihnen: … Faulenzen? .. ein schöner Strand? … etwas zu erleben? … Ruhe und Entspannung? … usw. auf einer Skala von 0 [völlig unwichtig] bis 5 [sehr wichtig]). Mit der Clusteranalyse würde man versuchen herauszufinden, ob es Gruppen (Cluster) von Personen gibt, deren Bewertungsprofile hinreichend ähnlich zueinander, aber unähnlich gegenüber anderen Clustern ist, so dass man eventuell als Ergebnis eine Art Urlaubertypologie erhält.

Grundsätzlich lassen sich dabei partitionierende von hierarchischen Verfahren unterscheiden (Backhaus et al., 2011). Partitionierende Verfahren verwenden eine vorgegebene Gruppeneinteilung und versuchen durch Umgruppierung einzelner Objekte, eine bestehende Lösung zu optimieren. Bei den hierarchischen Clusteranalysen werden aus den empirischen Daten die (Un-)Ähnlichkeiten unter Verwendung spezifischer Distanz- oder Ähnlichkeitsmaße gewonnen, ein Algorithmus zur Zusammenführung der Objekte gewählt und schließlich die Anzahl der Cluster bestimmt.

11.1 Proximitätsmaße

Proximitätsmaße umfassen Distanz- und Ähnlichkeitsmaße; sie dienen dazu, die Stärke der (Un-)Ähnlichkeit zweier Objekte zu quantifizieren. Dabei bestimmen Distanzmaße die Abweichungen, während Ähnlichkeitsmaße die Übereinstimmungen der Werte bestimmen. Da die einen – die Distanzmaße – das Gegenstück der anderen – der Ähnlichkeitsmaße – sind, ist dieser Unterschied nicht wesentlich. In Abhängigkeit vom Skalenniveau (intervall- oder nominalskaliert) der zu transformierenden Daten stehen verschiedene Maße zur Verfügung (Pospeschill, 2012).

Proximitätsmaße für intervallskalierte Daten

Maße für intervallskalierte Daten basieren nahezu alle auf dem gleichen Prinzip. Sie ergeben sich aus den Differenzen der einzelnen Wertepaare der beiden zu vergleichenden Objekte. Die Maße unterscheiden sich in der Art, mit der sie die einzelnen Differenzen der verschiedenen Wertepaare zu einer Maßzahl zusammenfassen.

Die *Euklidische Distanz* – die wir schon aus Kapitel 9.1 kennen – quadriert die einzelnen Wertepaare und addiert die Ergebnisse zu einer Summe über die Variablen hinweg. Die Quadratwurzel der Summe ergibt die Maßzahl zur Charakterisierung der Unähnlichkeit:

$$\sqrt{\sum\left(x_i - y_i\right)^2}$$

Zum Leseverständnis dieser und der folgenden Formeln: Bei dem oben skizzierten Beispiel der Urlaubspräferenzen wären die x_i die Antworten eines Urlaubers, die y_i die Antworten eines anderen Urlaubers auf die Fragebogenitems. Wäre das Profil der Präferenzen weitgehend deckungsgleich, wäre der Distanzwert sehr gering; bei konträren Präferenzen wäre sie sehr hoch. Häufig entscheidet man sich für die *quadrierte Euklidische Distanz* (d.h. nach der Summierung der quadrierten Abweichungen wird nicht die Wurzel gezogen).

Die Euklidische Distanz ist ein Fall der allgemeineren *Minkowski-Distanz* (auch *L-Norm* genannt); sie resultiert aus der p-ten Wurzel der Summe der p-ten Potenzen des Betrags der Wertepaardifferenzen:

$$\sqrt[p]{\sum\left|x_i - y_i\right|^p}$$

Je nach gewähltem p resultieren unterschiedliche Eigenschaften. Bekannt ist zum Beispiel der Fall $p = 1$, die sogenannte *Block-Distanz* (auch *City-Block-Metrik* genannt):

$$\sum\left|x_i - y_i\right|$$

Bei der Block-Distanz werden große Abweichungen auf einzelnen Variablen nicht so stark gewichtet wie bei der Euklidischen Distanz.

Ein typisches Ähnlichkeitsmaß ist die (Produkt-Moment-)*Korrelation* (vgl. Kapitel 1), bei der die z-standardisierten Werte der Fälle/Variablen paarweise multipliziert, summiert und durch die Anzahl der Wertepaare minus eins dividiert werden:

$$\frac{\sum z_{x_i} \cdot z_{y_i}}{n-1}$$

Durch den Vergleich von Euklidischer Distanz und Korrelationskoeffizient kann man sich leicht klarmachen, welche wichtige Rolle die Auswahl eines Koeffizienten spielt: Greifen wir bei unserem Urlauberbeispiel zwei Personen heraus, die zunächst dadurch auffallen, dass die eine Person die Antwortskala in der vollen Breite nutzt (d.h. das, was ihr unwichtig ist, wird mit ‚0', das, was ihr wichtig ist, mit ‚5' angekreuzt). Die zweite Person neigt weniger zu extremen Urteilen (d.h. sie kreuzt nur zwischen ‚2' und ‚4' an). Bei genauerer Betrachtung fällt uns auf, dass die beiden aber in ihrem Antwortprofil perfekt übereinstimmen: Die Merkmale, die der einen Person wichtig (unwichtig) sind, sind auch der anderen (eher) wichtig (unwichtig). Die Korrelation beträgt somit eins und zeigt maximale Ähnlichkeit an; die Euklidische Distanz wird aber beträchtlich sein, da bei jedem einzelnen Item die unterschiedlichen Neigungen der beiden Personen zu Extremurteilen den Koeffizienten erhöhen. Ob dies inhaltlich angemessen oder unangemessen ist, läßt sich nur in jedem einzelnen Anwendungsfall der Clusteranalyse entscheiden.

Proximitätsmaße für nominalskalierte Daten

Ähnliche Problematiken finden wir auch bei den Proximitätsmaßen für nominalskalierte Daten. Zudem gibt es hier eine besonders große Fülle von Vorschlägen. Wir haben im *Online Plus-Material* zu diesem Buch (vgl. Anhang) eine umfangreiche Liste solcher Indizes zusammengestellt. Wir wollen uns hier darauf beschränken, die Problematik der Auswahl an einem Beispiel zu verdeutlichen.

Im Falle *binärer Daten* (mit den Angaben Merkmal vorhanden „1" und Merkmal nicht vorhanden „0", angeordnet in einer Vierfelder-Tafel a: 1–1; b: 1–0; c: 0–1; d: 0–0) werden unter anderem die beiden folgenden Ähnlichkeitsindizes vorgeschlagen:

Bei der *einfachen Übereinstimmung* (*simple matching*) errechnet sich die Stärke der Ähnlichkeit aus dem Quotienten der Anzahl der Wertepaare mit gleichen Werten und der Anzahl aller Wertepaare:

$$\frac{a+d}{a+b+c+d}$$

Das heißt, in die Ähnlichkeitsbestimmung gehen gleichermaßen die Übereinstimmung im Vorhandensein wie im Fehlen von Merkmalen ein.

Jaccard (*Tanimoto*) ist der Quotient aus der Anzahl der Wertepaare, in denen bei beiden Objekten das jeweilige Merkmal vorliegt, und der Anzahl der Wertepaare, in denen bei mindestens einem Objekt ein Merkmal vorliegt:

$$\frac{a}{a+b+c}$$

Was bedeutet dieser Unterschied? Füllen wir das abstrakte Schema mit zwei ganz unterschiedlichen Studien: In der Studie 1 geben hochbetagte Probanden aus einer Liste von 50 chronischen Krankheiten und Behinderungen ihre Gebrechen an. Zwei Teilnehmer haben jeweils vier chronische Krankheiten oder Behinderungen; aber nur eine ist gemeinsam. Vermutlich würden wir hier sagen, dass keine große Ähnlichkeit im Belastungsprofil besteht.

In der Studie 2 kreuzen Probanden auf einer Liste von 50 politischen Aussagen an, ob sie jeweils zustimmen oder ablehnen. Zwei Teilnehmer haben jeweils viermal „Ja" und 46-mal „Nein" angekreuzt; bei 44 Aussagen sind sie sich einig (einmal „Ja", 43-mal „Nein"). Vermutlich würden wir hier sagen, dass eine große Ähnlichkeit in der politischen Meinung besteht.

Abstrakt sind die beiden Datenmuster identisch; wählt man die *einfache Übereinstimmung*, erhält man einen (sehr hohen) Ähnlichkeitswert von 0.88; wählt man den *Jaccard*-Index, erhält man einen (sehr niedrigen) Ähnlichkeitswert von 0.14. Während also letzterer in der Hochbetagten-Studie angemessen wäre, sollte man ersteren in der Politik-Studie wählen.

Fusionierungsverfahren

Ebenso vielfältig wie die Proximitätsmaße sind die Clusteralgorithmen, mit denen sich die Clusterbildung vornehmen lässt. Dabei kommen vorwiegend *polythetische* (gegenüber *monothetischen*) Verfahren zum Einsatz, die simultan sämtliche Variablen zur Gruppenbildung heranziehen. Bei partitionierenden Clusteranalysen sind die verwendeten Algorithmen Austauschverfahren, mit denen Objekte unter Berücksichtigung eines Optimierungskriteriums in andere Cluster verschoben werden. Bei den hierarchischen Verfahren hingegen wird eine einmal gebildete Gruppe nicht wieder aufgelöst. Hier werden neben den *Agglomerierungsverfahren* (anhäufende Verfahren, die als Ausgangssituation jedes Objekt als ein einzelnes Cluster betrachten und diese dann in größere Cluster zusammenfassen) die *divisiven Algorithmen* (aufteilende Verfahren, die als Ausgangssituation alle Objekte in einem Cluster betrachten und diesen dann in kleinere Cluster aufteilen) unterschieden.

Partitionierungsverfahren

Partitionierungsverfahren starten mit einer Ausgangspartition, für die pro Cluster ein Mittelwert für jede Eigenschaft bestimmt wird; dadurch wird der sogenannte Gruppenzentroid definiert (ein fiktives „Objekt", das als Eigenschaftsvektor die Mittelwerte hat). Für die bestehende Gruppenzuordnung kann dann ein Maß der Heterogenität berechnet werden (z.B. die Summe der *Quadrierten Euklidischen Distanzen* der Objekte zum Zentroiden). Daraufhin wird untersucht, durch welche Objektverlagerung von einem Cluster zu einem anderen das Maß der Heterogenität verkleinert werden kann. Das Objekt, das dieses Kriterium maximal erfüllt, wird verschoben und das Spiel beginnt von vorn, bis es keine Objektverlagerung mehr gibt, die zu einer Verbesserung führen würde.

Da aufgrund kombinatorischer Gegebenheiten nicht alle möglichen Gruppenzuordnungen geprüft werden können (n Objekte auf k Gruppen aufgeteilt ergeben k^n Aufteilungsmöglichkeiten), wird im Ergebnis nur ein lokales, aber kein globales Optimum erreicht. Dabei entscheidet auch die Startpartition mit über das erzielbare Optimum des Clusterprozesses; empirisch ermittelte Anfangspartitionen – zum Beispiel durch Agglomerierungsverfahren (s.u.) – sind daher zufälligen Aufteilungen vorzuziehen.

Agglomerierungsverfahren

Bei den Agglomerierungsverfahren kommen verschiedene Algorithmen zur Anwendung. Ausgangspunkt ist dabei, jedes Objekt zunächst als eigenen Cluster zu betrachten und sämtliche Distanzen zu berechnen. Die Cluster mit der geringsten Distanz werden zu einem neuen Cluster zusammengefasst. Für die um eins reduzierte Clusteranzahl werden neue Distanzen bestimmt, die in Abhängigkeit vom verwendeten agglomerativen Verfahren unterschiedlich berechnet werden. Nach Abschluss werden wiederum die Cluster mit der größten Ähnlichkeit/geringsten Distanz zusammengefasst. Dieser Prozess wird fortgeführt, bis sich sämtliche Objekte in einem Cluster befinden.

Die Distanzberechnung zwischen zwei Clustern A und B erfolgt in Abhängigkeit vom agglomerativen Verfahren unterschiedlich (s. *Abbildung 77*):

Average Linkage. Bei dieser Methode wird die Distanz aller Objektpaare berechnet, die sich zwischen den beiden Clustern bilden lassen. Der Durchschnitt dieser Distanzen wird als Distanz zwischen den Clustern angesehen und bildet das Kriterium für die Agglomerierung. Dabei werden alle Objekte in den Clustern berücksichtigt, so dass die Distanz nicht von einzelnen Objekten bestimmt wird.

Average Group Linkage. Es werden alle Objekte der beiden Cluster zusammengenommen und alle möglichen Objektpaare aus ihnen gebildet. Dabei können auch zwei Objekte desselben Clusters ein Paar bilden. Für jedes der Objektpaare wird die Distanz berechnet; aus allen Distanzen wird dann der Durchschnitt ermittelt. Diese Methode führt dazu, dass die durchschnittliche Distanz des neuen Clusters möglichst gering ist.

*Single Linkage (n*ächstgelegener Nachbar). Es werden aus allen Objekten beider Cluster die beiden am nächsten beieinanderliegenden Objekte ausgewählt, die aus unterschiedlichen Clustern stammen. Für diese beiden Objekte wird die Distanz berechnet, die anschließend als Distanz zwischen den Clustern betrachtet wird.

Complete Linkage (entferntester Nachbar). Es wird das Objektpaar mit der größten Distanz aus den beiden Clustern ausgewählt, wobei wiederum aus jedem Cluster ein Objekt des Paares stammen muss. Die Distanz zwischen diesen Fällen gilt als Distanz zwischen den beiden Clustern.

Zentroid-Clustering. Es werden für jeden Cluster die Objektmittelwerte der in dem Cluster enthaltenen Objekte berechnet. Dies bedeutet für einen neuen Cluster, dass sein Zentroid dem gewogenen Mittel der beiden Zentroiden der Ausgangscluster entspricht, wobei die Objektzahlen der Ausgangscluster die Gewichte bilden. Die Distanz zwischen zwei Clustern ergibt sich dann aus den Mittelwerten; findet zum Beispiel die *Quadrierte Euklidische Distanz* Verwendung, ergeben sich die Distanzen aus der Summe der quadrierten Differenzen der einzelnen Objektmittelwerte.

Median-Clustering. Es wird der Zentroid eines neuen Clusters aus den Zentroiden der Ausgangscluster berechnet, die beide mit dem gleichen Gewicht in das neue Zentroid eingehen.

Ward-Methode. Es werden zunächst die Mittelwerte der einzelnen Objekte für jeden Cluster berechnet. Anschließend werden die quadrierten Euklidischen Distanzen der einzelnen Objekte eines Clusters zu dem Clustermittelwert ermittelt. Die sich so ergebenden Distanzen der einzelnen Objekte zu den jeweiligen Clustermittelwerten werden für alle Objekte aufsummiert. Es werden jeweils die beiden Cluster zu einem neuen Cluster vereinigt, durch deren Vereinigung sich der geringste Zuwachs in der Gesamtsumme der quadrierten Distanzen ergibt.

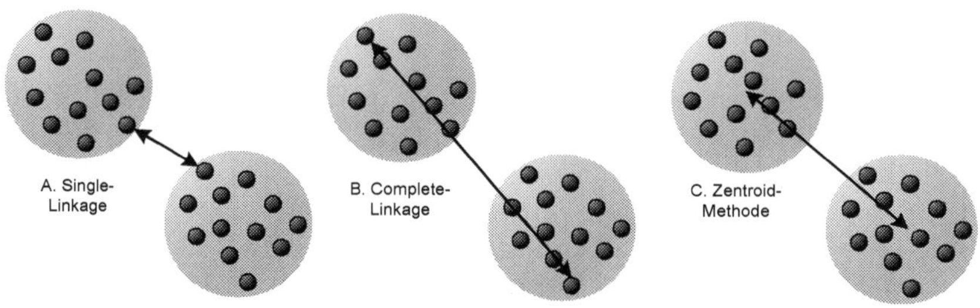

Abb. 77 Grafische Veranschaulichung von Distanzberechnungen verschiedener Agglomerierungsverfahren

Bei den drei zuletzt erwähnten sogenannten *konservativen Verfahren – Zentroid, Median* und *Ward* – ist nur die Verwendung von Distanzmaßen sinnvoll, während für die verbleibenden *Linkage*-Verfahren jedes mögliche Proximitätsmaß zum Einsatz kommen kann. Die *Ward*-Methode gilt dabei als besonders verlässlicher Algorithmus, vorausgesetzt, die Variablen besitzen ein metrisches Skalenniveau, sind unkorreliert und weisen keine Ausreißer auf. Eine Anwendung der *Ward*-Methode sollte zudem mit der Annahme verknüpft sein, dass in etwa gleich große Cluster mit gleicher Varianz vorliegen; in der Größe stark variierende Cluster werden demgegenüber durch den Algorithmus häufig nicht erkannt.

Complete-Linkage ist ein *dilatierendes Verfahren*, das heißt, es neigt zur Bildung etwa gleich großer Cluster, während *Single-Linkage* einen *kontrahierenden Algorithmus* verwendet, das heißt, es neigt zur Bildung zunächst weniger großer Cluster, denen viele kleine Cluster gegenüberstehen. Im ersten Fall resultieren dabei kleinere Cluster, während im zweiten Fall eine Aneinanderreihung einzelner Objekte (eine Kettenbildung) die Folge sein kann. Dafür eignen sich kontrahierende Verfahren besonders, um Objekte mit extremen Merkmalen (die den Fusionierungsprozess verzerren können) zu identifizieren; diese werden dann auf späten Stufen des Fusionierungsprozesses zu bestehenden Clustern hinzugefügt. Die *Single-Linkage*-Methode eignet sich daher für erste Analysen, um Objekte mit extremen Ausprägungen zu identifizieren und gegebenenfalls zu entfernen.

11.2 Festlegung einer Clusterlösung

Clusteranalysen ermitteln keine finale Lösung zur „korrekten" Anzahl der Cluster. Der Anwender muss daher die bestmögliche Lösung selber identifizieren. Dabei kann bereits vor Anwendung eine theoretisch begründete Annahme zur Anzahl der Gruppen vorliegen; dies ist aber eher die Ausnahme. Typisch ist, durch die Clusteranalyse eine inhärente Struktur aufzudecken. In der Folge werden zur Bestimmung der Clusterzahl auch vornehmlich statistische Kriterien in Form eines Heterogenitätsmaßes (z.B. die Fehlerquadratsumme) eingesetzt, um auf jeder Stufe der Fusionierung die zunehmende Unähnlichkeit der Cluster einschätzen zu können.

Grafisch kann zusätzlich durch Verwendung eines *Dendrogramms* der Fusionierungsprozess nachvollzogen und zur Entscheidung für die Gruppenaufteilung hinzugezogen werden. Ergänzend kann mittels des sog. *Elbow*-Kriteriums die Heterogenitätsentwicklung visualisiert werden; dabei wird das Heterogenitätsmaß auf der Ordinate gegen die Anzahl der Cluster auf der Abszisse abgetragen. Ähnlich wie bei einem *Scree*-Plot (vgl. Kapitel 10) wird der Knick („Ellenbogen") im Linienverlauf als Kriterium für die Clusteranzahl verwendet; dabei wird der Übergang von der Ein- zur Zwei-Cluster-Lösung nicht berücksichtigt, da an dieser Stelle immer ein deutlicher Heterogenitätssprung resultiert.

Clusteranalyse mit IBM SPSS Statistics

SPSS bietet drei verschiedene Verfahren zur Clusteranalyse an (vgl. Pospeschill,2012):

- *Hierarchische Clusteranalyse*. Hier werden entweder intervallskalierte oder ordinalskalierte oder binäre Variablen vorausgesetzt. Die Spezifikation eines Bereichs möglicher Clusterlösungen ist möglich. Es kann aus verschiedenen Methoden zur Clusterbildung und zur Messung der (Un-) Ähnlichkeit gewählt werden.
- *Clusterzentrenanalyse*. Hier werden intervallskalierte Variablen vorausgesetzt. Die Clusteranzahl muss zuvor festgelegt werden. Es können für jedes Objekt Distanzen vom Clusterzentrum berechnet werden.
- *Two-Step-Clusteranalyse*. Hier können gleichzeitig intervall- und kategorialskalierte Variablen verwendet werden. Die Clusteranzahl wird automatisch ermittelt. Ein Clustermodell kann gespeichert werden. Auch hier ist eine Anwendung bei hohen Objektzahlen möglich.

Hierarchische Clusteranalyse

Im Folgenden wird exemplarisch die hierarchische Clusteranalyse vorgestellt. Der Datensatz entstammt einer Studie von Mezzich und Worthington (1978), die elf Psychiater baten, sich jeweils einen prototypischen depressiven, manischen, schizophrenen oder paranoiden Patienten vorzustellen und hinsichtlich 17 verschiedener Symptomskalen (z.B. Krankheitsbefürchtungen, Angst, emotionale Zurückgezogenheit, formale Denkstörungen, Schuldgefühle, Anpassung) auf einer Skala von „0“ (Symptom nicht vorhanden) bis „6“ (Symptom sehr stark ausgeprägt) zu bewerten. Über die Clusteranalyse soll nun untersucht werden, ob die Symptomzuschreibungen durch die Psychiater homogene Patientengruppen (Patienten mit jeweiliger Symptomatik) ergeben. Dabei werden die *Ward*-Methode und als Distanzmaß *Quadrierte Euklidische Distanzen* verwendet; eine erweiterte Verwendung des Datensatzes findet sich bei Diehl und Staufenbiel (2007).

Der *Zuordnungsübersicht* ist die Reihenfolge der Clusterbildung und möglicherweise auch bereits eine Entscheidung zur optimalen Clusteranzahl zu entnehmen (s. *Abbildung 78*). In der Spalte *Zusammengeführte Cluster* werden die Objekte (Cluster) schrittweise abgetragen, die zusammengeführt werden. Die Ziffer des *Cluster 1* bildet dabei die neue Bezeichnung für die entstehenden Cluster. Die letzten drei Spalten geben an, auf welcher Stufe die beiden Cluster zuletzt vorkamen bzw. wann der Cluster 1 beim nächsten Mal wieder im Fusionierungsprozess berücksichtigt wird. Zum Beispiel: Im ersten Schritt werden die *Personen* Nr. 13 und Nr. 20 zum *Cluster* Nr. 13 zusammengeführt; im Schritt 36 wird dieses aus zwei Personen bestehende Cluster mit dem Cluster Nr. 35 zusammengeführt (und weiterhin als Cluster 13 bezeichnet). Im Schritt 40 wird es mit dem Cluster 21 und im Schritt 41 mit dem Cluster 12 zusammengeführt.

Unter *Koeffizienten* wird die Distanz der beiden jeweiligen Cluster angegeben; diese ist spezifisch für das gewählte Proximitätsmaß. Als Abbruchkriterium für die Clusterbildung ist besonders die Stelle zu betrachten, an der sich der Wert sprunghaft zwischen zwei Clustern erhöht.

Zuordnungsübersicht

Schritt	Zusammengeführte Cluster		Koeffizienten	Erstes Vorkommen des Clusters		Nächster Schritt
	Cluster 1	Cluster 2		Cluster 1	Cluster 2	
1	13	20	4.000	0	0	36
2	23	30	9.000	0	0	21
3	40	41	14.500	0	0	16
4	39	43	20.500	0	0	9
5	17	22	26.500	0	0	15
...	...	...	...	...	...	...
36	13	35	657.567	1	14	40
...	...	...	...	...	...	...
39	10	27	885.067	38	7	42
40	13	21	997.524	36	33	41
41	12	13	1326.621	32	40	43
42	1	10	1701.091	37	39	43
43	1	12	3083.909	42	41	0

Abb. 78 Zuordnungsübersicht bei der hierarchischen Clusteranalyse

Zur Visualisierung des Fusionierungsablaufs kann optional ein *Dendrogramm* angefordert werden (s. *Abbildung 79*). Dies erleichtert es, die zusammengefassten Cluster zu identifizieren. Es ist allerdings zu beachten, dass hier nicht die errechneten Distanzen, sondern auf einer Skala von 0 bis 25 relativierte Werte abgetragen werden; dadurch werden die eigentlichen Distanzen verzerrt dargestellt und sollten nicht interpretiert werden. Zusätzlich kann zur Überprüfung der Clustereinteilung ein *Eisenzapfendiagramm* angefordert werden.

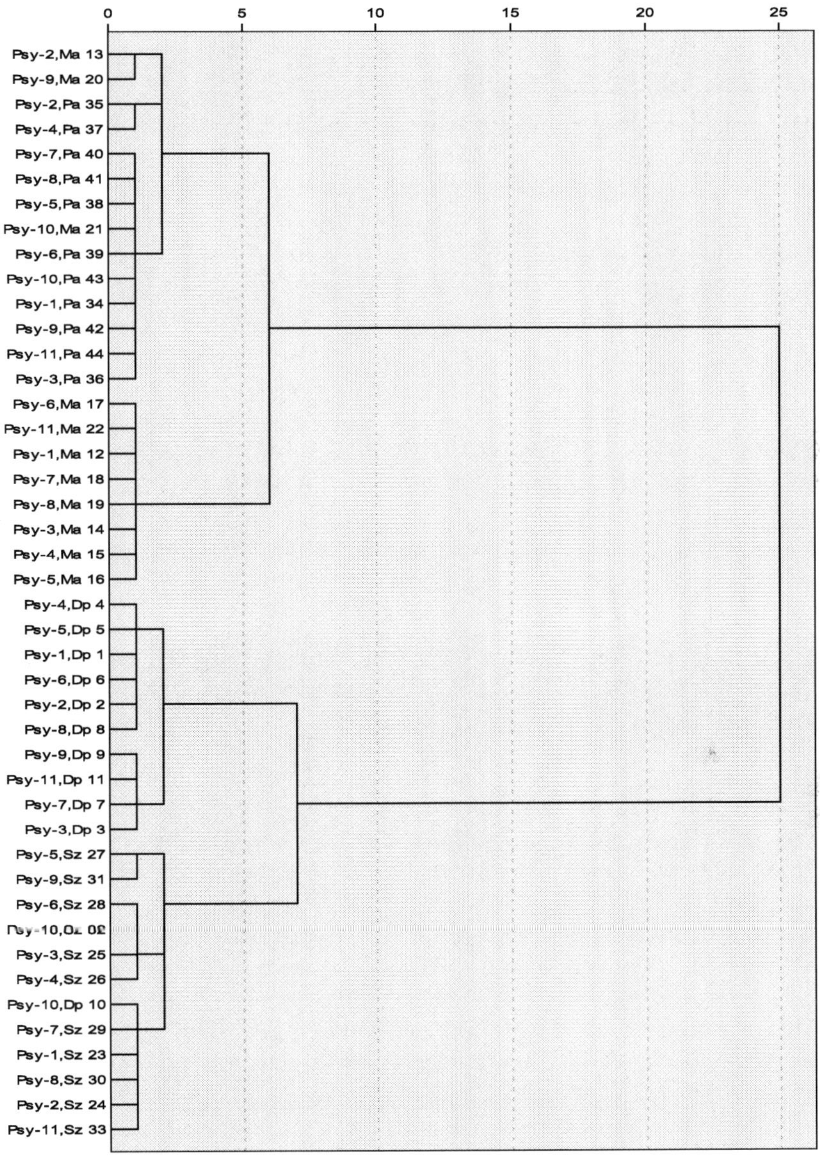

Abb. 79 Dendrogramm bei der hierarchischen Clusteranalyse. Eine 4-Cluster-Lösung ist erkennbar.

Clusterzentrenanalyse

Insbesondere bei sehr großen Objektzahlen kann auf andere Verfahren zurückgegriffen werden, wie zum Beispiel die *Clusterzentrenanalyse*. Hierzu bedarf es sowohl der Vorgabe einer Clusteranzahl, als auch von Anfangswerten für die Clusterzentren; beides kann zum Beispiel mittels der hierarchischen Clusteranalyse unter Verwendung einer Substichprobe gewonnen werden. Alternativ kann auch SPSS die Schätzung der anfänglichen Clusterzentren durch einen iterativen Algorithmus vornehmen.

Two-Step-Clusteranalyse

Sehr leistungsfähig ist die *Two-Step-Clusteranalyse*, bei der kontinuierliche und kategoriale Daten gleichzeitig verarbeitet werden können und die Schätzung einer optimalen Clusteranzahl möglich ist. Dabei wird vorausgesetzt, dass die Variablen im Clustermodell unabhängig sind, die kontinuierlichen Variablen normalverteilt und die kategorialen Variablen multinomial verteilt sind. Um die Ähnlichkeit zwischen den Clustern festzustellen, wird im Falle gemischter Skalenniveaus das *Likelihood-Maß* (also ein Maß, das auf Wahrscheinlichkeitsverteilungen basiert) verwendet (Chiu, Fang, Chen, Wang & Jeris, 1999); das Euklidische Maß kann nur im Falle kontinuierlicher Variablen gewählt werden.

Das *Two-Step*-Verfahren liest die Daten einmalig ein und unterteilt diese in einem ersten Schritt über eine Baumstruktur, einem sog. CF-Baum (*Cluster feature tree*), in verschiedene Subcluster. Der CF-Baum dient der Vorsortierung der Daten sowie einer Reduzierung des Datenvolumens. Dabei ist dessen Größe von einer vorgegebenen Maximalhöhe h, den maximal zugelassenen Verzweigungen der Blattknoten B sowie dem verfügbaren Speicher abhängig (s. *Abbildung 80*). Gegebenenfalls wird der CF-Baum mehrmals erneut aufgebaut und modifiziert.

Für den Aufbau des CF-Baums werden die Daten sequenziell in den Baum eingeordnet. Sie werden vom Stamm ausgehend (Stufe 1) zu dem Knoten auf der nächsten Stufe geschickt, zu dem die Distanz am geringsten ist (Stufe 2). Dabei bildet ein Knoten ein Cluster, mit allen ausgehenden Knoten und Subclustern unterhalb. Über das Distanzmaß wird der Abstand zwischen einem einzuordnenden Objekt und einem Knoten berechnet. Ist der Knoten mit der geringsten Distanz identifiziert, wird wiederum der Knoten unterhalb gesucht, der dem Objekt am nächsten liegt. Dieser Prozess wird beendet, wenn das Objekt zu einem Blattknoten gelangt (Stufe 3) und dort dem Subcluster mit der geringsten Distanz zugeordnet wird.

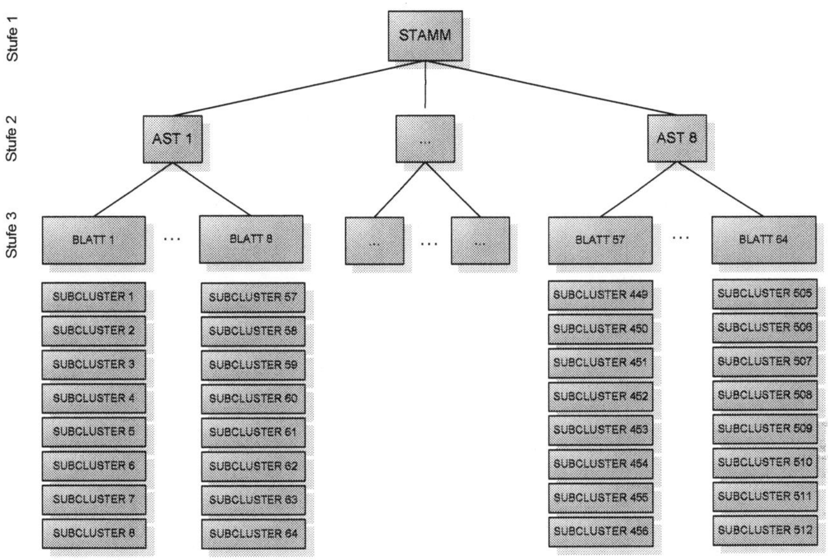

Abb. 80 Beispielhafter CF-Baum mit Maximalhöhe h=3 und maximaler Anzahl der Verzweigungen B=8. Der Baum enthält damit maximal 585 Knotenpunkte: ein Knoten auf Stufe 1 (Stamm), acht Knoten auf Stufe 2 (Ast) und 64 Endknoten auf Stufe 3 (Blatt). Pro Endknoten sind acht und damit insgesamt 512 Subcluster enthalten.

Die Zuordnung eines Objektes zu einem Subcluster erfolgt kontrolliert durch einen Schwellenwert T; dieser regelt die maximal zulässige Heterogenität eines Subclusters und darf nicht überschritten werden. Im Falle einer Überschreitung wird das Objekt zu einem neuen Subcluster. Die Anzahl der Subcluster ist dabei limitiert; ist der Grenzwert B erreicht, so teilt sich der Blattknoten in zwei neue Blätter. Die zwei unähnlichsten Subcluster bilden dabei den Ausgangspunkt der neuen Blätter, denen alle anderen Subcluster des alten Blattes nach dem Kriterium der geringsten Distanz zugeordnet werden. Überschreitet der neu hinzugekommene Blattknoten die maximale Anzahl der darüberliegenden Astknoten, so wird dieser nach dem gleichen Schema aufgeteilt. Setzt sich die Notwendigkeit einer Aufteilung bis zum Stammknoten fort, so vergrößert sich die Höhe h des Baums um eine weitere Ebene. Wird die maximale Höhe des CF-Baums überschritten, muss ein neuer, erhöhter Schwellenwert T festgelegt und der Baum neu aufgebaut werden. Dabei werden die Einträge des alten Baums von links nach rechts Pfad für Pfad in den neuen Baum übernommen und neue Pfade Knoten für Knoten dem neuen Baum hinzugefügt. Die Blatteinträge des alten Pfades werden dann neu eingeordnet. Dabei wird pro Subcluster geprüft, ob diese unter dem erhöhten Schwellenwert T einem im neuen Baum existierenden Subcluster zugeordnet werden können.

Im zweiten Schritt werden die über den CF-Baum gefundenen Subcluster über einen agglomerativen hierarchischen Algorithmus zusammengefasst. Dadurch, dass die Subcluster hierbei wie einzelne Datenpunkte behandelt werden, reduziert sich die Datenmenge erheblich und erlaubt eine beschleunigte Berechnung auch bei größeren Datenmengen. Zur Agglomerierung wird jeder Datenpunkt in einem sequenziellen Verfahren an den Knoten des CF-Baums entlang geleitet. An jedem Knotenpunkt wird die dem Datenpunkt am nächsten liegende Verzweigung ermittelt; der Datenpunkt folgt dieser Verzweigung bis zu einem Endknoten.

Die Subcluster auf der letzten Stufe der Knoten enthalten Kennwerte, die sog. *Cluster features* CF_i, die zur Charakterisierung eines Clusters dienen. In SPSS werden dabei für CF_i verwendet:

$$CF_i = \left(N_i, \overline{x}_i, s_i^2, N_{iB}\right)$$

Dabei sind N_i die Anzahl der Dateneinträge im Cluster i, $\overline{x}$ das arithmetische Mittel und s_i^2 die Varianz der Einträge des Clusters i für jede Variable. Der Vektor $N_{iB} = (N_{i1B}, \ldots, N_{iPB})$ enthält die Häufigkeiten der unterschiedlichen Ausprägungen der kategorialen Variablen (sofern vorhanden). Diese Angaben im CF_i-Vektor werden zur Berechnung einer Distanz zwischen den Clustern herangezogen. Für jeden Knoten im CF-Baum ist ein entsprechender *CF*-Vektor abgetragen, der das Cluster unterhalb des Knotens charakterisiert.

Nach Erreichen eines Schwellenwertes für die Clusteranzahl erfolgt eine Schätzung der optimalen Clusteranzahl (Auto-Clustering). Zur Beurteilung der Clusteranzahl wird das *Bayes'sche Informationskriterium* (*BIC*) verwendet; dabei wird der Punkt gesucht, an dem bei gegebener Clusteranzahl *BIC* ein Minimum erreicht.

Voraussetzungen

Clusteranalysen sind relativ voraussetzungsarm. Aber natürlich müssen die verwendeten Distanz- oder Ähnlichkeitsmaße für die Daten angemessen sein. (Wir hatten dies bei den Maßen für binäre Daten beispielhaft deutlich gemacht). Ergebnisse von Clusteranalysen sollte man grundsätzlich als vorläufig ansehen und durch unabhängige Stichproben bestätigen. Der Algorithmus der Two-Step-Clusteranalyse gilt allgemein als robust gegenüber einer Verletzung der Voraussetzungen. Dennoch sollte darauf geachtet werden, dass eine Entsprechung bei den Daten (also ausschließlich nominal oder metrisch skalierte Variablen und keine ordinalen Variablen) vorliegt. Das Likelihood-Maß setzt voraus, dass alle Variablen (auch wenn es sich um Fälle handelt) im Clustermodell unabhängig sind. Diese Unabhängigkeit sollte mittels bivariater Korrelationen zuvor überprüft werden. Außerdem wird für metrische Variablen eine Normalverteilung und für kategoriale Variablen eine multinomiale Verteilung vorausgesetzt.

Literatur

Eine Einführung in die Clusteranalyse findet sich in Backhaus et al. (2011). Weiterführende Literatur: Bacher et al. (2010); Everitt, Landau, Leese und Stahl (2011).

Multidimensionale Skalierung 12

Bei der *Multidimensionalen Skalierung (MDS)* werden Reaktionen (wie Wahrnehmung oder Beurteilung) von Probanden auf bestimmte vorgegebene Stimuli (oder Objekte) erhoben (Kruskal, 1964; Torgerson, 1958). Der Wahrnehmungs- oder Beurteilungsprozess wird dabei als eine Abbildung der Stimuli in einem mehrdimensionalen Raum betrachtet (z.B. ein Produkt, das in Bezug auf seine Wertigkeit, sein Image und seinen Preis eingeschätzt wird). Einerseits kann damit betrachtet werden, welche Stimuli von den Probanden als dicht beieinander liegend (d.h. ähnlich bezüglich einer Achse) eingeschätzt werden, andererseits kann versucht werden, Informationen über die Achsen dieses Raumes zu gewinnen, die Eigenschaften repräsentieren sollen, welche die Probanden bei ihren Reaktionen auf die Stimuli zugrunde legen.

Wir wollen ein Beispiel zur Anschauung geben. Bilsky, Wentura und Gollan (2008) baten Studierende um etwas sehr Einfaches, aber auch Ungewöhnliches: Sie sollten 12 Delikte[11] paarweise nach ihrer Ähnlichkeit auf einer Skala von 0 (überhaupt nicht ähnlich) bis 4 (sehr ähnlich) beurteilen. Das Datenmaterial bestand also am Ende aus einer Matrix der mittleren Ähnlichkeitswerte oder – umgekehrt betrachtet – der mittleren Unähnlichkeiten („Distanzen"). Die Frage war dann: Kann man die 12 Delikte so in einem möglichst gering dimensionierten Raum anordnen, dass die Distanzen in diesem Raum weitgehend den empirischen Distanzen entsprechen? Wenn das zutrifft, schließt sich die Frage an: Kann man aufgrund der Lage der Delikte im Raum zu einer inhaltlichen Interpretation der Dimensionen gelangen? Wenn das gelingt, kann man vermuten, dass diese Dimensionen zumindest implizit die Ähnlichkeitsurteile der Teilnehmer bestimmt haben. Die MDS ist somit ein Verfahren, das helfen soll, kognitive Organisationsstrukturen der Teilnehmer zu

11 Einbruchsdiebstahl, Hausfriedensbruch, Körperverletzung, Landesverrat, Raub, Steuerhinterziehung, Trunkenheit im Verkehr, Unterlassene Hilfeleistung, Unterschlagung, Vergewaltigung, Wahlfälschung, Widerstand gegen Vollstreckungsbeamte.

entdecken, ohne sie direkt danach zu fragen. Im Beispielfall gelang es, mit zwei Dimensionen die empirischen Distanzen in genügendem Maße zu reproduzieren (*Abbildung 81*).

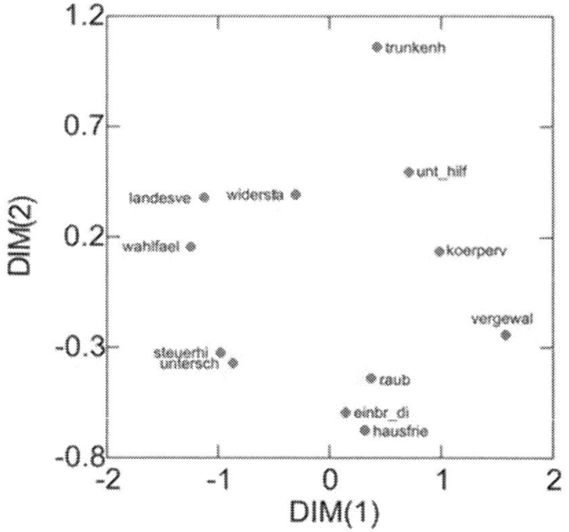

Abb. 81 Ergebnis einer MDS (vgl. zu den Bezeichnern die Fußnote 11; Bilsky et al., 2008)

Schaut man sich die Verteilung der Delikte an, so ergeben sich stringente Interpretationen der beiden Dimensionen. Dimension 1 trennt zwischen anonymen/allgemeinen (links) und individuellen/konkreten Opfern (rechts); Dimension 2 trennt zwischen eigentums- (unten) und nicht-eigentumsbezogenen (oben) Delikten. Die Pointe der Studie besteht darin, dass auch eine Stichprobe von Polizeibeamten gebeten wurde, dieselbe Aufgabe auszuführen. Es ergab sich eine fast deckungsgleiche Struktur zu derjenigen der Studierenden (so dass man von denselben urteilsleitenden Dimensionen ausgehen konnte), mit einem einzigen Unterschied: Das Delikt *Widerstand gegen Vollstreckungsbeamte* wanderte auf der Dimension 1 ganz weit nach rechts.

Ordnen wir das Verfahren der MDS ein: Prinzipiell können wir für die Gewinnung der relativen Positionen der Stimuli im Wahrnehmungsraum einer Person entweder Eigenschaftsbeurteilungen der Objekte oder Ähnlichkeitsurteile zwischen den Objekten heranziehen.

Bei der Beurteilung eines Objektes aufgrund relevanter Eigenschaften kann mittels der *exploratorischen Faktorenanalyse* (Kapitel 10) eine Angabe zu einer geringeren Zahl von Dimensionen und zur Positionierung der Objekte abgeleitet werden. Dabei ist es prinzipiell auch möglich, eine Beurteilung nach vorgegebenen Dimensionen vornehmen zu lassen.

Bei Ähnlichkeits- oder Unähnlichkeitsurteilen hingegen wird in der Regel auf eine Vorgabe von Merkmalen der Stimuli verzichtet bzw. diese können unbekannt sein. Um aus den Urteilen eine Konfiguration der Objekte im Wahrnehmungsraum der Personen abzuleiten, bietet sich die *Multidimensionale Skalierung* (MDS) an.

Die Vorgabe von Merkmalen birgt die Gefahr, dass Probanden in einer Nichtbefragungssituation („im Alltag") die Stimuli nach anderen Aspekten beurteilen als bei einer als mehr oder weniger künstlich empfundenen Befragungssituation. Ähnliches trifft auch zu, wenn Probanden die Merkmale selber nennen sollen, nach denen sie vorgelegte Stimuli beurteilen. Deshalb werden bei der MDS von den Probanden lediglich *Ähnlichkeits-* oder *Unähnlichkeitsaussagen* gefordert und es bleibt offen, nach welchen Merkmalen sie ihre Beurteilungen vorgenommen haben. Nachteilig in diesem Zusammenhang ist allerdings, dass die Ergebnisse interpretiert werden müssen, da *per se* zunächst kein Zusammenhang zwischen gefundenen Wahrnehmungsdimensionen und den empirisch erhobenen Eigenschaften der Objekte besteht. Dabei gilt es, sowohl die Dimensionen zu interpretieren als auch eine sinnvolle Anzahl von Dimensionen festzulegen.

Die Ableitung einer Konfiguration bei der MDS benötigt nicht unbedingt metrische Distanzgrößen, sondern kann auch aus nicht-metrischen Ähnlichkeiten (Daten auf Ordinalskalenniveau) ermittelt werden. Daher wird zwischen *metrischer* und *nicht-metrischer* MDS unterschieden. Diese Unterscheidung ist allerdings nicht ganz korrekt, da auch bei der metrischen MDS Ähnlichkeitsurteile als Daten verwendet werden können. Der entscheidende Unterschied liegt darin, dass bei der metrischen MDS Ähnlichkeitsdaten in Distanzen transformiert werden, das heißt, es wird explizit ein funktionaler Zusammenhang zwischen Ähnlichkeiten und Distanzen festgelegt, während bei der nicht-metrischen MDS lediglich vorausgesetzt wird, dass zwischen der Ähnlichkeitsrangordnung von Stimuluspaaren und ihren Distanzen im Raum ein monotoner Zusammenhang besteht. Im Folgenden wird die nicht-metrische MDS behandelt werden, da sie aufgrund ihrer breiteren Anwendung die größere Bedeutung besitzt. Die nicht-metrische MDS kann zudem ebenso metrische Daten verarbeiten.

Für eine MDS können *Individualdaten* verwendet werden, das heißt, die zugrunde liegende Ähnlichkeitsmatrix bezieht sich auf das Urteil *einer* Person, oder *aggregierte Daten*, die Durchschnittsurteile über mehrere Personen darstellen. Möglich ist auch ein Vergleich der Urteile verschiedener Personen.

Die Zielsetzung der nicht-metrischen MDS besteht darin, eine *Objektkonfiguration* zu bestimmen, und zwar in einem Raum möglichst niedriger Dimension (im Folgenden als MDS-Raum bezeichnet). Unter einer Objektkonfiguration werden dabei die Koordinaten der Objekte (oder Stimuli) im gewählten MDS-Raum verstanden. Mit einer Interpretation dieses Raumes kann dann versucht werden, Informationen über den Wahrnehmungs- und Beurteilungsraum der Probanden zu gewinnen.

Das Ziel der nicht-metrischen MDS ist somit eine Punktekonfiguration, die so geartet ist, dass zwischen den Objektdistanzen im MDS-Raum und den empirisch ermittelten Unähnlichkeiten eine monotone Beziehung besteht. Das Verfahren beginnt dazu mit einer beliebigen Startkonfiguration der untersuchten Objekte und verändert diese schrittweise solange, bis die Rangreihe der Distanzen zwischen den Punkten in der Punktekonfiguration mit der Rangreihe der empirisch gefundenen Unähnlichkeiten möglichst gut übereinstimmt. Zur Bestimmung der Güte gibt es entsprechende Maßzahlen (*Stresswerte*). Die Interpretation der gefundenen (intervallskalierten) Dimensionen erfolgt anhand von Kennwerten (Ladungen), welche die Bedeutsamkeit der Urteilsdimensionen für die untersuchten Objekte charakterisieren.

12.1 Messung von Ähnlichkeiten

Bei der Messung von Ähnlichkeiten werden Objektpaare verglichen und in einem skalierten Ähnlichkeitsurteil abgebildet. Die klassische Methode hierbei ist der *Paarvergleich*, bei der Objekte nach der empfundenen Ähnlichkeit in eine (auf- oder absteigende) Rangreihung gebracht werden. Bei n Objekten ergeben sich bei paarweiser Vorgabe $n \times (n-1)/2$ zu vergleichende Objektpaare, das heißt, die Zahl der Paare nimmt überproportional mit der Zahl der Objekte zu (z.B. bei $n = 10$ insgesamt 45 Paarvergleiche). Durch wiederholte Aufteilung in jeweils zwei Gruppen von ähnlichen und unähnlichen Objekten kann alternativ eine Rangreihe erstellt werden. Abschließend ist der erzielten Rangordnung eine Zahlenreihe zuzuordnen, die jedem Rangplatz einen numerischen Wert zuordnet. Problematisch sind Paarvergleiche dann, wenn inkonsistente Rangordnungen entstehen (*zirkuläre Triaden* oder *intransitive Urteile*). Zirkuläre Triaden können verschiedene Ursachen haben: Zum Beispiel werden die Objekte unter Umständen nicht nur bezüglich *eines* Merkmals verglichen (Mehrdimensionalität); die Merkmalsdifferenzen können sehr klein sein oder als klein beurteilt werden; es ist auch an die Unfähigkeit von Probanden zur konsistenten Urteilsbildung sowie an mangelnde Sorgfalt zu denken. Die Frage, ob der Grad an Konsistenz möglicherweise rein zufällig entstanden sein könnte, kann inferenzstatistisch (gegen eine Zufallsbedingung) abgesichert werden. Vermieden werden können zirkuläre Triaden durch die simultane Ordnung aller Objekte in eine Rangreihe, aus der dann mittlere Ränge berechnet werden können.

Alternativ kann die *Ankerpunktmethode* verwendet werden, bei der jedes Objekt einmal als Vergleichsobjekt (Ankerpunkt) gegenüber allen restlichen Objekten verglichen wird; dadurch wird die Rangreihung in Teilaufgaben zerlegt. Bei n Objekten resultieren dabei $n \times (n-1)$ Paarvergleiche. Aus der Ankerpunktmethode resultiert eine quadratische Datenmatrix, in der die Rangwerte abgetragen werden. Als besondere Eigenschaft ist diese in der Regel asymmetrisch, das heißt, der Vergleich eines Objektes A mit Ankerpunkt B kann einen anderen Rang ergeben als der Vergleich von Objekt B mit Ankerpunkt A. Entsprechend wird auch von konditionalen Daten gesprochen, da die Werte in der Matrix nur zeilenweise für jeweils einen Ankerpunkt vergleichbar sind.

Schließlich können Ratings zur Gewinnung von (Un-)Ähnlichkeitsdaten verwendet werden, indem zum Beispiel auf einer 7- oder 9-stufigen Skala eine Einschätzung zwischen „vollkommen ähnlich" (1) bis „vollkommen unähnlich" (7) gegeben wird. Da die (Un-)Ähnlichkeit als symmetrisches Konstrukt angenommen wird, ist jedes Paar nur einmal zu beurteilen. Für n Objekte ergeben sich daher $n \times (n-1)/2$ Beurteilungen von Objektpaaren. Das Ratingverfahren gilt bei größeren Objektzahlen als besonders ökonomisch, da nur eine Einzelbeurteilung pro Objektpaar und kein Vergleich mit anderen Paaren vorgenommen werden muss. Demgegenüber liefert diese Methode aber nur eingeschränkte Genauigkeiten, da aufgrund der eingeschränkten Skala gleiche Ähnlichkeitswerte resultieren können; diese nehmen mit Anzahl der Objekte und Verkürzung der Skala zu und reduzieren die Stabilität der Lösung. Gelöst werden kann dieses Problem durch Aggregation der Ähnlichkeitsdaten über alle Personen zu Mittelwerten oder Medianen. Die Ankerpunktmethode und das Ratingverfahren bieten sich daher eher für aggregierte Analysen, der Paarvergleich eher für individuelle Analysen an.

12.2 Distanzmodelle

Den empirisch ermittelten (Un-)Ähnlichkeiten stehen Distanzen im MDS-Raum gegenüber. Naheliegend ist sicher die Verwendung der Euklidischen Distanz:

$$d_{xy} = \sqrt{\sum \left(x_i - y_i\right)^2}$$

Bei dem zwei-dimensionalen MDS-Raum unseres Eingangsbeispiels wäre dies die Länge der direkten Verbindung zweier Delikte. Die Euklidische Distanz berechnet die Distanz zwischen zwei Punkten x und y nach ihrer kürzesten Entfernung, während die *(City-)Block-Metrik* die Distanz zwischen zwei Punkten x und y als Summe der absoluten Abstände ermittelt:

$$d_{xy} = \sum \left| x_i - y_i \right|$$

Verallgemeinert werden beide oben genannten Metriken in der *Minkowski-Metrik (L-Norm)*, bei der die Distanz der Punkte x und y als Differenz der Koordinatenwerte über alle Dimensionen hinweg berechnet wird:

$$d_{xy} = \sqrt[p]{\sum \left(x_i - y_i\right)^p}$$

Dabei werden die Differenzen mit einem konstanten Faktor p potenziert und anschließend summiert. Die Distanz resultiert schließlich durch Ziehung der p-ten Wurzel (bei $p = 1$ resultiert die Block-Metrik, für $p = 2$ die Euklidische Metrik).

12.3 Konfigurationsermittlung

Die Ermittlung der Konfiguration hat zum Ziel, die Rangreihe der Distanzen zwischen den Objekten im MDS-Raum möglichst optimal mit der Rangreihe der empirisch ermittelten Unähnlichkeiten in Übereinstimmung zu bringen, auch wenn sich die dabei angenommene Monotonie-Bedingung in der Regel nicht perfekt erfüllen lässt. Die Monotonie-Bedingung wäre erfüllt, wenn die Rangfolge der Distanzen exakt der Rangfolge der Unähnlichkeiten entspricht. Eine Lösung wird iterativ gesucht, indem eine zufällige Startkonfiguration schrittweise optimiert wird.

Um dabei die Distanzen (im MDS-Raum) und die empirischen Unähnlichkeiten rechnerisch aufeinander zu beziehen, werden als dritte Größe sogenannte *Disparitäten* eingeführt. Disparitäten sind eine Transformation der Unähnlichkeitswerte, so dass die Disparitäten wie die Distanzen skaliert sind.

Dann kann als Maß für die Güte einer aktuellen Konfiguration hinsichtlich der Erfüllung der Monotonie-Bedingung das *STRESS-Maß* (Kruskal, 1964, p. 3) verwendet werden:

$$STRESS_1 = \sqrt{\frac{\sum_x \sum_y \left(d_{xy} - \hat{d}_{xy}\right)^2}{\sum_x \sum_y d_{xy}^2}}$$

(d_{xy} = Distanz; $\hat{d}_{xy}$ = Disparitäten zwischen den Objekten x und y)

Wichtig ist hier der Zähler des Bruches (der Nenner dient der Normierung; s. dazu unten): Wenn Distanzen im MDS-Raum und Disparitäten perfekt übereinstimmen, wird der STRESS-Index null. Der iterative Algorithmus hat also zum Ziel, den STRESS-Index möglichst weit zu reduzieren.

Oben hatten wir geschrieben, dass eine optimale Lösung dann gegeben ist, wenn die Monotonie-Bedingung erfüllt ist, also die Rangfolge der Distanzen exakt der Rangfolge der Unähnlichkeiten entspricht. Wie geht diese Aussage mit dem metrischen STRESS-Index zusammen? Die Transformation der (Un-)Ähnlichkeiten in Disparitäten ist nur eine schwach monotone, das heißt, für alle Paare von Objekten gilt, dass die Rangfolge der Disparitäten der Rangfolge der Unähnlichkeiten entspricht (mit dem Grenzfall, dass die Disparitäten identisch sein können trotz Unähnlichkeit). Eine derartige Transformation hat viel Spielraum, um die Disparitäten den Distanzen anzugleichen. Nehmen wir zum Beispiel an, dass drei Objekte im zweidimensionalen Raum so angeordnet wären, dass ihre euklidischen Distanzen 3 (Objekt 1 mit 2), 4 (Objekt 1 mit 3) und 5 (Objekt 2 mit 3) betrugen; ihre Ähnlichkeiten auf einer Skala von 0 (sehr unähnlich) bis 4 (sehr ähnlich) wären 3.5 (Objekt 1 mit 2), 1.3 (Objekt 1 mit 2) und 0.7 (Objekt 1 mit 3). Die Disparitäten würden in diesem Fall exakt den Distanzen entsprechen, da hierdurch die Rangfolge der (Un)Ähnlichkeiten gewahrt bleibt.[12]

---

12 Man möge hier ignorieren, dass das Beispiel „3 Objekte auf zwei Dimensionen" natürlich insofern unsinnig ist, als hier immer unendlich viele perfekte Lösungen gefunden werden können (s. dazu auch unten den Abschnitt über die Festlegung der Dimensionen).

Alternativ zum $STRESS_1$-Index kann die Normierung des Maßes (mit Werten zwischen null und eins) durch einen geänderten Ausdruck im Nenner erreicht werden:

$$STRESS_2 = \sqrt{\frac{\sum_x \sum_y \left(d_{xy} - \hat{d}_{xy}\right)^2}{\sum_x \sum_y \left(d_{xy} - \bar{d}\right)^2}}$$

($\bar{d}$ = Mittelwert der Distanzen)

$STRESS_2$ liefert etwa doppelte so hohe Werte wie $STRESS_1$. Als gering wird eine Anpassungsgüte von 0.2 ($STRESS_1$) bzw. 0.4 ($STRESS_2$), als ausreichend von 0.1 bzw. 0.2, als gut von 0.05 bzw. 0.1 und als ausgezeichnet von 0.025 bzw. 0.05 bezeichnet. Diese Angaben gelten allerdings nur als grobe Faustregel. Eine inferenzstatistische Absicherung ist nicht möglich, da die Stichprobenverteilung der Stresswerte unter einer Nullhypothese nicht bekannt ist. Problematisch ist vor allem die Formulierung einer geeigneten Nullhypothese.

Ein alternatives Maß ist *S-STRESS* (Takane, Young & De Leeuw, 1977, p. 27f.), das bei SPSS neben $STRESS_1$ in der Prozedur ALSCAL eingesetzt wird und eine weitere alternative Normierung verwendet:

$$S\text{-}STRESS = \sqrt{\frac{\sum_x \sum_y \left(d_{xy}^2 - \hat{d}_{xy}^2\right)^2}{\sum_x \sum_y \hat{d}_{xy}^4}}$$

Generell ist noch einmal zu betonen, dass *STRESS*-Werte keine allgemeingültige Interpretation der Anpassungsgüte zulassen, da die Ausprägung eines *STRESS*-Wertes von der Anzahl der Objekte sowie der gewählten Anzahl von Dimensionen abhängt. Der *STRESS*-Wert nimmt mit steigender Objektzahl zu und verringert sich bei Erhöhung der Dimension. Auch können *STRESS*-Werte nahe null bei sog. degenerierten Objektkonfigurationen entstehen; dabei ist die Konfiguration der Cluster so gestaltet, dass das Verfahren die Objekte innerhalb der Cluster nicht mehr unterscheiden kann.

12.4 Festlegung der Dimensionen

Die Anzahl der Dimensionen muss möglichst so festgelegt werden, dass sie dem (angenommenen oder entdeckten) Wahrnehmungsraum entspricht. Dabei spielen nicht nur inhaltliche, sondern auch pragmatische Kriterien eine Rolle, so dass eine Beschränkung auf zwei bis drei Dimensionen üblich ist. Dies erleichtert sowohl die grafische Darstellung als auch die inhaltliche Interpretation entlang der Achsen des Koordinatensystems. Die Entscheidung über die Anzahl der Dimensionen wird dabei von der optimalen Interpretation der Konfiguration und Dimensionen abhängig gemacht. Auch wenn die Interpretation der Dimensionen keine zwingende Maßnahme darstellt, so stärkt dies doch die Validität der verwendeten Lösung. Anstelle einer „phänomenologischen Deutung“ von Dimensionen durch den Forscher ist eine hypothesengeleitete Interpretation zu empfehlen. Allerdings kann hierzu eine zusätzliche Datenerhebung bei den Probanden bezüglich jener Merkmale, auf die sich die Hypothesen beziehen, notwendig sein.

Wie bei der exploratorischen Faktorenanalyse (vgl. Kapitel 10) kann zudem die Interpretierbarkeit durch Rotation der Achsen (z.B. über das *Varimax-Kriterium*) erleichtert werden. Ziel dabei ist es, die Objekte möglichst entlang der Achsen zu verteilen und eine Einfachstruktur zu erreichen.

Da das *STRESS*-Maß abnimmt, wenn die Anzahl der Dimensionen erhöht wird, sollte bei nur noch geringen Veränderungen eine Lösung mit geringerer Dimensionsanzahl bevorzugt werden.

Lösungen mit einem *STRESS*-Wert nahe null (< 0.01) können ein Indiz für eine degenerierte Objektkonfiguration sein. Als degeneriert werden Konfigurationen bezeichnet, bei denen die „wahre“ Konfiguration Cluster von Objekten enthält, die so gestaltet sind, dass die MDS die Objekte innerhalb der Cluster praktisch nicht mehr unterscheiden kann (z.B. bilden die Objekte dabei einen Klumpen inmitten des Koordinatensystems). Das führt dann zu Stresswerten, die nahe null liegen. Ein Symptom für degenerierte Lösungen ist eine geringe Anzahl verschieden großer Distanzen relativ zur Gesamtzahl der Distanzen. Als vorbeugende Maßnahme gegen degenerierte Lösungen wird vorgeschlagen, keine MDS durchzuführen bei solchen Objekten, die in wenige kompakte Cluster fallen, und deren Anzahl relativ zur gewählten Dimension klein ist.

Auch besteht grundsätzlich die Gefahr, dass anstelle des absoluten Stressminimums nur ein lokales Minimum gefunden wird. Um lokale Minima zu vermeiden, kann man zum Beispiel mit verschiedenen zufälligen Startkonfigurationen arbeiten und schließlich diejenige mit dem kleinsten Stress wählen. Es hat sich jedoch gezeigt, dass dafür bei euklidischer Metrik mindestens 20 Startkonfigurationen erforderlich sind, bei nicht-euklidischer sogar mehr. Als überlegen haben sich Startkonfigurationen erwiesen, die aus der *metrischen* MDS bestimmt werden. Allerdings sind sie auch nicht unproblematisch bei nicht-euklidischer Metrik.

Da bei einer MDS metrische Ergebnisse aus ordinalen Daten gewonnen werden (was eine Anhebung des Skalenniveaus bei gleichzeitiger Verdichtung der Daten bedeutet), muss die Zahl der Eingabedaten größer als die Zahl der Ausgabedaten sein. Diese Relation kann über den sog. *Datenverdichtungskoeffizienten* Q überprüft werden:

$$Q = \frac{K(K-1)/2}{K \cdot R}$$

(K = Anzahl der Objekte; R = Anzahl der Dimensionen)

Der Zähler ist hier Ausdruck für die Anzahl der Ähnlichkeiten und der Nenner für die Anzahl der Koordinaten. Die Verdichtung steigt somit mit zunehmender Objektzahl K und sinkt mit zunehmender Dimensionszahl R. Damit die Anhebung des Skalenniveaus gelingt, muss Q immer größer eins sein, für eine stabile Lösung sollte allerdings $Q \geq 2$ sein.

Gleichzeitig setzt Q Obergrenzen fest: Bei neun Objekten sind maximal zwei Dimensionen, bei elf Objekten maximal drei Dimensionen zulässig. Mindestens neun Objekte sind damit für die Durchführung einer MDS erforderlich.

Ein Beispiel mit IBM SPSS Statistics

Die häufigste Anwendung einer MDS bezieht sich nicht auf die Ermittlung des Wahrnehmungsraumes einer Person, sondern auf Gruppenurteile. Daher wird üblicherweise eine gemeinsame Analyse von Ähnlichkeitsurteilen über eine Stichprobe hinweg durchgeführt, die in eine gemeinsame Konfiguration münden soll. Dazu wird eine hinreichende Homogenität der Personenurteile vorausgesetzt, die gegebenenfalls auch eine Segmentierung der Stichprobe in homogene Cluster (z.B. anhand einer Clusteranalyse; vgl. Kapitel 10) voraussetzt.

Vor Anwendung einer MDS sollte geprüft werden, ob die Objektzahl nicht zu klein ist (≥ 9) und ob Ähnlichkeitsdaten vorliegen. Bei der Wahl des Distanzmodells sollte eine Euklidische Metrik präferiert werden. Zwei bis drei Dimensionen sollten nicht überschritten werden. Eine *Varimax*-Rotation kann vorgenommen werden, um die Interpretation zu erleichtern.

Das ALSCAL-Programm in SPSS berechnet *S-STRESS* und $STRESS_1$. Ferner werden *RSQ*-Werte ausgegeben, als quadrierte Korrelation zwischen den Disparitäten und den Distanzen; dabei handelt es sich um ein *Goodness-of-fit* Maß, vergleichbar mit dem Determinationskoeffizienten aus der Regressionsanalyse.

Im Folgenden werden wir ein (fiktives) Datenbeispiel erläutern, dass durch zwei Quellen inspiriert wurde. Bühl und Zöfel (2005) wählten in ihrem SPSS-Einführungsbuch ein Beispiel, das die Wirkweise der MDS in kaum zu übertreffender Weise veranschaulicht: Wenn man die objektiven Streckendistanzen deutscher Städte als „Unähnlichkeits"-Matrix in die MDS gibt, dann erhält man eine Verteilung der Städte auf einer zweidimensionalen Landkarte, die der realen Geografie weitgehend entspricht.

Leider hat das Beispiel den Nachteil, das es keiner psychologischen Forschungsfragestellung entspricht. Aber es gibt auch Landkarten „in den Köpfen" und es ist durchaus eine Forschungsfrage, ob solche mentalen Karten bestimmte Verzerrungen aufweisen. So fragten sich Carbon und Leder (2005), ob westdeutsche Studierende immer noch „den eisernen Vorhang" im Kopf haben und die Entfernung zwischen westdeutschen und ostdeutschen Städten überschätzen. In der Tat gab es diese Überschätzung.

```
Iteration history for the 2 dimensional solution (in squared distances)
         Young's S-stress formula 1 is used.
         Iteration   S-stress   Improvement
         1    .05454
         2    .04928    .00526
         3    .04911    .00018
          Iterations stopped because
         S-stress improvement is less than .001000
       Stress and squared correlation (RSQ) in distances
         RSQ values are the proportion of variance of the scaled data (disparities)
                in the partition (row, matrix, or entire data) which
                is accounted for by their corresponding distances.
                  Stress values are Kruskal's stress formula 1.
    For matrix
  Stress =  .03557   RSQ = .99214

   Configuration derived in 2 dimensions
```

Abb. 82 Ausgabe der MDS (Gütekriterien)

Wir haben dies krude simuliert, indem wir die Matrix der Luftliniendistanzen der elf Städte, die Carbon und Leder (2005) ausgewählt hatten, um 100 Kilometer für jede West-Ost-Verbindung erhöht haben. Tun wir also so, als ob die Studierenden (im Mittel) die Distanzen recht exakt schätzen können, aber West-Ost-Verbindungen systematisch überschätzen. Wir rechnen eine MDS. Als Meßniveau kann in diesem Fall Verhältnisskalenniveau angenommen werden; es sollen zwei Dimensionen unterschieden werden.

Die Ausgabe (*Abbildung 82*) zeigt einen ausführlichen Anmerkungsteil mit dem Iterationsverlauf der Analyse. Es folgen Angaben zum *Stress* und *RSQ*-Parameter. Nach den oben gegebenen Faustregeln zur Interpretation des STRESS-Wertes können wir die Anpassungsgüte als gut betrachten. *RSQ* stellt den quadratischen Korrelationskoeffizienten zwischen den beobachteten Distanzen und den Disparitäten (s.o.) dar. Für eine gute Lösung sollte der *RSQ* nahe eins liegen, was hier der Fall ist. Auf diesen Kennwert bezieht sich auch das Streudiagramm der *Abbildung 83*: Hier sind die beobachteten 55 Städte-Distanzen gegen die Disparitäten abgetragen. Je näher alle Punkte an der Diagonalen liegen, um so besser ist die Anpassungsgüte.

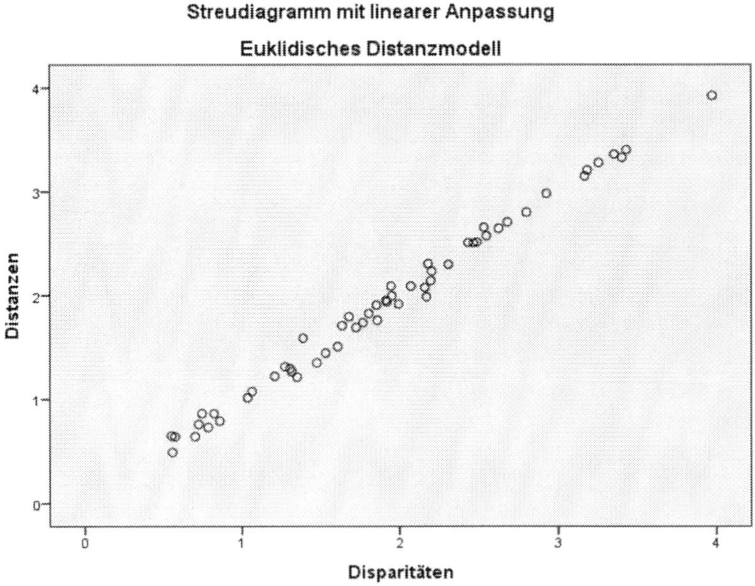

Abb. 83 Streudiagramm Distanzen und Disparitäten

Weiterhin finden sich in der Ausgabe die Koordinaten der Städte. Mittels dieser Koordinaten können die Städte in einer zweidimensionalen Konfiguration in einem Diagramm dargestellt werden (*Abbildung 84*).

Stimulus Coordinates

		Dimension	
	Stimulus	1	2
Nr	Name		
1	Berlin	1.2574	.2934
2	Cottbus	1.1709	.9296
3	Erfurt	-.0009	.6064
4	Hamburg	.1589	-1.3716
5	Hannover	-.3408	-.8004
6	Düsseldorf	-1.5778	-1.0755
7	Leipzig	.4850	.6772
8	Magdeburg	.6614	.0516
9	Nürnberg	-1.3349	.8263
10	Rostock	1.6097	-.7235
11	Stuttgart	-2.0888	.5866

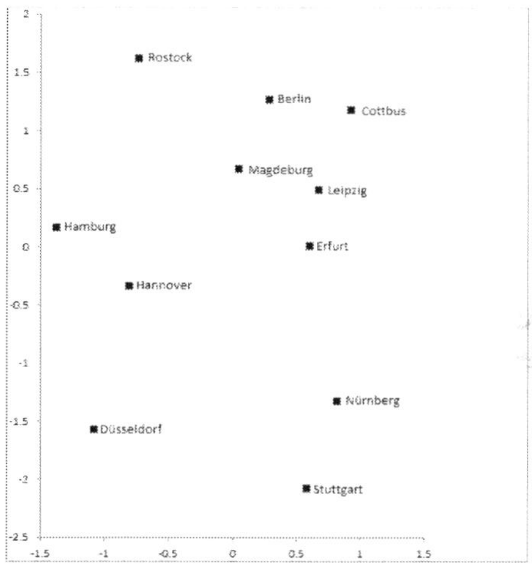

Abb. 84 Ausgabe der MDS (Stimuluskoordinaten und Konfiguration)

Die MDS-Dimensionen entsprechen nicht ganz den Himmelsrichtungen; dazu müssten wir das Diagramm um einige Grad im Uhrzeigersinn drehen (so dass die Linie Hamburg-Stuttgart in etwa vertikal ist). Wir sehen aber den klaren „Graben“ zwischen den westdeutschen und den ostdeutschen Städten (der viel deutlicher ist als es den realen Gegebenheiten entspricht).

Literatur

Eine kurze Einführung in die MDS findet sich in Backhaus et al. (2011), eine ausführlichere in Backhaus, Erichson und Weiber (2013). Das Buch von Borg, Groenen und Mair (2013) ist vollständig der MDS gewidmet.

Strukturgleichungsmodelle 13

In diesem Kapitel sollen Strukturgleichungsmodelle (*Structural Equation Models; SEM*) als umfassender statistischer Ansatz zur Hypothesentestung vorgestellt werden, mit denen sich Beziehungen zwischen manifesten (beobachteten/gemessenen) und latenten (nicht-beobachtbaren/konstruierten) Variablen analysieren lassen. Die statistischen Grundlagen stammen aus den frühen siebziger Jahren des 20. Jahrhunderts (Jöreskog, 1973; Keesling, 1972; Wiley, 1973); ein größeres Interesse vonseiten der Human- und Sozialwissenschaften gibt es seit Beginn der achtziger Jahre (Bentler, 1980; Bielby & Hauser, 1977; Jöreskog & Sörbom, 1979). Heute ist die Anwendung von Strukturgleichungsmodellen insbesondere innerhalb der Differenziellen Psychologie Standard.

Bei den Konstruktionsschritten wird der Aufbau eines Strukturmodells von einem Messmodell unterschieden, gefolgt von der anschließenden Identifikation der Modellstruktur bis hin zu den Parameterschätzungen, der Beurteilung der Modellschätzungen und ggf. einer Modellmodifikation.

Abbildung 85 zeigt ein Beispiel. Inhaltlich geht es um eine psychosomatische Hypothese: Nach dem Modell beeinflusst die Variable *Depression* die Stärke des *Immunsystems;* diese Variable wiederum beeinflusst die Belastung durch Krankheiten (Variable *Krankheit*). Diese drei Variablen bilden das Strukturmodell. Jede dieser latenten (nicht direkt beobachtbaren) Variablen ist mit drei manifesten Variablen zu einem Messmodell verbunden. Dep_1 bis Dep_3 könnten zum Beispiel drei Standardtestverfahren zur Erfassung (der Ausprägung) von Depression sein. Imm_1 bis Imm_3 könnten Laborwerte sein, die den Zustand des Immunsystems anzeigen. Kra_1 bis Kra_3 könnten verschiedene Indikatoren der Gesundheitsbelastung sein (z.B. Selbstbericht, Auswertung der Akten des Hausarztes, Fremdbericht durch Lebenspartner). Die weiteren Details, die in *Abbildung 85* zu finden sind, werden im Laufe dieses Kapitels besprochen.

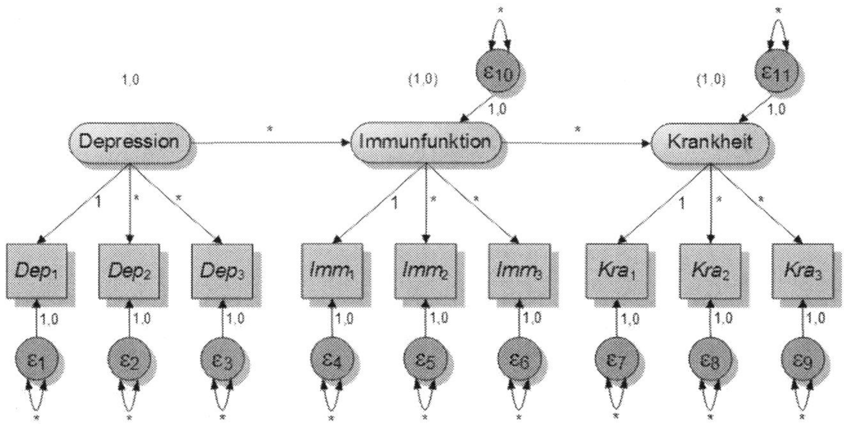

Abb. 85 Beispielhaftes Strukturgleichungsmodell mit drei latenten Variablen, denen jeweils drei Indikatoren zugeordnet sind (modifiziert nach MacCallum, 1995, p. 26)

Zwei Sonderfälle werden gern mit eigenen Bezeichnungen geführt: Wenn ein Strukturgleichungsmodell lediglich aus Messmodellen besteht (d.h. zwischen den latenten Variablen allenfalls korrelative Beziehungen angenommen werden), sprechen wir von *konfirmatorischen Faktorenanalysen*. Wenn lediglich ein Strukturmodell zwischen beobachteten Variablen postuliert wird, sprechen wir von einem *Pfadmodell*. (Mediatormodelle, wie wir sie in Kapitel 5.1 besprochen haben, lassen sich unter diesem Begriff subsumieren.)

13.1 Modellspezifikation

Strukturgleichungsmodelle[13] (SGM) beginnen mit der Spezifikation eines Modells, das geschätzt werden soll (Hoyle, 1995; Kline, 1998; Weiber & Mühlhaus, 2009). Unter „Modell" wird in diesem Zusammenhang eine statistische Aussage über lineare Beziehungsmuster zwischen Variablen verstanden. Derartige Modelle

13 Als Synonyme werden verwendet: Analyse von Kovarianzstrukturen (*analysis of covariance matrix*), Kausalmodellierung (*causal modelling*) oder Kausalanalyse (*causal analysis*).

können dabei, in Abhängigkeit vom analytischen Ansatz, unterschiedliche Formen annehmen. Mindestens implizit haben wir dies auch schon bei den bislang besprochenen Methoden getan. So spezifiziert ein Modell im Kontext einer bivariaten Korrelation eine nicht-direktionale Beziehung zwischen zwei Variablen oder auch einen komplexeren Zusammenhang (z.B. bei Partial- oder Semipartialkorrelationen, kanonischen Korrelationen). Multiple Regressionen und Varianzanalysen lassen sich zum Aufbau direktionaler Beziehungen einsetzen (eine Variable ist die abhängige Variable, deren Varianz durch ein oder mehrere unabhängige Variablen „erklärt" wird), obwohl die Direktionalität mit diesen Ansätzen nicht statistisch geprüft werden kann.

Mit der Modellspezifikation wird das Modell formal – in Abhängigkeit vom gewählten Ansatz – ausgedrückt. Im Falle einer einfachen Korrelation ist das einzige Modell, dass spezifiziert werden kann, eine einzelne nicht-direktionale Beziehung zwischen zwei Variablen (*Abbildung 86*). Da die Varianz in einem varianzanalytischen Design zumeist in standardisierter Form zerlegt wird, fehlt hier häufig ein explizit spezifiziertes Modell. Hypothesen, die – gegenüber den üblichen Tests, die Haupt- und Interaktionseffekte überprüfen – einen Einzelvergleich erfordern, benötigen allerdings explizite Modellspezifikationen (geplante *Post-Hoc*-Tests). Eine exploratorische Faktorenanalyse beginnt ohne ein explizites Modell. Demgegenüber erfordern aber Entscheidungen, wie viele Faktoren zu extrahieren sind, wie diese extrahiert werden sollen und welche Rotationsmethode zu verwenden ist, zumindest implizite Modellspezifikationen. Zudem unterstellt die Faktorenanalyse, dass die Korrelation zwischen zwei Variablen auf eine hypothetische Größe zurückgeführt werden kann (dies entspricht Fall D in *Abbildung 86*). Demnach müsste die Korrelation verschwinden, wenn die hypothetische Größe konstant gehalten wird (z.B. durch Berechnung einer Partialkorrelation).

In einem SGM ist die Modellspezifikation hingegen eine grundlegende und zwingende Voraussetzung, die jeder statistischen Analyse vorangeht und im Wesentlichen die Beziehungen zwischen den Variablen in einzeln spezifizierten Parametern definiert. Mit der Modellspezifikation soll eine aussagekräftige und sparsame Erklärung von beobachteten Beziehungen zwischen einem Set von gemessenen Variablen angegeben werden. Da das Modell bestenfalls eine gute Approximation der beobachteten Daten liefern kann, beweist selbst ein optimales Resultat allerdings nur, dass das getestete Modell die beobachteten Daten „fittet" – mit anderen Worten, dass das Modell eine plausible Repräsentation der strukturellen Eigenschaften der beobachteten Daten darstellt – und dass dieses besondere Modell ein *mögliches* Modell ist; damit ist aber nicht die Existenz anderer Modelle ausgeschlossen, welche die Daten in gleichem Maße „fitten" und andere substanzielle Interpretationen bei äquivalentem Fit gegenüber den beobachteten Daten erlauben.

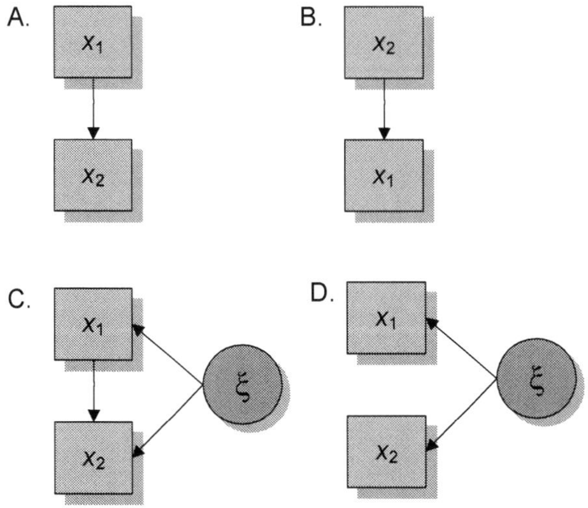

Abb. 86 Vier verschiedene Interpretationen einer Korrelation. (A) Variable x_1 ist verursachend für den Wert der Variable x_2 oder (B) *vice versa* (kausal interpretierte Korrelation), (C) Abhängigkeit zwischen x_1 und x_2 geht teilweise auf den Einfluss einer exogenen (hypothetischen) Größe ξ zurück (partiell kausal interpretierte Korrelation), (D) Abhängigkeit zwischen x_1 und x_2 geht ausschließlich auf die Größe ξ zurück (kausal nicht interpretierte Korrelation).

Die Parameter, die im Kontext eines SGM zu spezifizieren sind, stellen Konstanten dar, welche die Relation zwischen jeweils zwei Variablen angeben. Obwohl die Parameter aufgrund ihrer Größe und des Vorzeichens recht spezifisch ausfallen können, werden sie grundlegend als feste und freie Parameter differenziert: *Feste Parameter* werden nicht aus den Daten geschätzt, sondern mit einem Wert (z.B. null) belegt. *Freie Parameter* hingegen werden aus den Daten geschätzt und entsprechend vom Untersucher als von null verschieden angenommen.

Die verschiedenen Indizes der Adäquatheit des Modells, insbesondere der *Goodness-of-Fit-Test* (χ^2-Test), geben den Grad dafür an, inwieweit das Muster aus festen und freien Parametern, das im Modell spezifiziert wird, mit dem Muster der Varianzen und Kovarianzen der beobachteten Daten übereinstimmt.

Das Muster fester und freier Parameter in einem SGM definiert zwei Komponenten des allgemeinen Modells:

Im *Messmodell* (*measurement model*) werden wesentlich die latenten Variablen festgelegt. Latente Variablen sind nicht-beobachtbare Variablen, die in den Kovarianzen zwischen zwei oder mehr Variablen impliziert sind. In einem SGM ist es wünschenswert, dass jede latente Variable durch verschiedene (mindestens zwei) distinkte Indikatoren gespeist wird; damit repräsentiert die latente Variable die Gemeinsamkeit dieser Indikatoren. Nach dieser Definition sind latente Variablen äquivalent zu Faktoren und werden ohne einen Zufallsfehler angenommen; ihre Parameter sind äquivalent zu Faktorladungen und repräsentieren Regressionskoeffizienten des linearen Einflusses der Faktoren auf die gemessenen Variablen.

Im *Strukturmodell* (*structural model*) werden die Beziehungen zwischen latenten und beobachteten Variablen festgelegt. Das Modell der multiplen Regression ist beispielsweise ein Strukturmodell ohne latente Variablen. Werden die Mess- und Struktur-Komponenten kombiniert, resultiert als Ergebnis ein umfassendes Modell zur Evaluation von Beziehungen zwischen Variablen, die frei von einem Messfehler sind.

Die Beziehungen zwischen Variablen in einem SGM können ferner nach verschiedenen Typen untergliedert werden:

Die *Assoziation* ist eine Beziehung zwischen Variablen, die als *nicht-direktionaler Effekt* aufgefasst wird; sie ist typisch für korrelative Analysen.

Der *direktionale Effekt* ist eine direkte Beziehung zwischen zwei Variablen; eine Variable, die einen direkten Einfluss durch eine andere Variable des Systems erhält, wird als *endogene Variable* bezeichnet. Zum Beispiel sind *Immunfunktion* und *Krankheit* zwei endogene Variablen im Modell der *Abbildung 85*. Dieser Effekt ist typisch für die Varianzanalyse oder die multiple Regression. Innerhalb eines Modells charakterisiert jeder direkte Effekt die Beziehung zwischen einer unabhängigen und einer abhängigen Variable, obwohl bei einem direkten Effekt die abhängige Variable des einen Falls als unabhängige Variable in einem anderen Fall auftreten kann. Darüber hinaus kann die abhängige Variable – wie in der multiplen Regression – mit mehreren unabhängigen Variablen in Beziehung stehen, und eine unabhängige Variable kann – wie in der multivariaten Varianzanalyse – mit mehreren abhängigen Variablen in Beziehung stehen. Die Beziehung einer latenten Variablen zu ihren Indikatoren wird im Allgemeinen in SGM als direktional definiert, von der latenten Variable zu jedem Indikator.[14]

Der *indirekte Effekt* einer unabhängigen Variable auf eine abhängige Variable entsteht durch (zwischengeschaltete) vermittelnde Variablen. Wir kennen dies schon aus der Mediatoranalyse (Kapitel 5.1); in *Abbildung 85* wird der Einfluss der

14 Die alternative Sichtweise, dass latente Variablen durch ihre Indikatoren definiert werden und nicht *vice versa*, ist möglich. Gemessene Variablen werden in diesem Zusammenhang als kausale Indikatoren aufgefasst; sie sind typischerweise exogene Variablen, ohne einen spezifischen Fehlerterm, und das Konstrukt wird automatisch zu einer endogenen Variable (MacCallum, 1995).

Variable *Depression* auf die Belastung durch Krankheiten als indirekt angenommen (vermittelt über die Stärke des Immunsystems). Variablen, die keinen direkten Einfluss durch eine Variable des Systems erhalten, werden als *exogene Variablen* bezeichnet (hier: *Depression*). Die Summe direkter und indirekter Effekte einer unabhängigen Variable auf eine abhängige Variable wird als Gesamteffekt (*total effect*) der unabhängigen Variable zusammengefasst. Für sämtliche direktionalen und nicht-direktionalen Assoziationen kann angenommen werden, dass sie mit spezifischen numerischen Werten versehen sind. Während bei direktionalen Effekten diese Werte den Gewichten eines Regressionskoeffizienten entsprechen, sind numerische Werte bei nicht-direktionalen Beziehungen Kovarianzen zwischen Variablen; diese Parameter sollen durch Anwendung des SGM für ein bestimmtes Modell geschätzt werden.

Für die endogenen Variablen wird im Allgemeinen nicht angenommen, dass sie perfekt und vollständig durch die Variablen erklärt werden, die direkten Einfluss auf diese Variablen nehmen. Entsprechend besitzt jede endogene Variable einen *Fehler-Term*, der den Anteil angibt, der nicht durch den linearen Einfluss anderer Variablen des Systems erklärt werden kann. Diese Fehler-Terme setzen sich in Teilen aus einem Zufallsfehler und einem systematischen Fehler zusammen, der theoretisch durch Variablen oder Effekte außerhalb des Modells erklärt werden kann. Dabei lassen sich Fehler-Terme auch als latente Variablen auffassen, die nicht direkt beobachtet werden können und als exogene Variable keinen direkten Einfluss von anderen Variablen erhalten. In *Abbildung 85* sind diese Fehlerterme bei allen manifesten und den beiden endogenen latenten Variablen zu finden.

Unabhängig davon können ebenso beobachtete Variablen im Modell vorkommen, die nicht als Indikatoren latenter Variablen, sondern separat als exogene oder endogene Variable verwendet werden. Derartige *Pfadmodelle* besitzen nur beobachtete, aber keine latenten Variablen. Zum Beispiel sind die Mediatormodelle, wie sie im Kapitel 5.1 besprochen wurden, einfache Pfadmodelle. Demgegenüber sind auch gemischte Modelle aus einzelnen beobachteten Variablen und latenten Variablen mit multiplen Indikatoren möglich. Allerdings sollte beachtet werden, dass ohne weitere Information (z.B. zu Schätzungen der Reliabilität) beobachtete Variablen, die separat in ein Modell aufgenommen werden, als messfehlerfrei betrachtet werden. Daher kann das Vorhandensein eines solchen Messfehlers die Schätzung der Modellparameter kontaminieren; im Allgemeinen wird die Verwendung latenter Variablen mit mehreren (mindestens zwei) Indikatoren empfohlen. *Tabelle 13* listet die üblichen Bezeichnungen auf, die in SGM Verwendung finden.

Tabelle 13 Symbolik in Strukturgleichungsmodellen

Symbol	Bedeutung
ξ (*ksi*)	*latente, exogene Variable*
η (*eta*)	*latente, endogene Variable*
ζ (*zeta*)	*Residualvariable für eine latente endogene Variable*
ε (*epsilon*)	*Residualvariable für eine Indikatorvariable y*
δ (*delta*)	*Residualvariable für eine Indikatorvariable x*
x	*Indikatorvariable für eine latente exogene Variable*
y	*Indikatorvariable für eine latente endogene Variable*
⟶	*direktionale/kausale Beziehung*
⟷	*nicht-direktionale/korrelative Beziehung*

Eine weitere Spezifikation erlaubt angenommene (direktionale oder nicht-direktionale) Beziehungen zwischen latenten (exogenen oder endogenen) Variablen im Modell. Eine endogene latente Variable wird allgemein mit einem Fehler-Term spezifiziert, der den Anteil der latenten Variable darstellt, der nicht durch die linearen Einflüsse des spezifizierten Modells erklärt werden kann. Jeder Fehler-Term eines Modells kann als latente Variable aufgefasst werden, die einen linearen Einfluss auf die Variable ausübt, mit der sie assoziiert ist.

Betrachtet man alle Parameter, so ist zunächst festzustellen, dass alle exogenen Variablen in einem Modell (alle beobachteten und latenten Variablen und alle Fehler-Terme, welche die Definition einer exogenen Variablen komplettieren) eine eigene Varianz besitzen; diese Varianzen werden als Modell-Parameter definiert. Bei endogenen Variablen wird hingegen die Varianz nicht als Parameter verwendet, sondern durch den Einfluss anderer Variablen im Modell erklärt. Das bedeutet, dass die Varianz jeder endogenen Variable algebraisch als eine Funktion der Varianzen der exogenen Variablen ausgedrückt werden kann, einschließlich eines Fehler-Terms und weiterer Parameter, die mit dem linearen Einfluss im Modell assoziiert sind. Varianzen endogener Variablen sind daher keine Parameter, sondern Funktionen anderer Parameter des Modells.

Alle Kovarianzen – bei nicht-direktionalen Beziehungen – sind Parameter des Modells, die ausschließlich die exogenen Variablen betreffen. Demgegenüber ist es nicht zulässig, nicht-direktionale Assoziationen zu spezifizieren, die endogene Variablen einschließen, da derartige Assoziationen durch andere Variablen und Einflüsse des Modells ausgedrückt werden; Varianzen endogener Variablen lassen sich nur als Funktion anderer Modellparameter ausdrücken.

Identifikation des Modells

Eine fundamentale Überlegung bei der Modellspezifikation betrifft die *Identifikation*. Bei der *Identifikation* geht es um die Korrespondenz zwischen der geschätzten Information (der freien Parameter) und der Information, aus der diese Schätzung abgeleitet wird (die beobachteten Varianzen und Kovarianzen). Genauer ausgedrückt bezieht sich die Identifikation darauf, ob ein einzelner Wert für jeden freien Parameter aus den beobachteten Daten erhältlich ist. Wenn für jeden freien Parameter ein Wert aus einer Manipulation der beobachteten Daten erzielt werden kann, gilt das Modell als identifiziert (oder saturiert) und besitzt null Freiheitsgrade. Wenn ein Wert für einen oder mehrere freie Parameter auf verschiedenen Wegen aus den beobachteten Daten abgeleitet werden kann, gilt das Modell als überidentifiziert (*overidentified*) und besitzt genauso viele Freiheitsgrade wie die Anzahl der beobachteten Varianzen und Kovarianzen minus der Anzahl der freien Parameter. Wenn ein einzelner Wert für einen oder mehrere freie Parameter nicht aus den beobachteten Daten abgeleitet werden kann, gilt das Modell als *unteridentifiziert* (*underidentified*) und kann nicht geschätzt werden.[15]

Im Rahmen von SGM sind Modelle mit einem oder mehreren überidentifizierten Parametern von besonderem Interesse, da nur diese Modelle empirischen Gehalt haben. Ein Modell ohne überidentifizierte Parameter wird grundsätzlich perfekt fitten und damit eine Abschätzung der Modellplausibilität durch die Evaluation des Fits überflüssig machen. Modelle, die überidentifizierte Parameter beinhalten, werden die Daten im Allgemeinen nicht perfekt fitten. Erst dadurch liegt eine Situation vor, dass ein Modell prinzipiell scheitern kann, also nicht zu den beobachteten Daten passt. Nur wenn diese Möglichkeit besteht, ist ein aufgezeigter Fit aussagekräftig und bedeutsam.

Ist es für einen freien Parameter nicht möglich, diesen algebraisch als eine Funktion der beobachteten Varianzen und Kovarianzen auszudrücken, wird dieser Parameter als unteridentifiziert bezeichnet. Ein Modell mit einem oder mehreren unteridentifizierten Parametern kann praktisch nicht benutzt werden, da Schätzungen unteridentifizierter Parameter arbiträr sind und nicht interpretiert werden können.

Die Entscheidungen, die im Zusammenhang der Modellspezifikation bei SGM zu treffen sind, nehmen somit insgesamt deutlich mehr Raum und Zeit ein, als bei

15 Gängige PC-Programme wie *AMOS*™, *EQS*™ oder *LISREL* geben Warnungen aus, wenn ein unteridentifiziertes Modell festgestellt wird; allerdings liefern sie nicht immer eine Information über den Ort des Identifikationsproblems. Warnungen zur Identifikation können darüber hinaus zu Missverständnissen führen, wenn sie durch spezifische Charakteristika der Daten und nicht durch Charakteristika des Modells ausgelöst werden.

varianz- oder regressionsanalytischen Modellen. Allerdings ist die Bestimmung der Identifikation für ein bestimmtes Modell keine triviale Aufgabe, da keine einfache Sammlung von notwendigen und hinreichenden Bedingungen existiert, welche die Mittel für eine Verifikation zur Identifikation der Modellparameter bereitstellen. Dennoch gibt es zwei notwendige Bedingungen, die grundsätzlich geprüft werden sollten, auch wenn sie das Identifikationsproblem nicht prinzipiell ausschließen:

Erstens muss für jede latente Variable des Modells eine Skala festgesetzt werden. Dies geschieht zum Beispiel dadurch, dass das Gewicht des Pfades der latenten Variable zu einer ihrer Indikatorvariablen auf eins gesetzt wird; die latente Variable hat dann die gleiche Skalierung wie die Indikatorvariable. Wird diese Bedingung nicht erfüllt, sind ein oder mehrere Parameter unteridentifiziert; zum Beispiel würden für eine exogene latente Variable die Varianz, für eine endogene Variable die Residualvarianz oder (für beide Arten von latenten Variablen) die Koeffizienten der Pfade, die zur oder von der latenten Variable weg führen, unteridentifiziert sein.

Zweitens, die Anzahl der Modellparameter, die zuvor definiert wurde, darf nicht die Anzahl der beobachteten Varianzen und Kovarianzen der gemessenen Variablen überschreiten. Diese Anzahl ergibt sich durch $p(p+1)/2$ (mit p = Anzahl der Variablen). Wird diese Bedingung verletzt, besitzt das Modell weniger Datenwerte als zu schätzende Parameter.

Modellschätzung

Der nächste Schritt nach der Modellspezifikation besteht darin, Schätzungen für die freien Parameter aus dem beobachteten Datensatz festzulegen. Obwohl Methoden kleinster Quadrate, wie sie bei üblichen varianz- und regressionsanalytischen Designs eingesetzt werden, für Parameterschätzungen eingesetzt werden können, erhalten iterative Methoden wie Maximum-Likelihood (ML) und Generalized-Least-Squares (GLS) im Allgemeinen den Vorzug. Iterative Methoden beinhalten eine Folge von Schritten, um eine Schätzung der freien Parameter zu erreichen, der eine (beobachtete) Kovarianz-Matrix zugrunde liegt. Iterationen beginnen immer mit vorläufigen (Start-)Werten der freien Parameter, mit denen die intern generierte Kovarianz-Matrix berechnet und mit der beobachteten Matrix verglichen werden kann. Diese Startwerte können entweder vom Untersucher selber oder (üblicherweise) von der verwendeten Software generiert werden, wobei diese aus den Daten erzeugt oder als fester Wert gesetzt werden kann.

Nach jeder Iteration wird die resultierende, intern generierte Kovarianz-Matrix mit der beobachteten Matrix verglichen; als Ergebnis werden die Differenzen in einer *residualen Kovarianz-Matrix* abgelegt. Die Iterationen werden solange fortgeführt, bis keine Erneuerung der Parameterschätzungen zu einer weiteren Minimierung der Elemente der residualen Matrix führt; an diesem Punkt der Schätzungsprozedur hat das Modell *konvergiert*. Konvergenzprobleme sind dabei keine Seltenheit bei Modellen, die sehr viele freie Parameter besitzen oder ‚problematische' Daten zur Grundlage haben.

Konvergiert die Schätzungsprozedur zu einer Lösung, wird ein einzelner Wert ausgegeben, der den Grad der Übereinstimmung zwischen der internen und der beobachteten Kovarianz-Matrix widerspiegelt. Diese Zahl wird zumeist als Wert einer Fit-Funktion aufgefasst, der nahe null liegt, wenn sich beide Matrizen perfekt anpassen lassen. Der Wert der Fit-Funktion ist schließlich der Startpunkt für die Konstruktion von Indizes des Modellfits, die jetzt näher betrachtet werden sollen.

13.2 Modellevaluation

Ein Modell fittet die beobachteten Daten, wenn die generierte Kovarianz-Matrix des Modells äquivalent mit der Kovarianz-Matrix der beobachteten Daten ist, das heißt, wenn die Elemente der Residual-Matrix nahe null liegen. Die Frage des Fits ist statistischer Natur, die in ihre Erklärung vor allem Merkmale der Daten, des Modells und der Schätzmethode einbezieht. So wird die beobachtete Kovarianz-Matrix als eine Matrix der Population aufgefasst, auch wenn diese Matrix mit einem Stichprobenfehler ausgestattet ist, der wächst, wenn sich der Stichprobenumfang verringert. Zudem gilt, je mehr freie Parameter in einem Modell existieren, umso wahrscheinlicher wird es, das Modell zu fitten, da die Parameterschätzungen aus den Daten abgeleitet werden. Schließlich variieren die verschiedenen Schätzmethoden in ihrer Effektivität zur Stichprobengröße und Modellkomplexität.

Ein üblicher Index für den Fit ist der χ^2-*Goodness-of-fit*-Test, der direkt aus dem Wert der Fit-Funktion abgeleitet wird. Er berechnet sich aus dem Produkt des Wertes der Fit-Funktion mit dem Stichprobenumfang minus eins, $F(N-1)$. Das Produkt ist χ^2-verteilt, wenn die Daten einer multivariaten Normalverteilung entstammen und das spezifizierte Modell das korrekte Modell ist; wenigstens eine dieser Voraussetzungen (besonders die letztere) ist beim Einsatz von SGM nicht selten verletzt.

Der χ^2-*Goodness-of-fit*-Test ist mit einem Dilemma verbunden: Zum einen sollte einem SGM stets eine große Stichprobe zu Grunde liegen, da – wie oben ausgeführt – die beobachtete Kovarianz-Matrix als eine Matrix der Population aufgefasst wird und somit möglichst präzise bestimmt werden sollte. Zum anderen steigt aber der χ^2-Wert mit steigendem N; er wird also sehr häufig signifikant. Signifikanz bedeutet aber bei einem SGM, dass die aus dem Modell heraus geschätzte Varianz-Kovarianz-Matrix signifikant von der beobachteten Matrix abweicht. Strenggenommen ist ein signifikantes Modell also zu verwerfen. Diese Haltung wäre allerdings dysfunktional, da bei großem *N* auch triviale, nicht den theoretischen Kern des Modells betreffende Abweichungen die Signifikanz bedingen können. Auf dieses Dilemma gibt es zwei Antworten: Die eine ist, den χ^2-Wert auf die Freiheitsgrade zu relativieren. Dieser Wert sollte – als Faustregel – den Wert 2 nicht überschreiten.

Die zweite Antwort war die Entwicklung zusätzlicher Fit-Indizes, die zumeist als deskriptive Maße nach Faustregeln interpretiert werden. Einige dieser alternativen Fit-Indizes vergleichen nicht die modell-interne mit der beobachteten Kovarianz-Matrix, sondern folgen der Logik eines Vergleichs des Fits des spezifizierten Modells mit dem Fit eines Unabhängigkeits- oder Null-Modells. Im *Unabhängigkeitsmodell* (*independence model*) werden keinerlei Beziehungen zwischen Variablen spezifiziert; entsprechend sind alle relationalen Pfade auf null fixiert und nur die Varianzen werden geschätzt. Die zugehörigen Fit-Indizes liefern keine spezifischen Statistiken und lassen sich daher nicht als formaler statistischer Test des Modell-Fits einsetzen. Als allgemeiner Index für die Adäquatheit des Modells liefern diese Indizes Werte zwischen null und eins, die ab 0.95 als gute Konsistenz zwischen der Schätzung des Modells und den beobachteten Daten interpretiert werden; vielfach wird der Einsatz multipler Fit-Indizes empfohlen (z.B. Schreiber, Stage, King, Nora & Barlow, 2006).

Ein wichtiger Unterschied zwischen der χ^2-*Goodness-of-Fit*-Statistik und den alternativen Fit-Indizes betrifft den Betrag und die Größe der Werte, welche die Akzeptanz des Modells indizieren. Der χ^2-*Goodness-of-Fit*-Test ist genau genommen ein „*badness-of-fit*"-Index, da kleinere Werte eines besseren Fit anzeigen; bei einem perfekten *Fit* resultiert ein χ^2–Wert von null, da auch der Wert der Fit-Funktion und damit die Elemente der residualen Kovarianz-Matrix dann null sind. Entsprechend der χ^2-Statistik bestimmt sich der Wert hier in Abhängigkeit zur Anzahl der Freiheitsgrade. Die alternativen Fit-Indizes können insofern als *Goodness-of-Fit*-Indizes gelten, da sie bei zunehmendem Fit auch größer werden, allerdings ohne eindeutige kritische Werte.

Ein finaler Aspekt zur Evaluation des Fits beinhaltet den Vergleich zweier oder mehrerer theoriebasierter Modelle mit den gleichen Daten. Derartige Modellvergleiche sind statistischer Natur und vergleichbar mit Modellvarianten aus hierarchischen Regressionsanalysen. Ein Modellvergleich erfordert die Spezifikation zweier geschachtelter Modelle (*nested models*). Zwei Modelle gelten als geschachtelt, wenn beide die gleichen Parameter beinhalten, aber das Set freier Parameter des einen Modells eine Untergruppe der freien Parameter des anderen Modells darstellt. Eine $\Delta\chi^2$-Statistik – ähnlich zur Veränderung des *F*-Wertes bei einer hierarchischen Regressionsanalyse – wird zur Bestimmung herangezogen, welches Modell die beobachteten Daten besser erklären kann. Führt zum Beispiel die Hinzunahme eines Pfades von Modell 1 zu Modell 2 zu einer Reduktion des χ^2-Wertes um einen

Betrag, der bei $df = 1$ (= Differenz der Freiheitsgrade von Modell 1 zu Modell 2) mit $p < .05$ assoziiert ist, so würde man von einer signifikanten Verbesserung sprechen.

Modellmodifikation

Ein kontrovers diskutierter Aspekt von SGM ist die *Modifikation* bzw. *Respezifikation* eines Modells. Eine Modellmodifikation beinhaltet die Adjustierung eines spezifizierten und geschätzten Modells durch Freigabe zuvor fixierter Parameter und Fixierung zuvor freier Parameter. Dabei ist nicht der generelle Tatbestand einer Modifikation problematisch, sondern deren Begründung. Parallelen lassen sich zu varianzanalytischen Techniken und der Nützlichkeit von *Post-Hoc*-Vergleichen des Mittelwertes herstellen; der eigentliche Vergleich ist nicht das Problem, sondern die Grundlage für die Formulierung der Mittelwertvergleiche. Im SGM-Ansatz ist der Modellvergleich analog zu geplanten Vergleichen zu sehen und die Modellmodifikation analog zu *Post-Hoc*-Vergleichen.

Eine Modellmodifikation erfolgt typischerweise aufgrund eines Modells mit ungünstigen Fit-Indikatoren. In Abwesenheit anderer theoriebasierter Modelle zu den Daten ist die Grundlage einer Modifikation eine Kontrolle der Parameterschätzungen, eine Evaluation bestimmter (standardisierter oder nicht standardisierter) Formen der Residual-Matrix oder – im Sinne einer schrittweisen Regressionsanalyse – die statistische Suche von Anpassungen, die in günstigeren Fit-Indizes resultieren. Typische Modifikations-Indizes liefern Informationen über das Ausmaß der χ^2-Veränderung, die aus der Fixierung bzw. aus der Freigabe zuvor freier bzw. fixierter Parameter resultiert.

Derartige Strategien „opfern" allerdings die Kontrolle über den Fehler erster Art und können zu einer Situation führen, in der besondere Eigenheiten eines bestimmten Datensatzes als reliabler empirischer Befund (um-)interpretiert werden können.

Modellinterpretation

Wenn weder der χ^2-*Goodness-of-Fit*-Test noch die zusätzlichen Indizes einen akzeptablen Gesamt-Fit eines Modells anzeigen, müssen spezifische Elemente des Fits betrachtet werden. Einzelne Schätzungen der freien Parameter können dazu evaluiert werden, entsprechend ihrer Differenz vom Null-Modell. Das Verhältnis jeder Schätzung zu seinem Standardfehler ist z-verteilt und muss daher 1.96 überschreiten, bevor die Schätzung als zuverlässig unterschiedlich zu null angesehen werden kann.

Tests und der Vergleich von Parameterschätzungen beinhalten nicht standardisierte Schätzungen, während die Ergebnispräsentation vielfach standardisierte Schätzungen verwendet. *Unstandardisierte Parameterschätzungen* erhalten die

Skaleninformation der beinhalteten Variablen und lassen sich nur mit Bezug auf die zugrunde liegende Skala interpretieren. Unstandardisierte Parameterschätzungen beinhalten die Veränderungen der abhängigen Variable pro Einheit zur unabhängigen Variable pro Einheit, wenn alle verbleibenden unabhängigen Variablen bei ihrem Mittelwert verbleiben. *Standardisierte Parameterschätzungen* stellen Transformationen der unstandardisierten Schätzungen dar, unter Entfernung ihrer Skaleninformation; sie ermöglichen so Parametervergleiche über das vollständige Modell hinweg. Standardisierte Schätzungen indizieren die Veränderungen in der Standardabweichung in der abhängigen Variable pro Standardabweichung in der unabhängigen Variable, wenn alle verbleibenden unabhängigen Variablen bei null liegen. Standardisierte Parameterschätzungen sind vergleichbar mit Schätzungen der Effektgröße, die den üblichen statistischen Informationen bei Mittelwertvergleichen aus *t*-Test und Varianzanalyse hinzugefügt werden können.

Einer der anspruchsvollsten und am wenigsten verstandenen Aspekte der Interpretation von SGM-Ergebnissen betrifft nicht den Betrag oder die Richtung von Beziehungen zwischen Variablen, sondern die Natur dieser Relationen. SGM wird oftmals als statistisches Mittel betrachtet, um Kausalhypothesen aus korrelierten Daten zu testen. Möglicherweise bedingt durch diese naive Charakterisierung sind Forscher häufig vorschnell, wenn sie Kausalität aus statistischen signifikanten Beziehungen in Strukturgleichungsmodellen schlussfolgern. Tatsächlich testet SGM nur die Beziehungen zwischen Variablen und ist somit nicht in der Lage, die Limitationen zu überwinden, die durch nicht-experimentelle Daten aus einer Einzelerhebung entstehen.

Die Vorteile von SGM gegenüber varianz- oder regressionsanalytischen Modellen werden erkennbar, wenn die notwendigen Bedingungen von Kausalität – Assoziation, Isolation und Direktionalität – genauer betrachtet werden. Die elementarste Bedingung der *Assoziation* bezieht sich auf den Umstand, dass Ursache und Wirkung miteinander in Beziehung stehen; in dieser Hinsicht liefert SGM keine besonderen Vorteile gegenüber anderen statistischen Methoden. Zweitens muss die vermeintliche Ursache von anderen (fremden oder konfundierten) Ursachen isolierbar sein; die *Isolation* ist eine Bedingung, die in Experimenten durch zufällige Zuweisungen zu den Stufen der kausalen Variablen sichergestellt wird. Obwohl Partialkorrelation, Varianzanalyse und multiple Regression in der Lage sind, vermeintliche kausale Variablen von anderen Variablen zu isolieren, liefert SGM flexiblere und umfassendere Kontrolltechniken, nicht nur für fremde und konfundierte Variablen, sondern ebenso für den Messfehler.

Ein missverständlicher Punkt in SGM ist die *Direktionalität*. Gerichtete Pfeile in Pfaddiagrammen werden zuweilen inkorrekt grundsätzlich als Indikator eines Tests auf Direktionalität interpretiert. Tatsächlich kann mit SGM – wie bei varianz- und regressionsanalytischen Verfahren – keine Hypothese auf Direktionalität geprüft werden. Direktionalität ist eine Form von Assoziation, die von nicht direktionalen Assoziationen durch logische Vorannahmen, theoretische Überlegungen oder (optimal) durch das Untersuchungsdesign bestimmt wird. Der Einsatz einer Theorie zur Rechtfertigung von Direktionalität ist dabei problematisch, da häufig konkurrierende Theorien existieren, die unterschiedliche Erklärungen für die Assoziation zwischen Variablen liefern. Assoziationen werden damit in SGM nicht grundsätzlich anders interpretiert als in anderen statistischen Verfahren.

Ergebnisdarstellung

Die primäre Darstellungsform getesteter Hypothesen in Strukturgleichungsmodellen erfolgt in piktoraler Form über *Pfad-Diagramme* (s. *Abbildung 85*). Ein Pfad-Diagramm setzt sich dazu aus den Komponenten Quadrat, Kreis und Pfeil zusammen. Quadrate kennzeichnen manifeste (beobachtete) Variablen. Kreise (bzw. gerundete Formen wie in *Abbildung 85*) kennzeichnen latente Variablen, unabhängige wie abhängige Variablen, aber auch Vorhersagefehler des Strukturmodells und Messfehler im Messmodell. Pfeile symbolisieren Assoziationen zwischen Variablen. Ein gerichteter Pfeil in eine Richtung indiziert eine Richtung der Vorhersage, vom Prädiktor zum Ergebnis (*outcome*). Gekrümmte Pfeile zeigen in zwei Richtungen und verweisen auf eine nicht direktionale (korrelative) Assoziation. Stark gekrümmte Doppelpfeile können auch bei der gleichen beobachteten oder latenten Variable ansetzen und enden und indizieren die (Ko-)Varianz. In einem Pfad-Diagramm werden die strukturellen Komponenten eines Modells so angeordnet, dass die direktionalen Pfeile von links nach rechts verlaufen. Wenn eine Messkomponente in das Diagramm eingebettet ist, kann es notwendig sein, die Beziehungen zwischen Indikatoren und ihren latenten Variablen sowohl vertikal als auch horizontal auszurichten, um Verwirrungen in den strukturellen Anteilen des Diagramms zu vermeiden.

Die Pfade, deren Parameter unbekannt sind und vom Modell geschätzt werden sollen, werden mit einem Sternsymbol (*) bezeichnet. Im Modellbeispiel in *Abbildung 85* stellt das Konstrukt *Depression* eine exogene latente Variable dar (da es keinen gerichteten Pfad auf diese Variable gibt). *Immunfunktion* und *Krankheit* stellen endogene latente Variablen dar. Für endogene latente Variablen ist es üblich, einen Residualterm anzugeben; so stellt ε_{10} den Anteil der Konstruktes *Immunfunktion* dar, der sich nicht durch den linearen Einfluss der latenten Variable *Depression* erklären lässt, während ε_{11} den Anteil des Krankheitskonstruktes darstellt, der sich nicht durch den direkten linearen Effekt der *Immunfunktion* erklären lässt (einschließlich des indirekten linearen Effekts von *Depression*). Der Einfluss jedes Fehlerterms wird mit einer gerichteten Verbindung zu jeder latenten Variable assoziiert und auf den festen Wert 1.0 gesetzt. Jedes Residuum kann als exogene latente Variable betrachtet werden und besitzt daher einen assoziierten Varianzparameter. Auch jede Indikatorvariable ist mit einem Fehlerterm – als linearen Einfluss auf die jeweilige Indikatorvariable – assoziiert und mit dem Wert 1.0 festgesetzt; die Varianz ist als freier Parameter gekennzeichnet. Die Gewichte der Pfade jeweils einer manifesten Variable zu der dazugehörigen latenten Variable (im Modell der *Abbildung 85* die Pfade zu Dep_1, Imm_1 und Kra_1) sind auf eins gesetzt, um die latenten Variablen in ihrer Skalierung festzulegen. (Alternativ kann man die Varianz der latenten Variablen auf eins setzen.). Damit beinhaltet das Pfad-Diagramm alle Parameter des Modells, die den Mess- oder Vorhersagefehler und die Indikatoren für latente Variablen betreffen. Insgesamt besitzt das Modell 20 freie Parameter: 8 Regressionsparameter (je zwei von jeder latenten Variable zu zwei ihrer Indikatorvariablen plus die Pfade zwischen den latenten Variablen) und zwölf Varianzparameter (der elf Fehlervariablen und der exogenen latenten Variable Depression).[16] Dem steht für die $p = 9$ manifesten Variablen des Modells eine Anzahl von $p(p+1)/2 = 45$ Varianzen und Kovarianzen gegenüber. Damit hat das Modell 25 Freiheitsgrade und ist substanziell einfacher als die Daten, dessen Struktur erklärt werden soll.

Parallelen zu statistischen Standardverfahren

Zwischen SGM und den üblichen statistischen Standardverfahren bestehen wenigstens vier fundamentale Parallelen:

Erstens basieren beide Ansätze auf einem *linearen* statistischen Modell. Verfahren wie Varianzanalyse, multiple Regression und Faktorenanalyse gelten als Spezialfälle des allgemeinen Strukturgleichungsmodells. Zweitens sind statistische Tests, die mit SGM verbunden sind, sowie auch die üblichen statistischen Ansätze nur zulässig, wenn bestimmte Voraussetzungen für die beobachteten Daten erfüllt sind. Für SGM sind dies die Unabhängigkeit der Beobachtungen und multivariate Normalverteilung. Inzwischen gilt die *ML*-Methode als relativ robust gegenüber moderaten Abweichungen von der Normalverteilungsannahme. Drittens liefern weder SGM noch statistische Standardverfahren Tests auf Kausalität. Aufgrund ihrer Eigenschaften der Untersuchung von Assoziationen kann jeder Ansatz notwendige, aber nicht hinreichende Evidenzen für Kausalität liefern. Der SGM-Ansatz besitzt hier gewisse Vorteile, da die Möglichkeit besteht, Modelle zu spezifizieren, bei denen die vermeintliche Ursache von fremden Einflüssen und Messfehlern

---

16 Die Varianzen von Immunfunktion und Krankheit setzen sich jeweils zusammen aus den Varianzen ihrer Fehlervariablen (e_{10} und ε_{11}) und dem durch die Pfade „erklärten“ Varianzanteil; zusammen mit der Skalierung durch das auf eins gesetzte Gewicht zu jeweils einer Indikatorvariable ist die Varianz vollständig festgelegt.

isoliert werden kann. Viertens können Veränderungen der initialen statistischen Hypothesen nach Durchsicht der Daten sowohl in SGM als auch bei statistischen Standardverfahren zu einem dramatischen Anstieg der Wahrscheinlichkeit stichproben-abhängiger Ergebnisse führen. Nachträgliche Adjustierungen statistischer Hypothesen, die durch ein statistisches Modell geprüft werden, erfordern entsprechende Kreuzvalidierungen.

Die Unterschiede zwischen SGM und statistischen Standardverfahren manifestieren sich vor allem in zwei Aspekten:

Erstens erfordert der Einsatz von SGM formale Spezifikationen eines Modells, das getestet und geschätzt werden soll. Es gibt keine allgemein gültigen Voreinstellungen und ebenso nur wenige Limitationen, welche Typen von Relationen definiert werden können. Die Charakteristik von SGM erfordert es, sorgfältig über die Daten und aufgestellten Hypothesen nachzudenken. Zweitens erlaubt das Hauptmerkmal von SGM, die Beziehungen zwischen latenten Variablen zu schätzen und zu testen, die Trennung von theoretischen Konzepten von der Eindeutigkeit und Unreliabilität ihrer Mess-Indikatoren. Dies vergrößert die Wahrscheinlichkeit der Entdeckung von Assoziationen und der Schätzung freier Parameter, die nahe an den Populationswerten liegen.

Statistische Theorie und Funktionen

Allen Schätzmethoden von SGM ist gemeinsam, dass eine aus den empirischen Daten gewonnene $p \times p$ Kovarianzmatrix **S** als Schätzer für die Kovarianzmatrix Σ der Population verwendet wird (p ist die Anzahl der beteiligten Variablen). Mit $\Sigma(\theta)$ wird die durch das Modell (also: durch das Strukturmodell, die Messmodelle und die dazugehörigen Pfadparameter) implizierte Kovarianzmatrix bezeichnet. Dabei werden folgende Hypothesen formuliert (Pospeschill, 2010):

H_0: $\Sigma(\theta) = \Sigma$; es besteht eine Passung zwischen der durch das Modell implizierten Kovarianzmatrix $\Sigma(\theta)$ und der Kovarianzmatrix der Population Σ (die durch die empirische Kovarianzmatrix **S** geschätzt wird).

H_1: $\Sigma(\theta) \neq \Sigma$; es besteht keine Passung zwischen Modell und Datenstruktur.

Die Prüfung der Geltung der Nullhypothese H_0 ist allerdings nicht unproblematisch, da es zur Bestimmung des β-Fehlers kein Effektstärkemaß gibt. Daher bleibt nur, den β-Fehler indirekt durch Erhöhung des α–Fehlers zu kontrollieren. Dies bietet aber keine Sicherheit, unpassende Modelle zu entdecken. Des Weiteren nimmt die Stichprobengröße entscheidenden Einfluss auf die Hypothesenentscheidung. Stabile Parameterschätzungen bei gleichzeitiger Verkleinerung des Stichprobenfehlers setzen in der Regel große Stichproben von $n > 200$ voraus.

Ist das Modell identifiziert, kann ein Kriterium für eine gemeinsame Lösung zur Parameterschätzung gewählt werden. Dabei handelt es sich üblicherweise um eine *Diskrepanzfunktion F* (*value of fitting function*) für die gewichtete Abweichung zwischen beobachteter und implizierter Kovarianzmatrix. Nach der *ML*-Methode berechnet sich der Wert nach:

$$F_{ML} = \log|\Sigma(\theta)| + Trace(\Sigma(\theta)^{-1} \cdot S) - \log|S| - p$$

Nachdem wir uns elf Kapitel lang weitgehend um Matrixalgebra „gedrückt" haben, werden wir diese jetzt nicht noch *en detail* einführen. Wir können uns aber dieser Formel nähern, indem wir uns verdeutlichen, warum sich der Wert F_{ML} an null annähert, wenn die Diskrepanz zwischen den empirischen Daten (also **S**) und der durch das Modell implizierten Kovarianzmatrix $\Sigma(\theta)$ sehr gering ist, wenn also gilt: $S \approx \Sigma(\theta)$.

$|\Sigma(\theta)|$ und $|\mathbf{S}|$ stehen für die sogenannten *Determinanten* der jeweiligen Matrix; die Determinante ist ein Kennwert, in den alle Zellenwerte der Matrix eingehen.[17] Egal, wie sie genau berechnet wird: Wenn gilt $S \approx \Sigma(\theta)$, heben sich die beiden (logarithmierten) Determinanten weitgehend auf.

$\Sigma(\theta)^{-1}$ bezeichnet das Inverse der implizierten Kovarianzmatrix; die Inverse wiederum ist generell so definiert, dass das Matrixprodukt aus einer Matrix mit ihrer Inversen die Einheitsmatrix ergibt (Matrizen mit dem Wert eins in allen Diagonalzellen und dem Wert null in allen Nicht-Diagonalzellen): $\Sigma(\theta) \cdot \mathbf{\Sigma}(\theta)^{-1} = E$. Wenn also gilt $S \approx \Sigma(\theta)$, dann nähert sich das Produkt $\Sigma(\theta)^{-1} \cdot S$ der $p \times p$ Einheitsmatrix an. Die *Spur* (*Trace*) einer Matrix entspricht der Summe der Diagonalwerte, bei einer $p \times p$ Einheitsmatrix beträgt die Spur somit p. Da am Ende der Formel p abgezogen wird, bleibt im Fall $S \approx \Sigma(\theta)$ insgesamt ein Wert, der nahe null ist.

Der χ^2-Wert ergibt sich durch Multiplikation des Kennwert F_{ML} mit $(n - 1)$:

$$\chi^2 = (n-1) \cdot F_{ML}$$

17 Zum Beispiel ist die Determinante einer 2 × 2 Matrix A, bei der die obere Zeile aus den Werten a und b, die untere Zeile aus den Werten c und d besteht, $\det A = a \cdot b - c \cdot d$. Die Determinante von Einheitsmatrizen (Matrizen mit dem Wert eins in allen Diagonalzellen und dem Wert null in allen Nicht-Diagonalzellen) beliebiger Größe ist stets eins.

Die Freiheitsgrade ergeben sich nach:

$$df = \left(p \cdot \frac{p+1}{2}\right) - f$$

Der Klammerausdruck bezeichnet nichts anderes als die Anzahl der Varianzen und Kovarianzen (also die Anzahl der empirischen Werte, die für die Schätzung zur Verfügung stehen), während *f* für die Anzahl der frei zu schätzenden Parameter steht. Wie oben schon ausgeführt, wird der χ^2-Wert in der Regel nach folgender Daumenregel interpretiert: $\chi^2 \leq 2 \cdot df$, das heißt, der χ^2-Wert sollte gegenüber den Freiheitsgraden um den Faktor 2 kleiner ausfallen, um die Nullhypothese beibehalten zu können.

Weitere Fit-Indizes

Die Modellevaluation kann über spezielle Fit-Indizes ergänzt werden, wie dem *RMSEA*-Index (*Root Mean Square Error of Approximation*), einem *Badness-of-Fit*-Index, bei dem hohe Werte einen schlechten Modellfit signalisieren:

$$RMSEA = \sqrt{\frac{\chi^2 - df}{n \cdot df}}$$

Mit zunehmender Komplexität des Modells verringern sich die Freiheitsgrade, entsprechend steigt dann der Index. Als grobe Interpretationsregel gilt: Für eine gute Passung spricht allgemein ein Wert von ≤ 0.05, während ein *Cut-off*-Wert ab 0.10 für eine schlechte Passung spricht (Bollen & Long, 1993). In Abhängigkeit von der Stichprobengröße sollte bei einem $n > 250$ ein $RMSEA \leq 0.06$, bei einem $n < 250$ ein $RMSEA \leq 0.08$ erzielt werden; diese Angaben tragen dem Umstand Rechnung, dass der *RMSEA*-Index bei kleinen Stichproben auch passende Modelle verwerfen kann.

Weitere Fit-Indizes wie der *CFI* (*Comparative Fit Index*) und *NFI* (*Normed Fit Index*) vergleichen das untersuchte Modell mit dem sogenannten Unabhängigkeitsmodell (*independence model*), indem alle manifesten Variablen als unkorreliert angenommen werden.

$$CFI = 1 - \frac{\chi^2_{GM} - df_{GM}}{\chi^2_{UM} - df_{UM}} \qquad NFI = 1 - \frac{\chi^2_{UM} - \chi^2_{GM}}{\chi^2_{UM}}$$

(UM = Unabhängigkeitsmodell; GM = geschätztes Modell)

CFI und *NFI* sollten größer als (oder gleich) .95 sein (z.B. Schreiber et al., 2006; Ullman, 2013). Häufig wird der *NNFI* (*Non-Normed Fit Index*, auch *Tucker-Lewis-Index, TLI*, genannt) berichtet, der den *NFI* bezüglich der Freiheitsgrade adjustiert. Dadurch wird eine Unterschätzung des Fits bei kleinen Stichproben ausgeglichen (Ullman, 2013). Auch für den *NNFI* (*TLI*) gilt die Regel, dass er ≥ .95 sein sollte (Schreiber et al., 2006).

Es gibt auch Indizes wie den *GFI*, die als „relative Varianzaufklärung“ (mit etwas Vorsicht analog zum R^2 der multiplen Regression) interpretiert werden können (Ullman, 2013). Die Vorsicht bezieht sich darauf, dass es bei den SGM nicht um die Aufklärung der Varianz der Orginaldaten geht (wie beim R^2), sondern darum, in welchem Maße die durch das Modell implizierte Varianz-Kovarianz-Matrix die empirische Varianz-Kovarianz-Matrix reproduziert. Dementsprechend sollte auch der *GFI* sehr hoch sein (≥ .95; vgl. Schreiber et al., 2006). Häufig wird der *AGFI* berichtet; er ist eine Relativierung des *GFI* hinsichtlich der Freiheitsgrade: Bei gleichem *GFI* wird der *AGFI* des „sparsameren“ Modells (d.h. des Modells, das mit weniger Parametern auskommt) höher sein. *GFI* und *AGFI* werden nicht mehr uneingeschränkt empfohlen (Schreiber et al., 2006), so dass sie nicht mehr standardmäßig berichtet werden.

Bei der Interpretation der Fit-Indizes sind die Kriterien Stichprobengröße und (Nicht-)Signifikanz des χ^2-Modelltests zu berücksichtigen:

- Ist die Stichprobe groß und der Modelltest signifikant, heißt dies zunächst, dass kein guter Modellfit vorliegt. Ob aber im Modell wirklich fehlerhafte Spezifikationen vorliegen oder ob das Modell durch die hohe Teststärke abgelehnt wird (siehe oben), kann dann über die Fit-Indizes (und die Faustregel $\chi^2 \leq 2 \cdot df$) eruiert werden.
- Ist die Stichprobe groß und der Modelltest nicht signifikant, kann man von einem guten Modellfit ausgehen. Da das Modell trotz hoher Teststärke nicht abgelehnt wird, ist die Betrachtung der Fit-Indizes nicht unbedingt erforderlich.
- Ist die Stichprobe klein und der Modelltest signifikant, liegt kein guter Modellfit vor. Da das Modell mit geringer Teststärke abgelehnt wird, ist die Betrachtung der Fit-Indizes überflüssig.
- Ist die Stichprobe klein und der Modelltest nicht signifikant, spricht dies zwar zunächst für einen guten Modellfit. Da das Modell bei geringer Teststärke nicht abgelehnt wird, können trotzdem fehlerhafte Spezifikationen im Modell vorliegen, die sich über die Fit-Indizes bestimmen lassen.

13.4 Modellschätzung mit AMOS

AMOS ist neben LISREL, EQS oder MX ein Programm zur Analyse linearer Strukturgleichungsmodelle, bei dem das zu testende Modell grafisch erstellt werden kann (Byrne, 2009; zum Vergleich verschiedener Programme vgl. Ullman, 2013). AMOS ist als Zusatzmodul von SPSS erhältlich. Im *Online Plus-Material* wird kurz erläutert, wie man dieses Programm bedient. In Fall unseres Modells sollte das Bild im AMOS-Editor so aussehen, wie es die *Abbildung 87* zeigt.

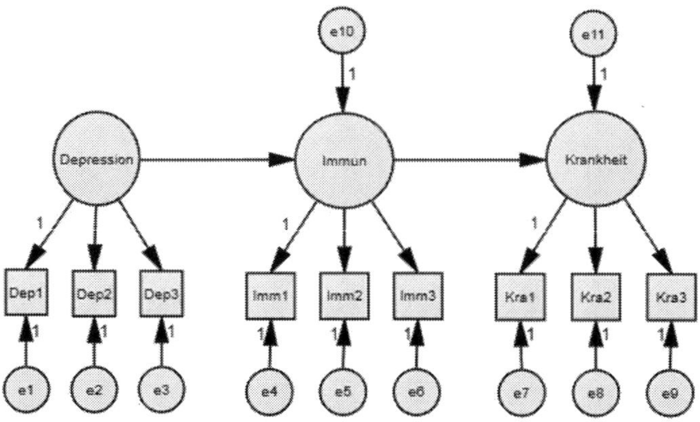

Abb. 87 Das in AMOS spezifizierte Modell

Wichtig ist hier der Hinweis, dass verschiedene Schätzmethoden zur Verfügung stehen, von denen wir bisher nur auf die gebräuchlichste eingegangen sind: die ML-Methode (*Maximum likelihood*). Darüber hinaus stehen die GLS- (*Generalized least squares*), die ULS- (*Unweighted least squares*) und die ADF-Methode (*Asymptotically distribution free*) zur Verfügung. Diese Schätzmethoden verwenden unterschiedliche Diskrepanzfunktionen. Die ADF-Methode kann als nicht-verteilungsabhängige Alternative in Fällen von Interesse sein, wenn im Modell dichotome, ordinale und kontinuierliche Variablen enthalten sind oder wenn die kontinuierlichen Variablen von der Normalverteilung signifikant abweichen; allerdings werden zur Anwendung große Stichproben ($n > 500$) und Modelle geringer Komplexität vorausgesetzt. Die ULS-Methode setzt ebenfalls keine Normalverteilung voraus, ist aber *nicht* skaleninvariant, das heißt, die Ergebnisse unterscheiden sich je nach verwendeter Kovarianz- oder Korrelationsmatrix; daher ist diese Methode im Allgemeinen nicht empfehlenswert. Die GLS-Methode und die ML-Methode können auch bei kleineren Stichproben ($n > 100$) eingesetzt werden, setzen allerdings eine multivariate Normalverteilung und ein Intervallskalenniveau der Daten voraus. Die ML-Methode gilt dabei im Vergleich als weniger sensitiv gegenüber Variationen des Stichprobenumfangs, robust gegenüber Verletzungen der Normalverteilungsannahme und liefert exaktere Schätzungen.

Wir haben einen Datensatz mit $N = 400$ fiktiven Personen auf der Basis des Modells konstruiert. Nach der Berechnung erhalten wir im Wesentlichen zwei Ausgaben: Zum einen die Ergänzung der Grafik um die geschätzten Parameter; zum anderen eine ausführliche Textausgabe. Bei der grafischen Ausgabe kann man zwischen der Ausgabe der unstandardisierten und der Ausgabe der standardisierten Parameter wechseln; wir haben uns hier für Letzteres entschieden (vgl. *Abbildung 88*).

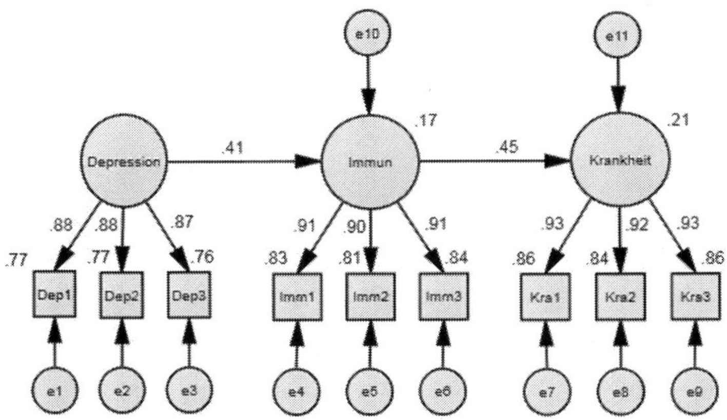

Abb. 88 Das in AMOS spezifizierte Modell mit standardisierten Parametern

Wir sehen an den Pfaden zwischen den latenten Variablen und an den Pfaden zwischen den latenten Variablen und ihren zugeordneten manifesten Variablen Gewichte. Die Gewichte zwischen den latenten Variablen sind wie β-Gewichte bei der Regression zu interpretieren. Abgesehen davon, dass wir der *Abbildung 88* keine Angaben zur Signifikanz entnehmen können (s. dazu unten), sind die Koeffizienten wie erwartet: moderate hohe positive Prädiktionen. An den latenten Variablen

Immun und Krankheit stehen noch die aufgeklärten Varianzanteile (.17 bzw. .21); sie entsprechen dem R^2 der Regression. Die Gewichte an den Pfaden zu den manifesten Variablen lassen sich wie Faktorladungen (vgl. Kapitel 10) interpretieren. Das Quadrat dieser Gewichte ist der Anteil der Varianz der manifesten Variablen, der die latente Variable repräsentiert, also nach der klassischen Testtheorie der "Wahre Wert"-Anteil und damit die Reliabilität dieser Variable (vgl. Pospeschill 2010). Das Quadrat des Gewichtes ist in *Abbildung 88* mit abgedruckt.

Maximum Likelihood Estimates
Regression Weights: (Group number 1 - Default model)

			Estimate	S.E.	C.R.	P	S. Estimate[a]
Immun	<---	Depression	.499	.064	7.854	***	.410
Krankheit	<---	Immun	.472	.052	9.131	***	.454
Imm1	<---	Immun	1.000				.909
Dep1	<---	Depression	1.000				.877
Dep2	<---	Depression	.980	.043	22.568	***	.875
Dep3	<---	Depression	1.058	.047	22.485	***	.873
Imm2	<---	Immun	.991	.036	27.635	***	.900
Imm3	<---	Immun	.988	.035	28.530	***	.915
Kra1	<---	Krankheit	1.000				.926
Kra2	<---	Krankheit	1.001	.032	31.157	***	.917
Kra3	<---	Krankheit	1.013	.032	32.127	***	.928

[a]Standardized Regression Weights

Abb. 89 Ausgabe von AMOS (*Estimates*)

Die Text-Ausgabe ist sehr umfangreich; wir beschränken uns auf einige wenige Informationen. *Abbildung 89* enthält die unstandardisierten Pfadgewichte. (Die standardisierten Gewichte sind ganz rechts noch einmal abgedruckt, um den Bezug zur *Abbildung 88* zweifelsfrei herzustellen.) Besonders wichtig sind die beiden ersten Zeilen, die die Gewichte des Strukturmodells angeben. Hier sind – ganz wie wir es von der Regression gewohnt sind – neben dem Gewicht selber (*Estimate*) der Standardfehler (*S.E.*) und das Verhältnis der beiden (*C.R., critical ratio*) angegeben. Bei der Regression ist der *critical ratio* ein *t*-verteilter Wert; hier wird die Standardnormalverteilung angenommen, so dass ein *C.R.* > 1.96 mit $p < .05$ assoziiert ist. AMOS nutzt die üblichen „Sternchen"-Konventionen zur Kennzeichnung von Signifikanz; das heißt in unserem Fall, dass alle signifikanten Pfade mit p <.001 assoziiert sind. Die Zeilen mit einem Gewicht von 1.000 (ohne Angabe von *S.E.* und *C.R.*) beziehen sich auf die fixierten Pfade (s.o.).

In der Rubrik *Model Fit Summary finden* wir zunächst die Angaben zum χ^2-Test (χ^2 ist hier als CMIN bezeichnet). Der Begriff *Default model* bezieht sich auf unser Modell. Wir sehen, dass der χ^2-Wert insignifikant ist; der Modell-Fit ist also gut (insbesondere bei unserem großen *N*). In der letzten Spalte wird auch direkt das Verhältnis von χ^2 zu den Freiheitsgraden angegeben. Wie oben ausgeführt, sollte dieses Verhältnis kleiner 2 sein. Die Zeile *Saturated model* bezieht sich auf das identifizierte (saturierte) Modell, beim dem die Zahl der freien Parameter genau der Anzahl der Datenpunkte (d.h. der Anzahl Varianzen und Kovarianzen) entspricht. Ein solches Modell kann als Ganzes nicht getestet werden (wohl aber die einzelnen Parameter). Zudem bezieht sich eine Zeile auf das Unabhängigkeitsmodell (*Independence model*), bei dem alle Kovarianzen als null angenommen werden. Dementsprechend sind die freien Parameter die neun Varianzen. Dieses Modell dient – wie oben schon ausgeführt – in manchen Fit-Indizes als Vergleichsmaßstab für das gewählte Modell.

CMIN					
Model	NPAR	CMIN	DF	P	CMIN/DF
Default model	20	21.837	25	.645	.873
Saturated model	45	.000	0		
Independence model	9	3086.709	36	.000	85.742

Abb. 90 Ausgabe von AMOS (*Model Fit Summary*)

In der recht umfangreichen Ausgabe zu den Fit Indizes können wir mühelos die von uns besprochenen Kennwerte – GFI, AGFI, CFI, NFI, TLI (NNFI), RMSEA – wiederfinden. Sie entsprechen alle den Faustregeln, die wir oben angegeben haben. Das verwundert natürlich nicht, da wir die Daten genau gemäß des Modells generiert haben. Zum Beispiel ist die Beziehung zwischen *Krankheit* und *Depression* ausschließlich indirekt via *Immunfunktion*; in der Terminologie der Mediationsmodelle (vgl. Kapitel 5.1) haben wir hier eine vollständige Mediation. Gäbe es zusätzlich einen direkten Anteil von *Depression* an *Krankheit* (z.B. weil nicht depressive Personen ein gesundheitsbewussteres Verhalten zeigen), so wäre der Modellfit schlechter und würde verbessert, wenn wir einen direkten Pfad von *Depression* zu *Krankheit* aufnehmen.

Literatur

In den Büchern von Tabachnick und Fidell (2013) und Stevens (2009) zur Multivariaten Datenanalyse finden sich jeweils Kapitel zu SGM, geschrieben in beiden Fällen von Drittautoren (weshalb die korrekten Zitationen Ullman, 2013, bzw. Fabrigar & Wegener, 2009, sind). Das Buch von Eid und Kollegen (2013) enthält sowohl ein Kapitel zur konfirmatorischen Faktorenanalyse als auch eines zu SGM. Weiterführende Literatur: Hoyle (1995); Kline (1998); Weiber und Mühlhaus (2014).

Hierarchische Lineare Modelle – eine Heranführung

14

In den letzten Jahren sind statistische Verfahren bedeutsam geworden, die unter den Namen *Hierarchische Lineare Modelle, multi-level modeling* oder *mixed models* eingeführt wurden. Obschon diese Verfahren einige neue Komplexitäten mit sich bringen (die wir hier auch nicht einführen können), so ist der Grundgedanke recht einfach. Es geht um folgendes Problem: Angenommen, Sie suchen nach Prädiktoren für Schulerfolg in Mathematik. Sie erheben bei einer großen Stichprobe von Schülern aus vielen Schulklassen eine Reihe von Variablen (z.B. Intelligenz, Motivation). Es wäre unangemessen, einfach eine multiple Regression zu rechnen, bei der die Mathematikleistung auf die Prädiktoren regrediert würde, da die Schüler nicht unabhängige Zufallsziehungen darstellen: Die Schüler sind jeweils Teil einer Klasse mit den dazugehörigen Merkmalen (z.B. der Lehrer, die Unterrichtsmethode). Zudem können Niveauunterschiede zwischen den Klassen bestehen, die nichts mit der Fragestellung und der mutmaßlichen Prädiktorvariable zu tun haben. Das kann zum Beispiel darauf beruhen, dass die Schulklassen unterschiedlich weit im Lehrstoff sind und ein einheitlicher Mathematik-Leistungstest daher an manchen Orten in Teilen zu voraussetzungsreich ist.

Hieraus folgt zweierlei: Erstens, ein angemessener Test der Prädiktoren würde die Frage einbeziehen, wie homogen ein Prädiktor (auf Schülerebene) über die beteiligten Klassen hinweg die Leistung vorhersagt. Zweitens, man kann prüfen, ob eventuell ein Merkmal des höheren Levels – also hier der Klasse – die Prädiktorbeziehung auf der unteren Ebene moderiert. Zum Beispiel wäre es denkbar, dass es Lehrereigenschaften gibt, die dazu führen, dass die Beziehung zwischen Mathematikleistung und mathematikspezifischer Motivation ausgeprägter oder eben weniger ausgeprägter ist.

Dieselbe Struktur finden wir auch in anderen Bereichen der Psychologie: Wenn zum Beispiel in der Arbeits-, Wirtschafts- und Organisationspsychologie nach Prädiktoren für die Arbeitszufriedenheit gesucht wird, so sind die einzelnen Arbeitnehmer (Ebene 1) Teil von Arbeitsgruppen (Ebene 2) und Firmen (Ebene

3). Wird in der Klinischen Psychologie eine neue Therapieform evaluiert, so wird der Erfolg zunächst auf der Ebene der Patienten (Ebene 1) gemessen; in der Regel werden aber mehrere Therapeuten (Ebene 2) in der Studie beteiligt sein, die jeweils eine Teilstichprobe von Patienten betreut. Ein ganz wichtiger Anwendungsfall für *Hierarchische Lineare Modelle* ist zudem die experimentelle Grundlagenforschung, insbesondere in der Kognitiven Psychologie. Der Unterschied zu den bislang erwähnten Beispielen ist lediglich der, dass die Versuchsteilnehmer nun die obere Ebene darstellen, während die einzelnen Durchgänge eines Experiments mit ihren Merkmalen die untere Ebene darstellen. Wir wollen im Folgenden das Grundprinzip zunächst an dem Mathematikbeispiel erläutern.

An einer Studie nahmen 400 Schüler teil, die sich auf 20 Klassen verteilen. Alle nahmen an einem Mathematikleistungstest teil; bei allen wurden die Intelligenz und die mathematikspezifische Motivation erfasst. In diesen fiktiven Datensatz wurde „eingebaut", dass Intelligenz innerhalb der Klassen ein Prädiktor für die Mathematikleistung ist; das Gewicht schwankt etwas, ist aber fast durchgängig numerisch positiv. Die mathematikspezifische Motivation ist ebenfalls durchschnittlich ein positiver Prädiktor für die Mathematikleistung. Allerdings ist das Grundniveau der Motivation in der Klasse und das Prädiktionsgewicht eine Funktion einer Lehrervariablen. Das heißt, der spezifische Lehrstil führt zu einem niedrigen bis hohen Motivationsniveau der Schüler. Zudem ist es tendenziell so, dass bei einem niedrigen Niveau die Motivation wenig zur Vorhersage der Mathematikleistung beiträgt, während bei einem höheren Niveau die Mathematikleistung auch durch die Motivation determiniert wird. (Man kann sich das so vorstellen, dass der erste Lehrertypus zwar keinen der Schüler für Mathematik begeistert, aber über ein „strenges Regime" dafür sorgt, dass auch gänzlich unmotivierte Schüler ihre Leistung bringen. Der zweite Typus motiviert einen guten Teil der Schüler; diejenigen, die er nicht erreicht, bleiben aber in ihren Leistungen zurück.)

Wir rechnen – trotz besseren Wissens – zunächst einfach eine multiple Regression, bei der die Leistung im Mathematiktest auf Intelligenz und Motivation regrediert wird; *Abbildung 91* zeigt das Ergebnis.

Koeffizienten

Modell	Nicht standardisierte Koeffizienten		Standardisierte Koeffizienten		
	Regressions-koeffizient B	Standard-fehler	Beta	T	Sig
1 (Konstante)	12.496	10.792		1.158	.248
Int	.144	.092	0.078	1.559	.120
moz	-.024	.332	-0.004	-0.072	.943

Abb. 91 Ergebnis der multiplen Regression (ohne Berücksichtigung der Mehrebenenstruktur)

Das Ergebnis ist enttäuschend; es scheint so, als ob die Prädiktoren nichts zur Vorhersage beitragen. Ein ganz anderes Ergebnis erhalten wir, wenn wir für jede einzelne Schulklasse dieselbe multiple Regression rechnen. *Tabelle 14* zeigt uns (auszugsweise) die Regressionsgewichte für die einzelnen Schulklassen.

Tabelle 14 Regressionsgewichte für die einzelnen Schulklassen

Klasse	Konstante	b_{int}	b_{mot}
1	3.265	0.299	0.002
2	0.342	0.116	0.197
3	3.092	0.381	0.229
4	0.643	0.213	-0.003
5	3.478	0.298	0.021
6	-2.070	-0.123	0.361
7	2.243	0.207	-0.040
…			
18	0.075	0.272	0.291
19	8.933	0.223	0.057
20	1.585	0.315	0.127
Mittelwert	-0.656	0.243	0.152
SD	4.256	0.147	0.136
t(19)	-0.689	7.407	5.008
p	0.499	< .001	< .001

Wir sehen, dass für Intelligenz und Motivation die Gewichte fast durchgängig positiv sind. Diese Homogenität des Zusammenhangs wird auch dadurch bestätigt, dass wir den Mittelwert der Gewichte mit dem Einstichproben-*t*-Test gegen null testen (vgl. den unteren Teil der *Tabelle 14*). Diese *t*-Tests zu berichten, ist nicht falsch und wurde vor einiger Zeit noch empfohlen (Lorch & Myers, 1990) und durchgeführt (z.B. Kliegl, Grabner, Rolfs & Engbert, 2004; Otten & Wentura, 2001). Es ist aber in gewisser Weise umständlich, und die statistische Behandlung durch *Hierarchische Linear Modelle* ist angemessener (vgl. van den Noortgate & Onghena, 2006).

Wir sehen in *Tabelle 14* auch eine Ursache dafür, dass die multiple Regression über den kompletten Datensatz (ohne Berücksichtigung der Klassenstruktur, vgl. *Abbildung 91*) scheitern musste: Der Niveauunterschied zwischen den Klassen ist sehr groß, wie man an der starken Variabilität der Regressionskonstante sehen kann. Wie oben geschrieben, kann das darauf beruhen, dass die Schulklassen unterschiedlich weit im Lehrstoff sind und der einheitliche Leistungstest daher mancherorts in Teilen zu voraussetzungsreich war.

Die Standardgleichung der multiplen Regression, so wie sie in Kapitel 3 eingeführt wurde, lautet:

$$Y = b_0 + b_1 X_1 + b_2 X_2 + \ldots + b_n X_n + e$$

Überträgt man dies auf die *Hierarchischen Linearen Modelle*, so sind die X-Variablen die Prädiktoren auf der unteren Ebene (im Beispiel Intelligenz und Motivation); bei den *Hierarchischen Linearen Modellen* werden die Regressionsgewichte dieser Ebene als Funktion der Variablen der zweiten Ebene verstanden:

$$Y = b_{0j} + b_{1j} X_{1j} + b_{2j} X_{2j} + \ldots + b_{nj} X_{nj} + e_j$$

mit

$$b_{0j} = g_{00} + g_{01} Z_{1j} + g_{02} Z_{2j} + \ldots + g_{0m} Z_{mj} + u_{0j}$$

$$b_{1j} = g_{10} + g_{11} Z_{1j} + g_{12} Z_{2j} + \ldots + g_{1m} Z_{mj} + u_{1j}$$

...

$$b_{nj} = g_{n0} + g_{n1} Z_{1j} + g_{n2} Z_{2j} + \ldots + g_{nm} Z_{mj} + u_{nj}$$

Im Wesentlichen ist das hier derselbe Gedanke wie bei der Moderatoranalyse (Kapitel 5.2): Die Regressionsgewichte der Prädiktoren sind eine lineare Funktion anderer Variablen. Die *Z*-Variablen können inhaltlich bedeutungsvolle Variablen der zweiten Ebene sein (die oben eingeführte Lehrstil-Variable); darauf kommen wir noch zurück. Zunächst nehmen wir aber an, die Z-Variablen kodieren lediglich die Zugehörigkeit der Ebene-1-Einheiten (hier: die Schüler) zu Ebene-2-Einheiten (hier: die Klassen), zum Beispiel über m-1 *dummy*-Variablen (vgl. Kapitel 6).

Es ist somit kein falscher Gedanke, statt der 20 Regressionen, die zu den Werten in *Tabelle 14* geführt haben, eine einzige hierarchische multiple Regression über den kompletten Datensatz zu rechnen, bei der im ersten Schritt diese *dummy*-Variablen und die Prädiktoren Intelligenz und Motivation eingehen und im zweiten Schritt die Produktterme der *dummy*-Variablen mit Intelligenz und Motivation. Diese „Vorform" von *Hierarchischer Linearer Analyse* wurde von Lorch und Myers (1990) vorgeschlagen. Auch wenn diese Analysemethode heute nicht mehr „up-to date" ist (vgl. van den Noortgate & Onghena, 2006), kann sie demjenigen helfen, der (a) die Moderatoranalyse und (b) die Kodierung von Nominalvariablen verstanden hat, um ein Grundverständnis der *Hierarchischen Linearen Modelle zu erlangen.* Die *dummy*-Variablen für die Kodierung von Klasse im ersten Schritt sorgen dafür, dass die Niveau-Unterschiede der Klassen gebunden werden, so dass die Regressionsgewichte für Intelligenz und Motivation hiervon unbelastet geschätzt werden können. *Abbildung 92* zeigt dies.

Koeffizienten

Modell	Nicht standardisierte Koeffizienten: Regressionskoeffizient B	Nicht standardisierte Koeffizienten: Standardfehler	Standardisierte Koeffizienten: Beta	T	Sig
1 (Konstante)	10.236	1.209		8.465	.000
d1	-1.313	.532	-.018	-2.467	.014
d2	-22.114	.518	-.323	-42.718	.000
…					
d18	-4.128	.497	-.066	-8.301	.000
d19	-3.338	.521	-.049	-6.410	.000
int	.231	.010	.125	23.270	.000
mot	.164	.038	.025	4.338	.000

Abb. 92 Ergebnis einer Regressionsanalyse mit 19 Dummy-Variablen für Klasse (d_1 bis d_{19}), Intelligenz (int) und Motivation (mot)

Die Regressionsgewichte für Intelligenz und Motivation (in Schritt 1) entsprechen weitgehend – da die Klassen sich in ihrer Größe nicht allzu sehr unterscheiden –

den Mittelwerten der *Tabelle 14* (d.h. für Intelligenz entspricht der Wert von 0.231 weitgehend 0.243; für Motivation 0.164 weitgehend 0.152).

Die *t*-Tests für die Regressionsgewichte von Intelligenz und Motivation in *Abbildung 92* sind allerdings nicht (ohne weiteres) gültig, da hierbei wieder die Ebene der Klassen unberücksichtigt bleibt. Um den Prädiktionsbeitrag von Intelligenz und Motivation zu testen, werden in diesem Fall *F*-Werte gebildet, in denen ihr Beitrag gegen die Variabilität der Beiträge über die Klassen hinweg ins Verhältnis gesetzt werden. Konkret: Der Zähler des *F*-Wertes ist die mittlere Quadratsumme, die mit dem einzigartigen Beitrag von Intelligenz (Motivation) verbunden ist (vgl. *Tabelle 15*; 1299.935 bzw. 45.184).

Tabelle 15 Quadratsummen für die einzelnen Prädiktoren

Quelle der Varianz	QS	df	MQS	F	p
Schritt 1					
Klasse (d1 – d19)	82574.334	19	4346.018	4035.604	< .001
Schritt 2					
Intelligenz (int)	1299.935	1	1299.935	49.523	< .001
Motivation (mot)	45.184	1	45.184	30.427	< .001
Schritt 3					
Klasse * int	498.725	19	26.249		
Klasse * mot	28.215	19	1.485		
Residuen	366.152	340	1.077		

Anmerkung: Die QS für int (mot) ergibt sich durch den Zuwachs an QS (Regression), wenn int (mot) nach den *dummy*-Variablen und mot (int) in die Regression eingeht, analog gilt dies für Schritt 3.

Der Nenner wird durch die auf die Freiheitsgrade relativierte Quadratsumme gebildet, die mit dem einzigartigen Beitrag der Produktterme von Intelligenz (Motivation) und Klassen-*dummies* verbunden ist (26.249 bzw. 1.485); die Anzahl der Freiheitsgrade ist gleich der Anzahl der *dummy*-Variablen, also gleich der Anzahl der Klassen minus eins (vgl. Lorch & Myers, 1990). Wie man sieht, korrespondieren die *t*-Werte der *Tabelle 14* weitgehend den Quadratwurzeln der *F*-Werte aus *Tabelle 15*.

Auch diese Art der Analyse ist nicht falsch, wurde aber durch die *Hierarchischen Linearen Modelle* aus guten Gründen abgelöst. Auch diese Variante ist recht umständlich. Wichtiger aber ist, dass die bisher vorgestellten Varianten (d.h. der Einstichproben-t-Test der Regressionsgewichte, *Tabelle 14*, und die hierarchische

Regression mit den *dummy*-Variablen) immer zweischrittig sind: Die Parameter der unteren Ebene (die *b*-Gewichte in den Formeln oben) werden als Funktion der oberen Ebene geschätzt (z.B. die b-Gewichte für die einzelnen Klassen für den Prädiktor Intelligenz), und diese Schätzungen werden als „wahre" Parameter in der Analyse ihrer Variabilität angenommen. Bei den *Hierarchischen Linearen Modellen* werden in einem Schritt lediglich die *g*-Gewichte in den Formeln oben und ihre Variabilität geschätzt. Dadurch wird korrekterweise angenommen, dass die (implizit bleibenden) b-Gewichte aus „wahrem" Anteil und Stichprobenfehler besteht (vgl. van den Noortgate & Onghena, 2006).

Die *Hierarchischen Linearen Modelle* sind zudem sehr viel flexibler: Es könnte sich zum Beispiel herausstellen, dass es ausreicht, unterschiedliche Niveaus für die Ebene 2 (hier: die Schulklassen) anzunehmen (*random intercepts*), es aber nicht nötig ist, unterschiedliche Steigungsgewichte für die Ebene 2 (in unserem Fall: klassenspezifische Gewichte für Intelligenz und Motivation) anzunehmen (*random slopes*).

Was man wissen sollte, ist, dass die *Hierarchischen Linearen Modelle Maximum Likelihood*-Schätzalgorithmen für die Parameter nutzen (im Kontrast zum Kriterium der kleinsten Residuums-Quadrate der Regressionsanalyse; vgl. Kapitel 2). Damit ist verbunden, dass es iterative Algorithmen sind. Wir erwähnen das vor allem in Bezug auf die Auswahl des Statistikprogramms für die Analyse. SPSS hat zwar Routinen für die Analyse *Hierarchischer Linearer Modelle;* Anwender nutzen in der Regel allerdings entweder Programme, die genau für diese Modelle entworfen wurden (wie z.B. das Programm *HLM*), oder Prozeduren des Statistikpakets *R*. Das hat Gründe (vgl. z.B. Field, 2013, Kap. 20.6). In der Tat zeigen eigene Erfahrungen, dass die SPSS-Prozedur *Mixed Model* sehr häufig nicht konvergiert, auch dann, wenn zum Beispiel die entsprechenden Prozeduren in *R* dies tun. (Tabachnick & Fidell, 2013, machen einen ausführlichen Vergleich verschiedener Programme.) Gleichwohl wollen wir im Folgenden einen Teil der Ausgabe der SPSS-Prozedur *Mixed Model* anschauen (*Abbildung 93*).

Schätzungen fester Parameter

Parameter	Schätzung	Standard-fehler	Freiheits-grade	T-Statistik	Signifikanz
Konstanter Term	-.798048	.908629	18.027	-.878	.391
int	.245038	.033563	18.977	7.301	.000
mot	.149560	.030359	17.965	4.926	.000

Abb. 93 Ausgabe der Prozedur *Mixed Model*

Wie zu sehen ist, erhalten wir eine Ausgabe, die ganz analog zu der gewohnten Regressionsausgabe ist: Eine Schätzung der Gewichte für Intelligenz (int) und Motivation (mot), verbunden mit dem entsprechenden Standardfehler. Der Quotient wird wie gewohnt als t-Statistik aufgefasst; ein t-Wert ist bei gegebenen Freiheitsgraden mit einem p-Wert assoziiert. Das einzig Ungewöhnliche sind die gebrochenen Freiheitsgradwerte. Sie korrespondieren in etwa den exakten Freiheitsgraden, die wir in *Tabelle 15* (df = 19) finden. In der Tat ist aber die Bestimmung der Freiheitsgrade offenbar keine einfache Angelegenheit; hier gehen in komplexer Weise die tatsächlichen Abhängigkeiten ein, die in den Daten stecken. Rechnet man zum Beispiel mit denselben Daten die korrespondierende Analyse im Statistikprogramm *R* (Prozedur *lmer*), so erhält man (fast) identische Parameterschätzungen, Standardfehler und (dementsprechend) t-Werte, allerdings keine Freiheitsgradangaben. Das ist kein Versehen, sondern Ausdruck des Problems der Freiheitsgradbestimmung, das aber in der Praxis häufig keine große Bedeutung hat. Da die t-Verteilung mit wachsenden Freiheitsgraden in die Standardnormalverteilung konvergiert, wird häufig so argumentiert: Bei hinreichend großen Datensätzen ist von einer hohen Anzahl von Freiheitsgraden auszugehen, also werden die p-Werte der Standardnormalverteilung als Annäherung genutzt. Oder noch einfacher: Man interpretiert t-Werte ab 2 als signifikant (bei dem üblichen 5%-Niveau). Das ist ein glatter Wert, der leicht über dem entsprechenden z-Wert (1.96) liegt (z.B. Baayen, Davidson & Bates, 2008; Kliegl, Masson & Richter, 2010).

Die Anwendung in der experimentellen Grundlagenforschung

Wie oben schon angedeutet, kommt den *Hierarchischen Linearen Modellen* nicht nur bei den Fragestellungen eine wichtige Rolle zu, bei denen Studienteilnehmer mit ihren Eigenschaften die niedrigste Analyseebene einnehmen (eingebettet in Klassen, Arbeitsgruppen, Therapiegruppen etc.), sondern auch bei Fragestellungen, bei denen Studienteilnehmer die obere Ebene sind; dies ist in der experimentellen Grundlagenforschung, insbesondere in der Kognitiven Psychologie, der Fall: Ein typisches Experiment sieht hier so aus, dass Teilnehmer eine einfache Aufgabenstellung erhalten und sich durch viele (oft hunderte) von einzelnen Durchgängen (trials) hindurcharbeiten. Die abhängige Variable ist sehr häufig die Reaktionszeit (der korrekt bearbeiteten trials).

Nehmen wir ein einfaches Experiment zum Semantischen Priming (McNamara, 2005): Probanden werden instruiert, in jedem Durchgang möglichst schnell ein präsentiertes Wort vorzulesen (z.B. Banane). Kurz vor dem Stimulus wird ein Wort eingeblendet, dass entweder mit dem Stimulus assoziiert ist (z.B. Affe) oder nicht (z.B. Tisch). In der Regel werden Probanden im Mittel etwas schneller beginnen, das Wort vorzulesen, wenn ein assoziiertes Wort voranging. Wie analysieren wir diese Daten? Wir bilden für jede Versuchsperson die Differenz zwischen dem Mittelwert der Latzenzzeiten für assoziiert geprimte Wörter und dem Mittelwert der Latzenzzeiten für nicht assoziiert geprimte Wörter. Dann testen wir mit einem *Einstichproben-t-Test*, ob der Mittelwert dieser Differenz von null verschieden ist. Das ist einfach und klar.

Wir können dieses Beispiel (auf den ersten Blick unnötigerweise) „verkomplizieren“: Stellen wir uns vor, wir würden für jeden Versuchsteilnehmer eine Regression (mit trials als Dateneinheit) der Latenzzeiten auf eine Kodiervariable „assoziiert“ (-0.5) und „nicht assoziiert“ (+0.5) rechnen. Die Regressionsgewichte würden genau den Differenzen entsprechen. Die Betrachtung ist jetzt aber eine andere: Wir können – ganz wie wir das oben eingeführt haben – eine *Hierarchische Lineare Analyse* rechnen; natürlich wird dabei im Wesentlichen dasselbe herauskommen wie bei dem *t*-Test; wir gewinnen aber eine große Flexibilität bei dieser Betrachtung. Was ist zum Beispiel mit der Fragestellung, ob selten vorkommende Wörter einen größeren Primingeffekt zeigen als häufige? In einem hierarchischen Regressionsansatz können wir einfach die Worthäufigkeit[18] und das Produkt aus Worthäufigkeit und der Kodiervariable als zusätzliche Prädiktoren aufnehmen und testen, ob das Regressionsgewicht des Produktterms als homogen über die Versuchspersonen hinweg angenommen werden kann.

Ganz offenkundig ist dieser Vorteil in der psycho-linguistischen Forschung, die stets damit zu tun hat, dass komplexe Sprachstimuli genutzt werden. So sei als zweites Beispiel die Vorhersage von Lesezeiten genutzt. Die hierarchische lineare Regression bietet sich an, da die Verarbeitung beliebiger Texte analysiert werden kann. Die Texte werden Satz für Satz auf dem Computerbildschirm präsentiert, so dass die Lesezeit pro Satz registriert wird. Die Sätze können hinsichtlich formaler Eigenschaften (Anzahl Wörter, Anzahl Silben usw.), aber auch psychologisch gehaltvollerer Variablen kodiert werden (z.B. Bildhaftigkeit, Einführung neuer Charaktere usw.). Es ist dabei nicht notwendig, dass die Prädiktorvariablen unabhängig voneinander sind; die Regression liefert uns den eigenständigen Beitrag jedes Prädiktors.

18 ...in einer sinnvoll transformierten Version; Worthäufigkeiten sind nicht normal verteilt.

Literatur

Einführende Kapitel finden sich in Eid et al. (2013), Field (2013), Tabachnick und Fidell (2013). Einführungsbücher lassen sich danach kategorisieren, ob sie eher die Fragestellungen der Anwendungsfächer (also Teilnehmer als unterste Einheit der Analyse) oder der experimentellen Grundlagenforschung fokussieren. Ein damit korreliertes Merkmal ist die Software, die zur Erläuterung genutzt wird. Heck und Thomas (2009), Raudenbush und Bryk (2002) sowie Bickel (2007) orientieren sich eher an Fragestellungen der Anwendungsfächer. Dabei ist das Buch von Raudenbush und Bryk der eher schwierige „Klassiker" des Feldes; Heck und Thomas und insbesondere Bickel verstehen sich demgegenüber eher als einführend. Raudenbush und Bryk sind an HLM orientiert. (Sie sind die Entwickler dieser Software.) Ebenso nutzen Heck und Thomas HLM für ihre Erläuterungen, haben aber den Anspruch, dass auch Anwender anderer Software Nutzen von ihrem Buch haben. Bickel erläutert seine Analysen mit SPSS. In der experimentellen Grundlagenforschung nutzt man eher R; Baayen (2008) gibt hier eine Einführung. Einem interessanten Konzept folgt das Buch von Garson (2013). In den ersten Kapiteln führt der Editor in das Konzept der *Hierarchischen Linearen Modelle* ein, inklusive der Nutzung dreier Statistikprogramme (HLM, SAS, SPSS); danach folgen Kapitel von Kollegen, die die Anwendung der Modelle an konkreten Forschungsfragestellungen erläutern.

Anhang – Zur Nutzung von Online Plus

Zu allen Analysen in diesem Buch gibt es *Online-Plus*-Materialien (Datensätze, Programmanweisungen), um die Analysen nachrechnen zu können. Das Link zu den *Online-Plus*-Materialien findet sich auf der Verlagsseite zu diesem Buch; dorthin gelangen Sie mit:

www.springer.com/springer+vs/psychologie/book/978-3-531-17118-0

Geben Sie alternativ in einem Suchprogramm die drei Begriffe

„Springer Wentura Pospeschill"

ein und Sie finden das Link zu der Buchseite auf *www.springer.com*.

Die *Online-Plus*-Materialien sind nach Kapiteln gegliedert. In der Regel finden Sie zu jedem Kapitel mindestens einen SPSS-Datensatz, eine dazugehörige SPSS-Syntax-Datei, ein dazugehöriges PDF, in dem durch *screenshots* die Menüsteuerung erläutert wird, und ein R-Skript, das die Befehle enthält, mit denen man die (im Wesentlichen) gleichen Analysen mit der *open source*-Software R erzeugt.

Für den Zugang zur kommerziellen Software IBM SPSS kann es gute Lösungen an Universitäten geben, so dass auch Studierende von zu Hause aus kostenlos das Programm nutzen können. (Näheres dazu auf der *Online Plus*-Seite.) Das Programm R ist sowieso kostenlos und kann aus dem Internet geladen werden. (Auch hierzu Näheres auf der *Online Plus*-Seite.)

Literaturverzeichnis

Agresti, A. (2002). *Categorical data analysis (2nd ed.).* Hoboken, NJ: Wiley.

Aiken, L. S., & West, S. G. (1991). *Multiple regression: testing and interpreting interactions.* Newbury Park, CA: Sage.

Anderson, J. R. (2007). *Kognitive Psychologie (6. Auflage).* Berlin: Springer.

Andres, J. (1996). Grundbegriffe der multivariaten Datenanalyse. In E. Erdfelder, R. Mausfeld, T. Meiser & G. Rudinger (Eds.), *Handbuch Quantitative Methoden* (pp. 169-184). Weinheim: Psychologie Verlags Union.

Aroian, L. A. (1947). The probability function of the product of two normally distributed variables. *Annals of Mathematical Statistics, 18*, 265-270.

Asendorpf, J. B. (2007). *Psychologie der Persönlichkeit (4. überarbeitete und aktualisierte Aufl.).* Heidelberg: Springer.

Baayen, R. H. (2008). *Analyzing linguistic data. A practical introduction to statistics using R.* Cambridge: Cambridge University Press.

Baayen, R. H., Davidson, D. J., & Bates, D. M. (2008). Mixed-effects modeling with crossed random effects for subjects and items. *Journal of Memory and Language, 59*, 390-412.

Bacher, J., Pöge, A., & Wenzig, K. (2010). *Clusteranalyse: Anwendungsorientierte Einführung in Klassifikationsverfahren (3. Aufl.).* München: Oldenbourg.

Backhaus, K., Erichson, B., Plinke, W., & Weiber, R. (2011). *Multivariate Analysemethoden (13. Auflage).* Berlin: Springer.

Backhaus, K., Erichson, B., & Weiber, R. (2013). *Fortgeschrittene Multivariate Analysemethoden (2. Auflage).* Berlin: Springer.

Baltes, P. B., & Lindenberger, U. (1997). Emergence of a powerful connection between sensory and cognitive functions across the adult life span: A new window to the study of cognitive aging? *Psychology and Aging, 12*, 12-21.

Baron, R. M., & Kenny, D. A. (1986). The moderator-mediator variable distinction in social psychological research: Conceptual, strategic, and statistical considerations. *Journal of Personality and Social Psychology, 51*, 1173-1182.

Bell, M. D., Corbera, S., Johannesen, J. K., Fiszdon, J. M., & Wexler, B. E. (2013). Social cognitive impairments and negative symptoms in schizophrenia: Are there subtypes with distinct functional correlates? *Schizophrenia Bulletin, 39*, 186-196.

Bentler, P. M. (1980). Multivariate analysis with latent variables: Causal modeling. *Annual Review of Psychology, 31*, 419-456.

Bickel, R. (2007). *Multilevel analysis for applied research. It's just regression!* New York: Guilford Press.
Bielby, W. T., & Hauser, R. M. (1977). Structural equation models. *Annual Review of Sociology, 3*, 137-161.
Bilsky, W., Wentura, D., & Gollan, T. (2008). Kriminalität aus der Sicht von Laien und Experten: Strukturelle Gemeinsamkeiten und Unterschiede. *Forensische Psychiatrie, Psychologie, Kriminologie, 2*, 263-270.
Bingham, N. H., & Fry, J. M. (2010). *Regression: Linear Models in Statistics*. New York: Springer.
Bollen, K. A., & Long, J. S. (Eds.). (1993). *Testing structural equation models*. Newbury Park, CA: Sage Publications.
Borg, I., Groenen, P. J. F., & Mair, P. (2013). *Applied Multidimensional Scaling*. Heidelberg: Springer.
Bortz, J. (1999). *Statistik für Sozialwissenschaftler (5., vollständig überarbeitete Auflage)*. Berlin: Springer.
Bortz, J., & Döring, N. (2006). *Forschungsmethoden und Evaluation (4. überarbeitete Auflage)*. Berlin: Springer.
Bortz, J., & Schuster, C. (2010). *Statistik für Human- und Sozialwissenschaftler (7., vollständig überarbeitete und erweiterte Auflage)*. Berlin: Springer.
Brandtstädter, J., & Renner, G. (1990). Tenacious goal pursuit and flexible goal adjustment: Explication and age-related analysis of assimilative and accommodative strategies of coping. *Psychology and Aging, 5*, 58-67.
Brandtstädter, J., Wentura, D., & Greve, W. (1993). Adaptive resources of the aging self: Outlines of an emergent perspective. *International Journal of Behavioral Development, 16*, 323-349.
Brandtstädter, J., Wentura, D., & Schmitz, U. (1997). Veränderungen der zeit- und zukunftsperspektive im Übergang zum höheren Alter: Quer- und längsschnittliche Befunde. *Zeitschrift für Psychologie, 205*, 377-395.
Brown, T. A. (2006). *Confirmatoriy factor analysis for applied research*. New York: Guilford.
Bühl, A., & Zöfel, P. (2005). *SPSS 12. Einführung in die moderne Datenanalyse unter Windows (9. Auflage)*. München: Pearson Studium.
Bühner, M., & Ziegler, M. (2009). *Statstik für Psychologen und Sozialwissenschaftler*. München: Pearson.
Bull, S. B., & Donner, A. (1987). The efficiency of multinomial logistic regression compared with multiple group discriminant analysis. *Journal of the American Statistical Association, 82*, 1118-1122.
Byrne, B. M. (2009). *Structural equation modeling with AMOS*. New York: Routledge.
Carbon, C.-C., & Leder, H. (2005). The Wall inside the brain: Overestimation of distances crossing the former Iron Curtain. *Psychonomic Bulletin & Review, 12*, 746-750.
Cattell, R. B. (1966). The scree test for the number of factors. *Multivariate Behavioral Research, 1*, 245-276.
Cattell, R. B., & Vogelmann, S. (1977). A comprehensive trial of the scree and KG criteria for determining the number of factors. *Multivariate Behavioral Research, 12*, 289-325.
Chiu, T., Fang, D., Chen, J., Wang, Y., & Jeris, C. (1999). A robust and scalable clustering algorithm for mixed type attributes in large database environment *Proceedings of the seventh ACM SIGMOD international conference on knowledge discovery and data mining*. San Francisco.

Cohen, J., Cohen, P., West, S. G., & Aiken, L. S. (2003). *Applied multiple regression/correlation analysis for the behavioral sciences (3rd edition).* Mahwah, NJ: Lawrence Erlbaum.
Corr, P. J., Pickering, A. D., & Gray, J. A. (1997). Personality, punishment, and procedural learning: A test of J. A. Gray's anxiety theory. *Journal of Personality and Social Psychology, 73*, 337-344.
Deichsel, G., & Trampisch, H. J. (1985). *Clusteranalyse und Diskriminanzanalyse.* München: Spektrum Akademischer Verlag.
Delaney, H. D., & Maxwell, S. E. (1981). On using analysis of covariance in repeated measures design. *Multivariate Behavioral Research, 16*, 105.
Diehl, J. M., & Staufenbiel, T. (2007). *Statistik mit SPSS für Windows.* Frankfurt: Klotz.
Eid, M., Gollwitzer, M., & Schmitt, M. (2013). *Statistik und Forschungsmethoden (3. korr. Auflage).* Weinheim: Beltz.
Enders, C. K. (2003). Performing multivariate group comparisons following a statistically significant MANOVA. *Measurement and Evaluation in Counseling and Development, 36*, 40-56.
Everitt, B. S., Landau, S., Leese, M., & Stahl, D. (2011). *Cluster Analysis (5th edition).* Chichester: Wiley.
Fabrigar, L. R., & Wegener, D. T. (2009). Structural equation modeling. In J. P. Stevens (Ed.), *Applied multivariate statistics for the social sciences (5th ed.)* (pp. 537-582). New York: Routledge.
Fahrenberg, J., Hempel, R., & Selg, H. (1989). *Freiburger Persönlichkeitsinventar (revidierte Form).* Göttingen: Hogrefe.
Fahrmeir, L., Kneib, T., & Lang, S. (2009). *Regression: Modelle, Methoden und Anwendungen.* Berlin: Springer.
Faul, F., Erdfelder, E., Lang, A.-G., & Buchner, A. (2007). GPower 3: A flexible statistical power analysis program for the social, behavioral, and biomedical sciences. *Behavior Research Methods, 39*, 175-191.
Fiedler, K., Schott, M., & Meiser, T. (2011). What mediation analysis can (not) do. *Journal of Experimental Social Psychology, 47*, 1231-1236.
Field, A. (2013). *Discovering statistics using IBM SPSS Statistics.* London: Sage.
Fox, J. (2008). *Applied regression analysis and generalized linear models (2nd edition).* Newbury Park, CA: Sage.
Frings, C., & Wentura, D. (2003). Who is watching "Big Brother"? TV consumption predicted by masked affective Priming. *European Journal of Social Psychology, 33*, 779-791.
Fritz, M. S., Taylor, A. B., & MacKinnon, D. P. (2012). Explanation of two anomalous results in statistical mediation analysis. *Multivariate Behavioral Research, 47*, 61-87.
Fürntratt, E. (1969). Zur Bestimmung der Anzahl interpretierbarer gemeinsamer Faktoren in Faktorenanalysen psychologischer Daten. *Diagnostica, 15*, 62-75.
Garson, G. D. (Ed.). (2013). *Hierarchical Linear Modeling: Guide and applications.* Los Angeles: Sage.
Goldstein, E. B. (2008). *Wahrnehmungspsychologie (7. Auflage).* Heidelberg: Spektrum.
Gorsuch, R. L. (1983). *Factor analysis (2nd ed.).* Hillsdale, NJ: Erlbaum.
Hayes, A. F. (2013). *Mediation, moderation, and conditional process analyses.* New York: Guilford Press.
Hayes, A. F., & Scharkow, M. (2013). The relative trustworthiness of inferential tests of the indirect effect in statistical mediation analysis: Does method really matter? *Psychological Science, 24*, 1918-1927.

Heck, R. H., & Thomas, S. L. (2009). *An introduction to multilevel modeling techniques*. New York: Routledge.
Hilbe, J. M. (2011). *Logistic regression models*. London: Chapman & Hall/CRC Press.
Horn, J. L. (1965). A rationale and test for the number of factors in factor analysis. *Psychometrica, 30*, 179-185.
Hosmer, D. W., Lemeshow, S., & Sturdivant, R. X. (2013). *Applied logistic regression (3rd edition)*. Hoboken, NJ: Wiley & Sons.
Hossain, M., Wright, S., & Petersen, L. A. (2002). Comparing performance of multinomial logistic regression and discriminant analysis for monitoring access to care for acute myocardial infarction. *Journal of Clinical Epidemiology, 55*, 400-406.
Hoyle, R. H. (Ed.). (1995). *Structural equation modeling*. New York: Sage Publications.
Huberty, C. J. (2006). *Applied MANOVA and Discriminant Analysis (2nd edition)*. Hoboken, NJ: Wiley & Sons.
Jöreskog, K. G. (1973). A general method for estimating a linear structural equation system. In A. S. Goldberger & O. D. Duncan (Eds.), *Structural equation models in the social sciences* (pp. 85-112). New York: Seminar Press.
Jöreskog, K. G., & Sörbom, D. (1979). *Advances in factor analysis and structural equation models*. New York: University Press of America.
Keesling, J. W. (1972). *Maximum likelihood approaches to causal analyses*. Ph.D. thesis. University of Chicago, Chicago.
Kleinbaum, D. G., & Klein, M. (2010). *Logistic regression (2nd edition)*. New York: Springer.
Kliegl, R., Grabner, E., Rolfs, M., & Engbert, R. (2004). Length, frequency, and predictability effects of words on eye movements in reading. *European Journal of Cognitive Psychology, 16*, 262-284.
Kliegl, R., Masson, M. E. J., & Richter, E. M. (2010). A linear mixed model analysis of masked repetition priming. *Visual Cognition, 18*, 655-681.
Kline, R. B. (1998). *Principles and practices of structural equation modeling*. New York: Guilford.
Kruskal, J. B. (1964). Multidimensional scaling by optimizing goodness of fit to a nonmetric hypothesis. *Psychometrika, 29*, 1-27.
Long, J. S., & Freese, J. (2006). *Regression models for categorical dependent variables using Stata (2nd ed.)*. College Station, TX: Stata Press.
Lorch, R. F., & Myers, J. L. (1990). Regression analyses of repeated measures data in cognitive research. *Journal of Experimental Psychology: Learning, Memory, and Cognition, 16*, 149-157.
MacCallum, R. C. (1995). Model specification: Procedures, strategies, and related issues. In R. H. Hoyle (Ed.), *Structural equation modeling: Concepts, issues, and applications* (pp. 16-36). Thousand Oaks, CA: Sage Publications.
MacCallum, R. C., & Mar, C. M. (1995). Distinguishing between moderator and quadratic effects in multiple regressions. *Psychological Bulletin, 118*, 405-421.
Martens, J. (2003). *Statistische Datenanalyse mit SPSS für Windows*. München: Oldenbourg Wissenschaftsverlag.
Maxwell, S. E., & Delaney, H. D. (1990). *Designing experiments and analyzing data: A model comparison perspective*. Pacific Grove, CA: Wadsworth.
McNamara, T. P. (2005). *Semantic priming: Perspectives from memory and word recognition*. New York: Psychology Press.

Mezzich, J. E., & Worthington, D. R. L. (1978). A comparison of graphical representations of multidimensional psychiatric diagnostic data. In P. C. Wang (Ed.), *Graphical representation of multivariate data* (pp. 123-141). New York: Academic Press.

Montgomery, D. C., Peck, E. A., & Vining, G. G. (2012). *Introduction to Linear Regression Analysis (5th edition).* Hoboken, NJ: John Wiley & Sons.

Moosbrugger, H. (2011). *Lineare Modelle: Regressions- und Varianzanalysen. (4. Auflage).* Bern: Huber.

Moosbrugger, H., & Kelava, A. (2011). *Testtheorie und Fragebogenkonstruktion.* Berlin: Springer.

Neville, L. (2012). Do economic equality and generalized trust inhibit academic dishonesty? Evidence from state-level search-engine queries. *Psychological Science, 23*, 339-345.

Olson, C. L. (1976). On choosing a test statistic in multivariate analysis of variance. *Psychological Bulletin, 83*, 579-586.

Osborne, J. W. (2014). *Best practices in logistic regression.* Newbury Park, CA: Sage.

Otten, S., & Wentura, D. (2001). Self-anchoring and in-group favoritism: An individual profiles analysis. *Journal of Experimental Social Psychology, 37*, 525-532.

Pospeschill, M. (2006). *Statistische Methoden. Strukturen, Grundlagen, Anwendungen in Psychologie und Sozialwissenschaften. Heidelberg: Elsevier* Heidelberg: Elsevier.

Pospeschill, M. (2010). *Testtheorie, Testkonstruktion, Testevaluation.* Stuttgart: Reinhardt.

Pospeschill, M. (2012). *SPSS - Durchführung fortgeschrittener statistischer Verfahren (10. überarbeitete Auflage).* Hannover: RRZN.

Pospeschill, M., & Spinath, F. M. (2009). *Psychologische Diagnostik.* München: Reinhardt.

Preacher, K. J., & Hayes, A. F. (2008). Asymptotic and resampling strategies for assessing and comparing indirect effects in multiple mediator models. *Behavior Research Methods, 40*, 879-891.

Rasch, B., Friese, M., Hofmann, W., & Naumann, E. (2014a). *Quantitative Methoden. Band 1 (4. Aufl.).* Heidelberg: Springer.

Rasch, B., Friese, M., Hofmann, W., & Naumann, E. (2014b). *Quantitative Methoden. Band 2 (4. Aufl.).* Heidelberg: Springer.

Raudenbush, S. W., & Bryk, A. S. (2002). *Hierarchical linear models. Applications and data analysis methods (2nd ed.).* Thousand Oaks: Sage.

Rohr, M., Tröger, J., Michely, N., Uhde, A., & Wentura, D. (2014). Memory for low and high frequency-filtered emotional faces: Low spatial frequency information drives the emotional memory enhancement. *Manuscript submitted for publication.*

Schäfer, T. (2010). *Statistik I: Deskriptive und Explorative Datenanalyse.* Wiesbaden: Springer VS.

Schäfer, T. (2011). *Statistik II: Inferenzstatistik.* Wiesbaden: Springer VS.

Schönemann, P. H., & Borg, I. (1996). Von der Faktorenanalyse zu den Strukturgleichungsmodellen. In E. Erdfelder, R. Mausfeld, T. Meiser & G. Rudinger (Eds.), *Handbuch Quantitative Methoden* (pp. 241-252). Weinheim: Psychologie Verlags Union.

Schreiber, J. B., Stage, F. K., King, J., Nora, A., & Barlow, E. A. (2006). Reporting Structural Equation Modeling and Confirmatory Factor Analysis results: a review. *The Journal of Educational Research, 99*, 323-337.

Seigneuric, A., & Ehrlich, M.-F. (2005). Contribution of working memory capacity to children's reading comprehension: A longitudinal investigation. *Reading and Writing, 18*, 617-656.

Sobel, M. E. (1982). Asymptotic confidence intervals for indirect effects in Structural Equation Models. *Sociological Methodology, 13*, 290-312.

Spät, H. (1977). *Cluster-Analyse-Algorithmen zur Objektklassifizierung und Datenreduktion. (2. Aufl.).* München: Oldenbourg R. Verlag.

Steiger, J. H. (1980). Tests for comparing elements of a correlation matrix. *Psychological Bulletin, 87,* 245-251.

Steinhausen, D., & Langer, K. (1977). *Clusteranalyse.* Berlin: Springer.

Stevens, J. P. (2002). *Applied multivariate statistics for the social sciences (4th ed.).* Mahwah, NJ: Erlbaum.

Stevens, J. P. (2009). *Applied multivariate statistics for the social sciences (5th ed.).* New York: Routledge.

Steyer, R., & Eid, M. (2001). *Messen und Testen (2. Auflage).* Berlin: Springer.

Süß, H. M. (2001). Prädiktive Validität der Intelligenz im schulischen und außerschulischen Bereich. In E. Stern & J. Guthke (Eds.), *Perspektiven der Intelligenzforschung* (pp. 109-135). Lengerich: Pabst.

Tabachnick, B. G., & Fidell, L. S. (2013). *Using multivariate statistics (6th ed.).* Boston, MA: Pearson.

Takane, Y., Young, F. W., & De Leeuw, J. (1977). Nonmetric individual differences Multidimensional Scaling: an alternating least squares method with optimal scaling features. *Psychometrika, 42,* 7-67.

Torgerson, W. S. (1958). *Theory and methods of scaling.* New York: Wiley.

Ullman, J. B. (2013). Structural Equation Modeling. In B. G. Tabachnick & L. S. Fidell (Eds.), *Using multivariate statistics (6th ed.).* Boston, MA: Pearson.

van den Noortgate, W., & Onghena, P. (2006). Analysing repeated measures data in cognitive research: A comment on regression coefficient analyses. *European Journal of Cognitive Psychology, 18,* 937-952.

van der Schalk, J., Fischer, A., Doosje, B., Wigboldus, D., Hawk, S., Rotteveel, M., & Hess, U. (2011). Convergent and divergent responses to emotional displays of ingroup and outgroup. *Emotion, 11,* 286-298.

Velicer, W. F. (1976). Determining number of components from matrix of partial correlations. *Psychometrika, 41,* 321-327.

Weiber, R., & Mühlhaus, D. (2009). *Strukturgleichungsmodellierung.* Berlin: Springer.

Weiber, R., & Mühlhaus, D. (2014). *Strukturgleichungsmodellierung (2. Aufl.).* Berlin: Springer.

Wiley, D. E. (1973). The identification problem for structural equation models with unmeasured variables. In A. S. Goldberger & O. D. Duncan (Eds.), *Structural equation models in the social sciences.* New York: Seminar Press.

Wirtz, M., & Nachtigall, C. (2012). *Deskriptive Statistik: Statistische Methoden für Psychologen Teil 1 (6. Aufl.)*

Weinheim: Beltz Juventa.

Wirtz, M., & Nachtigall, C. (2013). *Wahrscheinlichkeitsrechnung und Inferenzstatistik: Statistische Methoden für Psychologen Teil 2 (6. Aufl.).* Weinheim: Beltz Juventa.

Wittenbrink, B., & Schwarz, N. (Eds.). (2007). *Implicit measures of attitudes.* New York: Guilford Press.

Wittmann, A., & Gohl, V. (1996). *Atttraktivitätsveränderungen nach Entscheidungen. Feinanalyse des Divergenzeffektes aus handlungs- und bewältigungstheoretischer Perspektive.* Unveröffentlichte Diplomarbeit. Westfälische Wilhelms-Universität. Münster.

Sachindex

K

L

M

V

W

Z

Printed in Poland
by Amazon Fulfillment
Poland Sp. z o.o., Wrocław

53557207R00139